U0240738

高等学校规划教材 | 畜牧兽医类

生物试验设计

（畜牧版）

主编 ● 谢和芳

SHENGWU

SHIYAN SHEJI XUMU BAN

西南师范大学出版社

国家一级出版社 全国百佳图书出版单位

图书在版编目（CIP）数据

生物试验设计：畜牧版 / 谢和芳主编. —重庆：
西南师范大学出版社, 2013.6
ISBN 978-7-5621-6303-9

Ⅰ.①生… Ⅱ.①谢… Ⅲ.①生物学—试验设计—高
等学校—教材 Ⅳ.①Q-33

中国版本图书馆CIP数据核字（2013）第139472号

生物试验设计（畜牧版）
SHENGWU SHIYAN SHEJI XUMU BAN

主　编　谢和芳
副主编　朱汉春

责任编辑： 杜珍辉
责任校对： 廖红香　汪　玲
封面设计： 魏显锋
出版发行： 西南师范大学出版社
　　　　　　地址：重庆市北碚区天生路1号
　　　　　　邮编：400715
　　　　　　市场营销部电话：023-68868624
　　　　　　http://www.xscbs.com
经　　销： 新华书店
印　　刷： 重庆紫石东南印务有限公司
开　　本： 787mm×1092mm　1/16
印　　张： 18.5
字　　数： 400千字
版　　次： 2013年8月　第1版
印　　次： 2015年7月　第2次印刷
书　　号： ISBN 978-7-5621-6303-9
定　　价： 35.00元

衷心感谢被收入本书的图文资料的原作者，由于条件限制，暂时
无法和部分原作者取得联系。恳请这些原作者与我们联系，以便付酬
并奉送样书。

若有印装质量问题，请联系出版社调换。

版权所有　翻印必究

高等学校规划教材·畜牧兽医类

总编委会 / ZONG BIAN WEI HUI

总主编：王永才　刘　娟

编　委（排名不分先后）：

刘　娟　黄庆洲　伍　莉　朱兆荣

罗献梅　甘　玲　谢和芳　刘安芳

兰云贤　曾　兵　杨远新　黄琳凯

陈　超　王鲜忠　帅学宏　黎德斌

段　彪　伍　莲　陈红伟

《生物试验设计(畜牧版)》

编委会/ BIAN WEI HUI

主 编：谢和芳

副主编：朱汉春

编 者：袁树楷

罗宗刚

前　言

　　试验设计是研究合理地收集必要而有代表性资料并进行有效统计分析的一门学科。本书是高等农业院校动物生产类各本科专业的试验设计课程教材。本教材包括绪论、完全析因设计、完全随机设计、随机单位组设计、拉丁方设计、交叉设计、正交设计、均匀设计、调查设计、样本含量估计和实训指导共十一章,第一至五章、第九至十一章由谢和芳编写,第八章由朱汉春编写,第六章和第七章由袁树楷和罗宗刚编写。本教材注重试验设计学科的科学性、系统性和应用性,从本学科涉及的基本概念开始,由浅入深地阐述三种析因试验设计、四种随机试验设计和五种调查设计的基本理论知识和基本方法,对在生产实际中如何应用这些试验设计方法做了详细介绍,同时,列出这些方法的试验结果的统计分析方法,并配有案例分析。另外,专门一章内容介绍 Excel 软件在试验设计中的应用。除作为本科生教材外,本书还可作为研究生和广大科技工作者进行科学研究的参考书。

　　由于编者水平有限,难免有错误或不恰当之处,欢迎读者批评指正。

编　者

2013 年 6 月

目 录

第一章 绪 论

【本章导读】试验设计包括制定科学合理的试验方案,有效控制试验误差,选择合适的统计分析方法等内容。本章介绍试验因素、水平、处理、试验方案、试验单位、重复数、试验指标、试验误差、随机、局部控制等基本概念,以及试验设计的主要内容和试验设计的基本原则。

第一节 生物试验设计在畜牧研究中的作用

一、生物试验设计的基本概念

试验(Experiment)是一个或一系列有目的地改变流程或系统的输入变量以观察识别输出应变量随之改变的实验。

试验设计(Design of Experiments)是在进行试验之前,根据专业技术知识和研究项目,运用数理统计的原理和方法,对整个试验进行合理的安排,经济科学地制定试验方案,以收集试验数据进行有效的统计分析。简而言之,试验设计主要解决合理地收集必要而有代表性资料并进行有效统计分析的问题。

生物试验设计(Design of Experiments for Biology)是试验设计在生物及其相关学科中的应用。

二、畜牧研究概述

畜牧研究(Livestock Research)涉及畜牧和兽医的生产、管理和科学研究。进行畜牧试验(Livestock Experiment)通常以动物作为研究对象,因而常将畜牧试验称为动物试验(Animal Experiment)。畜牧试验是一个或一系列有目的地改变动物的品种、饲料、饲养管理条件、环境条件或疾病防治措施等,观察动物的生长发育、生产性能、繁殖性能和生理生化指标等变化情况的实验。

(一)畜牧试验的任务

畜牧试验的主要任务在于研究、揭示和掌握动物生长发育规律及这些规律与饲养管理、环境条件等的关系。通过试验,研究畜禽品种资源,进行新品种的选育、畜禽引种的品种比较和适应性的研究,研制开发新饲料和饲料添加剂,探索养殖新技术和新模式,创新疾病防治技术,降低饲料和能源消耗,减少环境污染,做到优质、高产、低消耗、低排放等,通过试验找出其中的规律,并将这些规律应用到生产实践中去,以解决畜牧业生产中存在的问题,进一步提高动物产品的质量和数量,取得更大的经济效益和社会效益,从而推动畜牧业的发展。

（二）畜牧试验的特点

在畜牧试验中，除小部分可在严格控制的试验条件下进行外，大部分试验都与外界环境接触或要在外界环境中进行，试验的对象是遗传来源不同、生长在不同时期、不同环境中的动物。因此，畜牧试验结果除有试验处理的作用外，还要受到许多其他因素的干扰和制约，这些因素对试验结果可以产生较大的影响。所以，我们要在充分认识这些干扰因素的情况下，对其进行合理、有效的控制，以保证试验结果的正确性。总体来看，畜牧试验主要有以下三个的特点。

1. 干扰因素多　进行畜牧试验有很多非试验因素干扰试验结果。首先是动物本身存在差异，这种差异是试验中误差的重要来源。例如，在同一饲养试验中，为使供试动物均匀一致，要选择到遗传来源一致、同年龄、同体重、同性别的动物进行试验是比较困难的；其次，自然环境如温度、湿度、光照、通风等存在差异，不能完全控制一致；第三，饲养管理条件存在差异，如在试验过程中的管理方法、饲养技术、畜舍笼位的安排等不一致；第四，试验人员操作技术上的差异，如对试验动物的性状、指标进行测量时，时间、人员和仪器等不完全一致。

2. 具有复杂性　动物都有自己的生长发育规律和遗传特性，并与环境、饲养管理等条件密切相关，而且这些因素之间又相互影响，相互制约，共同作用于供试对象。所以在试验中，人们不可能做到对环境条件等一一加以控制，当然也就不易精确地分析出各个因素的单独作用。因此，在多变的各种条件下，不能只依据少数的或短期的试验，而必须经过不同条件下的一系列试验，才能获得比较正确的结果。

3. 试验周期长　动物完成一个生活世代的时间较长，特别是大动物、单胎动物、具有明显季节性繁殖的动物更为突出。因此，有的一年内不能进行多次试验，例如动物遗传育种试验，有的需用几年的时间才能完成整个试验。应尽量克服周期长、试验年度间差异的影响，以获得正确的结论。

（三）畜牧试验的基本要求

由于畜牧试验具有上述特点，为了保证试验的质量，在试验中应尽可能地控制和排除非试验因素的干扰，合理地进行试验设计、准确地进行试验，从而提高试验的可靠程度，使试验结果在生产实际中真正发挥作用。为此，畜牧试验应具有代表性、正确性、重演性等基本要求。

1. 代表性　畜牧试验的代表性包括生物学和环境条件两个方面的代表性。生物学的代表性，是指作为主要研究对象的动物品种、个体的代表性，并要有足够的数量。例如，进行品种的比较试验时，所选择的个体必须能够代表该品种，且所选个体应保持较高均匀度，在保证试验结果具有一定可靠性的条件下，确定适当的动物数量。环境条件的代表性是指代表将来计划推广此项试验结果的地区的自然条件和生产条件，如气候、饲料、饲养管理水平及设备等。代表性决定了试验结果的可利用性，如果一个试验没有充分的代表性，再好的试验结果也不能推广和应用，就失去了实用价值。

2. 正确性　畜牧试验的正确性包括试验的准确性（Accuracy）和试验的精确性（Precision）。准确性也叫准确度，指试验中某一试验指标或性状的观测值与其真值接近的程度。精确性也叫精确度，指试验中同一试验指标或性状的重复观测值彼此接近的程度。

在进行试验的过程中,应严格执行各项试验要求,特别要注意试验条件的一致性,即除所研究的各个处理外,供试畜禽的初始条件如品种、性别、年龄、健康状况、饲养条件、管理措施等应尽量控制一致,将非试验因素的干扰控制在最低水平,以避免系统误差,降低试验误差,提高试验的正确性。

3.重演性 畜牧试验的重演性(Repetition)是指在相同条件下,重复进行同一试验,能够获得与原试验相类似的结果,即试验结果必须经受得起再试验的检验。试验的目的在于能在生产实践中推广试验结果,如果一个在试验中表现好的结果在实际生产中却表现不出来,那么,试验就失去了意义。由于试验受供试动物个体之间差异和复杂的环境条件等因素影响,不同地区或不同时间进行的相同试验,结果往往不同;即使在相同条件下的试验,结果也有一定出入。因此,为了保证试验结果的重演性,必须认真选择供试动物,严格把握试验过程中的各个环节,在有条件的情况下,进行多年或多点试验,这样所获得的试验结果才具有较好的重演性。

三、生物试验设计在畜牧研究中的作用

畜牧研究的题目有大有小,内容有多有少,如"我国家养动物的营养需要研究",题目就很大,内容很多,涉及全国范围内的家养动物,动物处在不同生长发育阶段和不同生理时期营养需要又不同,而且包括各类营养物质的需要都要进行研究。而"某养殖场0~2周龄肉鸡的赖氨酸需要研究",虽然也是动物的营养需要研究,但题目小,内容少。为了使得畜牧研究工作顺利开展,获得可靠的结论,不管研究内容的多少,都需要在试验前进行科学合理的试验设计。合理的试验设计能控制和降低试验误差,提高试验的精确性和准确性,为统计分析获得试验处理效应和试验误差的无偏估计提供必要的数据。

生物试验设计在畜牧研究中的应用表现在两个方面,一是如何安排畜牧试验,即制定合理的畜牧试验方案;二是如何分析试验的结果,即有效地分析试验获得的数据资料。一项科学合理的试验安排应能做到试验次数尽可能地少,试验误差能控制为最小,试验数据便于收集和处理分析,从而得到满意的试验结论。

(一)为合理安排畜牧试验提供科学方法

在畜牧和兽医生产实际和科研工作中,通常需要通过试验研究使动物养殖达到优质、高产、低消耗、低排放。畜牧试验要花费大量的人力、物力和时间,如进行5种肉牛饲料的对比试验,如果每种饲料只饲喂1头肉牛就需要5头肉牛来进行试验,根据生物统计学,要分析这5种肉牛饲料的差异,还要求有一定的重复数,如果重复数为3,则完成该试验工作任务至少需要15头肉牛,可见其花费不少。还有,畜牧试验受到很多非试验因素的影响。如这个肉牛的饲养试验,即使15头肉牛的品种、年龄、体重都相同,还会由于它们的个体差异影响到这5种饲料的对比试验结果,而实际上,牛为单胎动物,怀孕期又长达10个月,要在一个时间点选择到年龄、体重等完全一致的牛来做试验有一定难度,那么,如果用作试验的肉牛的年龄、体重有差异,或者如果不能够在一个养殖场内同时选到15头条件基本一致的牛,而需要在几个养殖场选出,像这类动物的初始条件有差异的畜牧试验,生物试验设计中的局部控制方法就可以解决这个问题,以控制和减少试验误差。另外,畜牧试验有时需要研究多个因素对试验结果的影响,如研究钙、磷、铜、锌共同作用对仔猪生长发育的影响,

每种元素各设三种不同的添加量，那么，就有 $3^4 = 81$ 个处理，就需要 81 个组的仔猪进行试验，试验次数太多，要求的试验动物也太多，要控制 81 个处理的非试验因素一致会有一定难度，采用正交试验设计方法就可以不安排这么多次试验，从而少用试验动物完成这个试验工作任务。

在进行畜牧试验时，如果试验设计合理，试验方案好，注意应用控制和降低试验误差的技术方法，就能够以较少的试验次数、较短的试验周期、较低的试验费用，收集到必要而有代表性的资料，从中获得可靠的结论；如果不进行合理的试验设计，试验方案不好，试验误差会增大，就可能增加试验次数，延长试验周期，以至于无法从所获得的数据中提取有用的信息，造成人力、物力和时间的浪费。

（二）为有效收集和分析畜牧试验数据提供科学方法

进行畜牧试验，通过测定供试动物的各项试验指标获得数据资料，数据资料有数量性状资料、质量性状资料和等级资料三类，即定量资料、定性资料和半定量资料。数量性状资料又包括计量资料和计数资料，对质量性状分类统计每类次数、数量性状资料分组统计每组次数得到的资料统称为次数资料。不同类别的资料需要应用不同的统计分析方法，数量性状资料的统计分析方法主要有平均数和变异数的计算、t 检验、方差分析和相关回归分析等；次数资料主要用百分率的计算和 χ^2 检验进行统计分析。这几个基本的统计分析方法在生物统计学中已有介绍，但应用试验设计的原理和方法安排的畜牧试验，如随机单位组试验、拉丁方试验、正交试验、均匀试验等，其数据资料的统计分析方法，在一般的生物统计学中并未系统介绍。

第二节　试验设计的常用术语

一、试验误差

试验误差（Experimental Error）是指某一试验指标的测定值与其真值的差异。在畜牧试验中，试验指标除受试验因素影响外，还受到许多其他非试验因素的干扰，使试验处理的效应不能真实地反映出来，从而产生试验误差。试验中出现的误差分为随机误差（Random Error）与系统误差（Systematic Error）两类。随机误差是由于许多无法控制的内在和外在的偶然因素如试验动物的初始条件、饲养条件、管理措施等尽管在试验中力求一致但不可能绝对一致所造成的。随机误差带有偶然性质，在试验中，即使十分小心也难以消除。随机误差影响试验的精确性。生物统计上的试验误差均指随机误差。这种误差越小，试验的精确性越高。系统误差也叫片面误差（Lopsided Error），这是由于试验动物的初始条件如年龄、初始体重、性别、健康状况等相差较大，饲料种类、品质、数量、饲养条件未控制相同，测量的仪器不准、标准试剂未经校正，以及观测、记载、抄录、计算中的错误所引起的。系统误差影响试验的准确性。

虽然畜牧试的试验误差不可避免，但是，一般说来，只要进行合理的试验设计，试验工作做得精细，可以避免系统误差，并可以尽量减少随机误差，从而降低试验误差，提高试验的准确性和精确性。

二、试验指标

试验指标(Experimental Index)指在试验中具体测定的性状或观测的项目,简称指标。畜牧试验常用的试验指标有增重、采食量、产仔数、产奶量、产蛋量、产肉量、存活率、发病率、治疗有效率、血液生理生化指标等。

试验指标是衡量试验结果的标志。有的试验指标,只要将动物分别饲养,可以从每个试验单位甚至每一头动物直接量化得到,如体高、体长、胸围、体重、日增重、采食量、产仔数、产奶量、产蛋量、产肉量、瘦肉量、血红蛋白量、呼吸次数、白血球数等,每一头动物通过观测都可得到一个具体的数值,通过观测试验指标获得的具体数值称为观测值(Observed Value),如一头牛的体高为139.6cm,一只鹅的日增重为51.3g,一头母猪的产仔数为12头。像这类能够以量测或计数的方式获得取值的指标称为数量性状指标(Index of Quantitative Character),也称定量指标。数量性状指标包括计量指标和计数指标,可用度、量、衡等计量工具直接测定的指标称为计量指标,计量指标的观测值通常有小数,如一头动物的体重为138.6kg。可用计数方式直接测定的指标称为计数指标,计数指标的观测值只能取整数,如一只母鸡的年产蛋量为230枚。通过观测数量性状指标得到的资料称为数量性状资料(Data of Quantitative Character),观测计量指标获得的资料称为计量资料,观测计数指标获得的资料称为计数资料。然而,有的试验指标即使将动物分别饲养,也不能将每一头动物直接量化得到指标值,只能观察到的用文字描述该指标的状态,如动物存活率、发病率、治疗有效率、腹泻率、阳性率等指标,对于每一头动物进行观测时,可以观察到,用存活或死亡、发病或不发病、有效或无效、腹泻或不腹泻、阳性或阴性等这类文字描述该头动物的状态。像这类能观察到用文字描述,而不能直接量测或计数的指标称为质量性状指标(Index of Qualitative Character),也称为定性指标。对于质量性状指标,一般通过分类别统计每个类别的动物数或试验单位数获得数据资料,如一个试验组的治疗有效动物数为53头,无效动物数为7头,就是将疗效这个质量性状分为有效和无效两个类别,统计这两个类别的动物数获得的。将质量性状分类别统计各类别的动物数获得的资料称为次数资料(Frequency Data),而将质量性状分类别统计各类别的出现的百分率得到的资料称为百分率资料,显然,百分率资料需从次数资料计算获得。

有的试验指标如用无反应(-)、反应弱(+)、反应较强(++)、反应强(+++)、反应很强(++++)五个等级表示凝集反应强度,用"无效"、"好转"、"显效"和"痊愈"四个等级表示药物的疗效,通过观察将该指标分等级用文字描述指标的状态,这样的指标称为等级指标或半定量指标(Index of Ranked or Semi-quantitative Character)。这类指标既有质量性状指标的特点,又有程度或量即数量性状的不同。通常将等级指标分等级后统计各等级的试验单位数或动物数获得等级资料或半定量资料(Ranked or Semi-quantitative Data),用统计分析方法处理这类资料时,既可以按照次数资料的统计分析方法进行分析,也可以参照数量性状资料的统计分析方法进行分析。一般情况下,可以将等级指标按质量性状指标对待,所以,本教材后续内容中,仅涉及数量性状指标和质量性状指标。

对于畜牧试验,每一次试验具体测定哪些试验指标,需要根据试验的目的不同而进行选择。试验指标最好选择数量性状指标即定量指标。如果要求进行有效的统计分析,则测定数量性状指标要求的试验重复数比测定质量性状指标要求的重复数少。多数情况下,需要将多个数量性状指标结合甚至数量性状指标与质量性状指标结合应用。

三、试验因素与水平

（一）试验因素

试验因素（Experimental Factor）是指试验所研究的影响试验指标的因素，简称因素或因子。除试验因素外，其他影响试验指标的因素统称为非试验因素。根据畜牧试验的特点我们已经知道，畜牧试验很复杂，影响畜牧试验结果即试验指标的因素很多，如研究如何提高猪的日增重时，饲料的配方、饲料添加剂的种类、猪的品种、养殖模式、环境条件等都会影响猪的日增重，但是，不一定每次试验都要考察这么多因素。具体选择哪个或哪些作为试验因素来考虑呢？这就要根据试验的目的进行选择。如试验的目的是希望开发新的添加剂来提高猪的日增重，则可选择饲料添加剂的种类这个因素作为试验因素，那么，在试验中，就只能够人为改变这个饲料添加剂的种类因素，即由不同种类的饲料添加剂组成不同的处理，其他的影响因素如基础日粮配方、猪的品种、养殖模式、环境条件等，不是本次试验要考察的因素，属于非试验因素，则需要在各处理组尽量保持一致。由于这个试验考察的因素只有饲料添加剂种类一个试验因素，像这样只考察一个因素对试验指标影响的试验称为单因素试验（Single Factor Experiment）。同时考察两个或两个以上因素共同作用对试验指标影响试验称为多因素试验（Multiple Factor Experiment）。试验因素常用大写字母 A、B、C …表示。不要错误地认为，一次试验只要考察两个或两个以上因素对试验指标的影响就属于多因素试验，要看具体的每个处理是否考察它们共同作用对试验指标的影响。如为了开发中草药作为饲料添加剂，希望考察板蓝根、穿心莲、金银花是否促进动物生长，减少饲料消耗。板蓝根、穿心莲和金银花各设三种不同的添加量。除了希望考察的这三种中草药不同外，其余的如动物品种、年龄、体重状况、饲养管理条件等等这些都属于非试验因素，应该尽量保持一致。如果设计的试验处理仅 9 个，分别为三种板蓝根添加量、三种穿心莲添加量、三种金银花添加量，那么，这是进行的单因素试验，因为没有同时考察这三种中草药共同作用影响试验指标的情况。如果将这三种中草药按不同添加量搭配在一起，配合制成不同的中草药复方，就属于三因素试验，其中的每种中草药复方都同时考察板蓝根、穿心莲、金银花共同作用影响试验指标的情况。

（二）水平

水平（Level）是指因素内部人为分的若干质量类别或数量等级。如不同饲料、不同动物品种、不同药物等即为质量类别，不同蛋白质水平、不同能量水平、不同药物剂量等即为数量等级。为了研究因子对试验指标的影响，需要用到因子的两个或更多的类别或取值。如进行奶牛品种比较试验，选择了 3 个品种奶牛进行比较，那么，奶牛品种为试验因素，这是单因素试验，这 3 个品种是奶牛品种内人为分的 3 个不同类别，就构成奶牛品种比较试验这个单因素试验的 3 个水平。如果研究不同能量蛋白质饲料对动物生长发育的影响，目的是找出饲料中能量与蛋白质的合适搭配，如果选择 11.0 MJ/kg、11.5 MJ/kg、12.0 MJ/kg、12.5 MJ/kg 4 个不同的能量值，18%、20%、22% 3 个不同的蛋白质比例，4 个不同的能量值和 3 个不同的蛋白质比例相互搭配配制成 $4 \times 3 = 12$ 种饲料进行饲养试验，这个试验考察能量和蛋白质这两个因素影响试验指标的情况，这是两因素试验，11.0 MJ/kg、

11.5 MJ/kg、12.0 MJ/kg、12.5 MJ/kg 4 个不同的能量值就是能量这一试验因素的 4 个水平,18%、20%、22% 3 个不同的蛋白质比例就是蛋白质这一试验因素的 3 个水平。水平常用代表该因素的字母加添下标 1、2、…来表示。如能量的四个水平可用 A_1、A_2、A_3、A_4 表示,蛋白质的三个水平可用 B_1、B_2、B_3 表示。

四、试验单位

试验单位(Experimental Unit)指接受试验处理的独立的载体,也称为试验单元,是实施处理的最小单位。在畜牧、兽医、水产试验中,可以是一只家禽、一头家畜、一只小白鼠、一尾鱼等一头动物为一个试验单位,也可以是数只家禽、数头家畜、数只小白鼠、数尾鱼等一群动物为一个试验单位。试验单位往往也是观测试验指标数据的最小单位,对于计量指标和计数指标,一个试验单位可以且仅可以获得一个指标值(观测值)。对于质量指标,一个试验单位可以获得分类计数的一次计数。

在确定试验单位时一定要分清试验单位的数量与动物的数量,要清楚多少头动物作为实施处理和观测试验指标数据的最小单位,并不是有多少头动物就有多少个试验单位。如进行五种断奶仔猪料的比较试验,将 150 头 20 kg 左右、体况良好的断奶仔猪随机分成五组,每组 30 头,分在三个圈中,每圈 10 头进行饲养试验。这是个单因素试验,考察的试验因素为断奶仔猪料,五种断奶仔猪料即为五个水平。这里将 10 头仔猪在一个圈中饲养,每 10 头仔猪统一饲喂一种断奶仔猪料,每圈的 10 头仔猪不仅是实施处理的最小单位,也是观测试验指标数据如增重、饲料消耗等的最小单位,也就是说,10 头仔猪为 1 个试验单位,那么,这里每种饲料有 3 个试验单位,试验共有 15 个试验单位,而不是 150 个试验单位。

五、处理

处理(Treatment)是指试验要考察的实施在试验单位上的影响试验指标的条件。单因素试验的一个水平就是一个处理,单因素试验有几个水平就有几个处理。多因素试验的一个水平组合就是一个处理。水平组合指两个或两个以上因素试验中,一个因素的一个水平与另一个或另几个因素的一个水平的相互搭配组合。如上述的不同能量蛋白质饲料对动物生长发育的影响,四个不同的能量值和三个不同的蛋白质取值可以组成 A_1B_1、A_1B_2、A_1B_3、A_2B_1、A_2B_2、A_2B_3、A_3B_1、A_3B_2、A_3B_3、A_4B_1、A_4B_2、A_4B_3 共 12 个不同的水平组合,其中的 A_2B_3 水平组合就是 A 因素的 2 水平和 B 因素的 3 水平相互搭配组合而成的,这 12 个不同的水平组合就是这个两因素试验的 12 个不同的处理。如进行三因素试验,A 因素有 A_1、A_2、A_3、A_4 四个水平、B 因素有 B_1、B_2、B_3 三个水平,C 因素有 C_1、C_2、C_3 三个水平,则这个三因素试验可以组成 $4 \times 3 \times 3 = 36$ 个三因素的水平组合,其中的 $A_3B_2C_1$ 水平组合就是 A 因素的 3 水平、B 因素的 2 水平、C 因素的 1 水平相互搭配组合而成的一个处理,这 36 个不同的水平组合就是这个三因素试验的 36 个不同的处理。

第三节　试验设计的主要内容

广义的试验设计是指试验研究课题设计,也就是指整个试验计划的拟定。内容不仅涉及技术工作方面的,而且还有组织工作方面的。主要包括课题名称,试验目的,研究依据、内容及预期达到的效果,试验方案,试验单位的选取、重复数的确定、试验单位的分组,试验的记录项目和要求,试验结果的分析方法,经济效益或社会效益的估计,已具备的条件,需要购置的仪器设备,参加研究人员的分工,试验时间、地点、进度安排和经费预算,成果鉴定,学术论文撰写等内容。

狭义的试验设计指实施试验处理的试验方案计划的拟定及统计分析方法的确定。主要包括试验方案的设计、试验单位的选取与预试、重复数目的确定、试验单位的分组及试验结果统计分析方法的选择等内容。本教材的试验设计指狭义的试验设计。

一、试验方案的设计

（一）试验方案的基本概念

试验方案（Experimental Scheme）是指根据试验目的要求而拟定的进行比较的一组试验处理的总称。如研究三种不同调制方法对青饲料营养价值的影响,则选择的三种青饲料调制方法就是一组用于比较的试验处理,这个试验的试验方案就是这三种青饲料调制方法。

（二）试验方案的种类

按照试验因素的多少,可将试验方案分为单因素试验方案和多因素试验方案。

1. 单因素试验方案　单因素试验只比较一个试验因素的不同水平对试验指标的影响,单因素试验的所有水平构成单因素试验方案。这是最基本、最简单的试验方案。例如在猪基础日粮中添加0%、0.5%、1.0%、1.5%四种不同剂量的中草药添加剂,进行饲养试验。这里考察中草药添加剂一个试验因素对试验指标的影响,四种不同剂量就是这个单因素试验的四个水平,前面已经提及,单因素试验一个水平为一个处理,这四个水平就是这个单因素试验用于比较的一组处理,这四种不同剂量的中草药添加剂就构成了这个单因素试验的试验方案。

2. 多因素试验方案　多因素试验同时考察两个或两个以上试验因素共同作用对试验指标的影响,我们已经知道,多因素试验的一个水平组合就是一个处理,那么,多因素试验的全部或部分水平组合就构成多因素试验方案。

根据是否包括全部的水平组合,多因素试验方案分为完全方案和不完全方案两类。

（1）完全方案（Complete Scheme）。多因素的全部水平组合构成多因素的完全方案。例如两种营养水平饲料配方在四种不同环境温度下对山羊的影响试验。这是两因素试验,用 A 因素表示营养水平,B 因素表示环境温度。两种营养水平饲料配方,说明 A 因素有 2 个水平,分别表示为 A_1、A_2,四种不同环境温度,说明 B 因素有 4 个水平,分别表示为 B_1、B_2、B_3、B_4。那么,A 的各水平和 B 的各水平相互搭配形成的水平组合为 A_1B_1、A_1B_2、A_1B_3、A_1B_4、A_2B_1、A_2B_2、A_2B_3、A_2B_4,共有 $2 \times 4 = 8$ 个水平组合,即 8 个处理。这 8 个水平组合就构成了这个两因素的完全试验方案。根据完全试验方案进行的试验称为全面试验。全面试验既能考察试验因素对试验指标的影响,也能考察因素间的交互作用,并能选出最优水平组合,从而能充分揭示事物的内部规律。多因素全面试验的效率高于多个单因素试验的效率。全面试验宜在因素个数和水平数都较少时应用。

(2)不完全方案(Incomplete Scheme)。不完全方案是根据试验目的,按照试验设计的原理和方法从多因素的全部水平组合中选出的一部分水平组合。

当试验因素和水平数较多时,组成的水平组合就会较多,进行全面试验的处理也就较多。如同时研究两种营养水平饲料配方在四种不同环境温度、三种不同湿度和三段不同光照时间下对蛋鸡生产性能的影响,试验因素为营养水平、温度、湿度和光照时间四个,分别有 2、4、3、3 个水平,这四个因素的不同水平相互搭配共有 $2 \times 4 \times 3 \times 3 = 72$ 个水平组合,这72 个水平组合构成这个四因素试验的完全方案。由于处理数太多,全面试验的人力、物力、财力、场地等可能难以承受,且试验误差也不易控制,试验的效果难以保证。这时,可以从多因素的全部处理中选出一部分处理进行试验。

不完全方案是指多因素试验中,将试验因素的某些水平搭配在一起获得少数几个或更多水平组合组成的试验方案。这种试验方案的主要目的在于探讨几个试验因素的综合作用,而不在于考察其中的单个试验因素和因素间交互作用对试验指标的影响。根据不完全方案进行的试验称为非全面试验,也称部分试验。

(三)试验方案的设计方法

对试验方案进行设计是指列出进行试验的所有处理,也就是试验处理的确定,主要包括试验因素和水平的确定,以及水平组合的选择等。

1. 单因素试验方案的设计　单因素试验只考察一个试验因素,所有处理是这一因素的不同数量等级如不同重量、不同比例或不同质量类别如不同饲料、不同药物。设计比较简单,仅需要确定试验因素和水平。对于试验因素的确定,进行单因素试验,需要选择对试验指标影响的最主要的一个因素,如果需要考察几个因素影响试验指标的情况,就不宜进行单因素试验。

2. 多因素试验方案的设计　进行多因素试验方案的设计,首先应确定考察几个试验因素,一个试验中研究的因素不宜过多,否则处理数太多,试验过于庞大,试验指标会受到更多非试验因素的干扰,难以控制系统误差。如果能够用更少的因素进行试验达到试验研究的目的,就不考虑更多因素的试验方案。与单因素一样,需要确定每个因素的水平,对于多因素试验,水平数目更要慎重,因为只要其中一个因素的水平数目增加,处理数会成倍增加。多因素试验方案的设计除了因素水平的确定外,还需要确定水平组合即处理。常用完全析因设计(Complete Factorial Design)、正交设计(Orthogonal Experimental Design)和均匀设计(Uniform Experimental Design)对多因素的水平组合进行选择。完全析因设计简称析因设计(Factorial Design),是将多因素试验中的每个因素的所有水平相互搭配组成水平组合,列出完全方案,也称完全因子设计或因子设计,常用于因素和水平个数都较少的多因素试验。正交设计是在多因素试验的全部水平组合中,根据正交设计原理方法选出的有代表性的部分水平组合,列出不完全方案。常用于因素数较多、水平数较少的多因素试验。均匀设计是在多因素试验的全部水平组合中,根据均匀设计原理方法选出的有代表性的部分水平组合,列出不完全方案。常用于水平数较多的多因素试验。完全析因设计法、正交设计法、均匀设计法分别详见第二章、第七章和第八章。

二、试验单位的选取与预试

畜牧试验的试验单位确定包括选什么种类、什么品种、处于何种生长阶段或生理阶段等的动物作为试验对象，多少头动物为一个试验单位。试验动物或试验对象选择正确与否，直接关系到试验结果的正确性。因此，除处理条件不同外，试验动物的条件应力求均匀一致，尽量避免不同品种、不同年龄、不同胎次、不同性别、不同体况等差异对试验的影响。

根据试验的目的要求选取出的试验单位，在到达试验场地进行正式试验之前，通常需要进行预试。所谓预试就是正式试验开始之前根据试验设计进行的过渡试验，为正式试验做好准备工作。用于预试的试验单位数量应适当多于正式试验所需的数量。预试可以使供试的动物适应新的环境和新的饲养管理条件，对不合适的试验动物进行调整和淘汰，预试也可以使试验人员熟悉试验的操作方法和程序，另外，通过对预试所得到的数据资料的分析，还可检查试验设计的科学性、合理性和可行性，发现问题及时解决。预试期的长短，可根据具体情况决定，一般以 10~20 天为宜。

三、重复数的确定

重复数（Replicates）是一个处理所要求的试验单位数，也称为样本含量（Sample Size），用小写英文字母 n 表示。试验的重复数应根据试验结果的精确性要求和有效统计分析的要求进行确定。一般地，如果要求试验结果精确性高，则重复数就要大。但若重复数太大，就会花费过多的人力、物力和时间。特别是破坏性试验，如畜牧、兽医试验中猪、牛、羊等动物的屠宰试验或攻毒试验。重复数的确定详细内容见第十章。

四、试验单位的分组

根据重复数的要求选取好所有的试验单位后，就需要安排试验方案中列出的处理实施在试验单位上。哪些试验单位接受哪个处理，不能够有主观偏见，而是要注意试验设计的随机化原则和局部控制原则（见本章第四节）。这就要求将供试的试验单位随机或在局部控制前提下随机分配到不同的处理组中，接受不同的处理。试验单位的基础条件不同，需要应用不同的试验设计方法进行分组，进行试验单位的分组的试验设计方法有完全随机试验设计、随机单位组设计、拉丁方设计、交叉设计等。详细内容见第三至六章。

五、试验结果的统计分析方法确定

试验单位分组接受不同处理，在试验的各阶段进行观察、测定收集到的数据资料，采用什么方法进行整理与分析，应在试验设计时明确。如 t 检验、方差分析、回归与相关分析等。统计方法应用不恰当，就不能获得正确的结论。每一种试验设计方法都有相应的统计分析方法要求，详细内容见第二至八章。

第四节　试验设计的基本原则

一、畜牧试验中误差的来源

为了提高试验的准确性与精确性,即提高试验的正确性,必须避免系统误差,降低随机误差。为了有效地避免系统误差,降低随机误差,必须了解试验误差的来源。畜牧试验误差的主要来源有动物、饲养管理、环境条件和随机因素。

(一)供试动物固有的差异

主要指各处理的供试动物在遗传和生长发育上或多或少的差异性。如试验动物的遗传基础、性别、年龄、体重不同,生理状况、生产性能的不一致等,即使是全同胞间或同一个体不同时期间也会存在差异。

(二)饲养管理及试验指标测定的差异

饲养管理的差异指在试验过程中各个处理的饲养技术、管理方法及日粮配合等在质量上的不一致。试验指标测定的差异包括工作人员不同、掌握的标准不同、测量时间不同、仪器不同、操作程序不同等引起的偏差。

(三)环境条件的差异

主要指不易控制的环境的差异,如栏舍温度、湿度、光照、通风等不同所引起的差异。

(四)随机因素引起的差异

指除上述来源之外的其他无法控制的一些偶然因素引起的差异,如偶然疾病的侵袭、饲料的不稳定等引起的偶然差异。

二、试验设计的基本原则

畜牧试验的误差主要是由于供试动物个体之间的差异和饲养管理不一致所造成。针对误差的主要来源,应采取切实有效的措施,提高试验的精确性和准确性,一方面尽量选择初始条件一致的试验动物,饲养试验的饲养管理及试验指标的测定尽量控制一致,力求避免系统误差,降低随机误差。另一方面,通过合理的试验设计控制和降低随机误差。要使试验的误差尽可能小,试验设计必须遵循重复、随机化和局部控制三个基本原则。

(一)重复

1.重复的基本概念　重复(Replication)是指试验中同一处理实施在两个或两个以上的试验单位上。一个处理实施的试验单位数量就是该处理重复的次数,也就是该处理的重复数,即样本含量。例如,研究饲料对猪生产性能的影响,一头猪为一个试验单位,则某种饲料喂4头猪,这个处理(饲料)就有4次重复,或这个处理的重复数 $n=4$。在畜牧试验中,当一头动物构成一个试验单位时,某一个处理的重复的次数与接受该处理的试验动物数相同。当一组动物构成一个试验单位时,则某一个处理的重复数与接受该处理的试验动物的组数相同。

在理解重复和重复数时应注意，不能够把几个处理实施在不同的试验单位认为重复，即不能够把几个处理实施的所有试验单位数计算为重复数。

另外，还应区别试验单位某个试验指标的重复测定次数与试验的重复数。不能把对同一个试验单位的重复测定次数计算为重复数。也即是说，重复必须是不同试验单位接受相同处理，而为了测量的准确性，同一试验单位的同一个试验指标进行多次观测，不属于试验设计中重复的范畴。如用新旧两种方法进行饲料中蛋白含量测定比较，每种方法各测定了8份饲料样品，而每份样品各重复测定了3次，这里，只能以每一份样品作为一个试验单位，而每份样品重复测定的3次就不属于试验设计的重复的范畴，这个试验的重复数为8，而不是24。如前面提到的在每个圈中的10头仔猪作为观测试验指标的最小单位，如果试验结束时，为了测量准确，每个圈的10头仔猪都重复称重3次，这个重复称重并不属于试验设计的重复，因为重复对一个试验单位称重并不是一个处理实施在两个或两个以上的试验单位上。另外，试验结束时，从每个圈的10头仔猪中随机抽出2头仔猪进行屠宰，测定屠宰性能，并取样测定肉质指标，这2头仔猪属于同一个试验单位，只可以得到其中某个屠宰性能指标如半净膛重的一个观测值，某个肉质指标如肉色的一个观测值，而不是两个观测值。

2. 重复的作用　设置重复有两个作用，一是估计试验误差，二是降低试验误差。

（1）通过重复可以估计误差。直观地理解，如果同一处理只实施在一个试验单位上，那么只能得到一个观测值，显然无从看出差异，只有当同一处理实施在两个或两个以上的试验单位上，获得两个或两个以上的观测值时，才能看出差异。从生物统计学知道，试验误差可用样本标准差 S、变异系数 CV 和标准误 $S_{\bar{x}}$ 估计，样本变异系数 CV 的计算公式为 $CV = \dfrac{S}{\bar{x}} \times 100\%$，样本标准误的计算公式为 $S_{\bar{x}} = \dfrac{S}{\sqrt{n}}$，需要计算 CV 和 $S_{\bar{x}}$，需先计算出 S。而样本标准差 S 的计算公式为 $S = \sqrt{\dfrac{\sum (x - \bar{x})^2}{n - 1}}$，由此公式可知，当 $n = 1$ 时，不能够计算出 S 值，需要 $n \geqslant 2$ 才能计算出 S 值，只有计算出 S 值的大小才能估计出试验误差的大小。由此可见，如果需要估计误差，试验就必须设置重复，无重复的试验时就无法估计误差。如：测定某种饲料饲喂的5头动物的增重，得到5个观测值分别为610、621、581、602、593g。从这5个观测值就可以计算出 $S = 15.37g$，$CV = 2.56\%$，由此估计出试验误差的大小，由于变异系数 CV 仅为 2.56%，可见该试验的试验误差较小。

（2）通过重复可以降低误差。由样本标准误与标准差的关系 $S_{\bar{x}} = S/\sqrt{n}$ 可知，平均数抽样误差的大小与重复数的平方根成反比，即重复数多可以降低试验误差。上例若增加3个试验单位，可得到8个观测值，若增加的观测值分别为618、580、612g。可计算出这8个观测值的样本标准差为 $S = 15.23g$，虽然这个值与5个观测值时的样本标准差接近，但5个观测值时的样本标准误 $S_{\bar{x}} = 6.87g$，8个观测值时的样本标准误 $S_{\bar{x}} = 5.38g$，由此可见，增加重复数可以降低试验误差。

在实际应用时，重复数太多，试验动物的初始条件不易控制一致，也不一定能降低误差。重复数的多少可根据试验的要求和条件而定，详细内容见第十章。

（二）随机化

1. 随机化的基本概念　随机化（Randomization）是指在对试验单位进行分组时必须使

用随机的方法,使每一个试验单位进入各处理组的机会相等。

2. 随机化的作用 随机化的作用是降低试验误差。随机化可以避免试验单位分组时试验人员主观倾向的影响,是在试验中排除非试验因素干扰的重要手段。后面介绍的试验单位的所有分组设计方法,都采用了随机化的原则,各种试验设计方法的随机化方法详见第三至五章。如进行 A、B、C 三种饲料添加剂的对比试验。选择 180 只 1 日龄小鸡作为试验对象,以 10 只小鸡为一个试验单位,首先将 180 只小鸡分成 18 个小组,组建成 18 个试验单位,分别称重后按体重依次编号为 1~18 号。如果不采用随机化,将 1~6 小组小鸡饲喂 A 饲料添加剂,7~12 小组小鸡饲喂 B 饲料添加剂,13~18 小组小鸡饲喂 C 饲料添加剂,则 A、B、C 三个处理的试验单位初始体重有差异,这个初始体重是非试验因素,引起的差异是试验误差,由于初始体重这个非试验因素引起的试验误差会混入到处理效应中,使得处理效应不易被发现。如果将 1~18 小组的试验动物按照随机化的原则进行分组,随机分组后,若第 3、4、8、11、13、18 小组饲喂 A 饲料添加剂,第 1、2、6、12、15、16 小组饲喂 B 饲料添加剂,第 5、7、9、10、14、17 小组饲喂 C 饲料添加剂,则可以减小初始体重这个非试验因素引起的差异,达到降低试验误差的目的,从而突出处理效应。

(三)局部控制

1. 局部控制基本概念 局部控制(Local Control)指使得局部的非试验因素处于一致的技术措施或方法。也称单位组化或区组化(Blocking)。

2. 局部控制的作用 局部控制是保持非试验因素的局部一致性,控制或降低非试验因素对试验结果的影响。局部控制的作用是降低试验误差。

当试验环境或试验单位差异较大时,仅根据重复和随机化两原则进行设计不能将试验环境或试验单位差异所引起的变异从试验误差中分离出来,因而试验误差大,试验的精确性与检验的灵敏度低。当试验环境或试验单位差异大时,在不能够保持试验的所用环境或所有试验单位的初始条件一致的情况下,可以根据局部控制的原则,将整个试验环境或所有试验单位分成若干个小环境或小组,在小环境或小组内使非试验因素尽量一致。每个比较一致的小环境或小组,称为单位组或区组(Block)。单位组内的非试验因素尽量保持一致,而单位组与单位组之间可以有很大差异。这是因为单位组之间的差异在统计分析时不仅可以从试验误差中分离出来,也未混杂在处理效应中,所以局部控制能较好地降低试验误差,并无偏估计处理效应。如上述 A、B、C 三种饲料添加剂的对比试验。如果将体重接近的 1 号、2 号、3 号试验单位组成第 1 个单位组,通过随机化的原则确定这三个试验单位饲喂 A、B、C 三种饲料添加剂,将体重接近的 5 号、6 号、7 号组成第 2 个单位组,通过随机化的原则确定实施这三个处理,同理,其余每三个体重接近的试验单位分别组成单位组后随机接受 A、B、C 三种饲料添加剂。组成单位组后随机确定处理的可能分组情况为,第 2、5、7、10、15、18 小组饲喂 A 饲料添加剂,第 3、4、9、12、13、17 小组饲喂 B 饲料添加剂,第 1、6、8、11、14、16 小组饲喂 C 饲料添加剂,这样进行的试验单位分组,不仅采用了随机化原则,而且将局部的非试验因素控制在较一致的情况下进行动物分组,采用了局部控制原则。与上述仅遵循随机化原则的分组方式相比,这样的方式分组,可以进一步减小初始体重这个非试验因素引起的差异,从而进一步降低试验误差。后面介绍的试验单位的分组设计方法中,随机单位组设计、拉丁方设计均采用了局部控制的原则,详见第四、五章。

综上,重复、随机化、局部控制是试验设计需要遵循的三个基本原则。重复的作用是降低试验误差并无偏估计试验误差。随机化的作用是降低试验误差。局部控制的作用是进一步降低试验误差。重复、随机化、局部控制这三个基本原则称为费雪尔（R. A. Fisher）三原则，是试验设计中必须遵循的原则，但并不是所有试验都必须应用这三个原则，如完全随机设计的试验就没有应用局部控制这个基本原则。遵循这三个基本原则，再结合合理的统计分析方法，就能够最大程度地降低并无偏估计试验误差，从而无偏估计处理效应，对各处理的比较做出可靠的结论。

第五节　试验设计的发展概况

一、控制试验误差的试验设计

试验设计发展初期，主要集中在试验误差控制的研究方面。1926 年，在英国卢桑姆斯坦德试验站（Rothamsted Experimental Station）工作的费雪尔（R. A. Fisher），将他们十五年农业试验中对试验误差的控制，写成论文"田间试验的安排"（The arrangement of field experiments）发表于《大不列颠农业部杂志》（Journal of the Ministry of Agriculture of Great Britain），文中详细介绍了控制试验误差的重复、随机化和局部控制这三个试验设计基本原则，他把随机化原则放在极重要的地位，"要扫除可能扰乱资料的无数原因，除了随机化方法外，别无他法。"他认为随机化是保证取得无偏估计的有效措施，也是进行可靠的显著性检验的必要基础，并提出了控制试验误差的随机单位组设计和拉丁方设计两个试验设计方法。1935 年，费雪尔出版了《试验设计》（Design of Experiments），从此试验设计作为一门系统的学科在农业研究中得到应用和发展，并被推广至其他领域。

1938 年，费雪尔和耶特斯（Yates）合作编制了有名的 Fisher Yates 随机数字表。利用随机数字表可保证总体中每一元素有同等被抽取的机会。这样，费雪尔就把随机化原则以最明确、最具体化的形式引入试验研究中。

1942 年，范福仁出版的《田间试验之设计与分析》将试验设计作为一门学科引入中国，并于 1964 修改完善，编辑出版了《田间试验技术》。

二、减少试验次数的试验设计

20 世纪 60 年代，日本统计学家田口玄一，在多因素优选法的基础上，将试验设计中应用最广的正交设计表格化，提出了正交设计表，通过正交表安排多因素的部分试验。正交设计是以数学原理为指导，合理安排试验，以尽可能少的试验次数尽快找到生产和科学试验中最优水平组合的科学方法。1975 年，中国科学院数理研究所数理统计组出版了《正交试验法》，将表格化的正交设计引入中国。1978 年，上海师范大学数学系概率统计研究组的《回归分析及其试验设计》，首次在中国将试验设计与回归分析结合。1978 年，方开泰和王元发明并出版了《均匀设计》，完成了"均匀试验设计的理论、方法及其应用"，首次创立了均匀设计理论与方法，揭示了均匀设计与古典因子设计、近代最优设计、超饱和设计、组合设计深刻的内在联系，证明了均匀设计比上述传统试验设计具有更好的稳定性，形成了中国人创立的学派，并获得国际认可，已在国内外的航空航天、化工、制药、材料、汽车、生物、农业等领域得到广泛应用。

三、试验设计在畜牧研究中的应用发展

试验设计在畜牧研究中的应用起源于田间试验设计,陆续有学者在各类杂志上发表畜牧试验设计相关内容的论文,20世纪70年代,日本吉田实著《畜牧试验设计》,首次将试验设计系统地应用于畜牧研究中,关彦华、王平于1984年将该书翻译成中文出版。在我国,俞渭江、郭单元于1995年编著出版了《畜牧试验设计》。

【本章小结】

试验设计是在进行试验之前,运用数理统计的原理和方法,科学合理地制定试验方案,采取有效措施控制试验误差。具体内容有试验因素的确定,水平的选择,处理的确定,试验单位的选取,重复数的确定,试验单位的分组以及试验数据的统计分析方法选择。试验误差是某一试验指标的测定值与其真值的差异。试验指标是在试验中具体测定的性状或观测的项目。试验因素是试验所研究的影响试验指标的因素。水平是因素内部人为划分的若干质量类别或数量等级。试验单位是接受试验处理的独立的载体,也是实施处理的最小单位。处理是试验要考察的实施在试验单位上的影响试验指标的条件。试验方案是根据试验目的要求而拟定的进行比较的一组试验处理的总称,有单因素试验方案和多因素试验方案,多因素试验方案又包括完全方案和不完全方案。试验设计必须遵循重复、随机化、局部控制三个基本原则。

【思考与练习题】

1. 什么是试验设计?
2. 什么是试验误差?畜牧试验的误差来源有哪些?
3. 什么是试验方案?多因素试验方案包括哪两种?
4. 什么是试验因素?
5. 什么是试验单位?何谓重复?
6. 试验设计的主要内容有哪些?
7. 试验设计的基本原则有哪些?各有什么作用?
8. 某养猪企业进行断奶仔猪新饲料配方的开发研究,新配方设计好后,通过饲养试验与原饲料配方进行比较。要求3头仔猪为1个试验单位,重复数为10。请问如下三种饲养试验的安排有什么问题?

(1)从猪场的600头断奶二元仔猪中随机选30头、1000头断奶三元仔猪中随机选30头,将60头仔猪编号后随机分成两个组,每组30头进行新旧饲料配方的饲养试验。

(2)从猪场的600头断奶二元仔猪中随机选30头,编号后随机分成两个小组,每组15头;再从1000头断奶三元仔猪中随机选30头,编号后随机分成两个小组,每组15头。分别进行新旧饲料配方的饲养试验。

(3)从猪场的600头断奶二元仔猪中挑选性别相同、体重体况接近的仔猪30头,编号后随机分成两个小组,每组15头;再从1000头断奶三元仔猪中挑选性别相同、体重体况接近的仔猪30头,编号后随机分成两个小组,每组15头。分别进行新旧饲料配方的饲养试验。

第二章 完全析因设计

【本章导读】完全析因设计又称完全因子设计,简称析因设计或因子设计,是将各因素所有水平相互搭配组成水平组合。本章介绍两因素和三因素完全析因设计方法及其试验结果的统计分析方法。

第一节 完全析因设计概述

一、完全析因设计的基本概念

在畜牧、兽医、水产的动物试验研究中,试验效应往往是两个或两个以上的多个因素共同作用的结果。如果试验将其他因素固定不变,考察一个因素对试验指标的影响,进行单因素试验,则只需要将该因素的各水平进行设置安排即可。如果试验考察多个因素的变化影响试验指标的情况,则除了确定因素水平外,还需要确定试验的水平组合。

完全析因设计(Complete Factorial Design)又叫完全因子设计,分别简称为析因设计(Factorial Design)和因子设计。是将两个或两个以上试验因素的所有水平进行相互搭配交叉组合,得到多因素试验完全方案的试验设计方法。按照析因设计进行的试验叫析因试验(Factorial Experiment)。析因试验是将所研究的因素按全部因素的所有水平的一切组合进行试验。析因试验又称为全面试验,析因设计就是针对多因素的全面试验进行的设计,即列出多因素的完全方案。

二、完全析因设计的作用

完全析因设计的作用是分析处理效应。所谓处理效应(Treatment Effect)指处理引起试验动物总体中某一试验指标测定值的平均改变量。如果施加某种处理与不施加某种处理进行比较,则处理效应为施加处理的总体平均数与不施加处理的总体平均数之差。如果是几种处理相互比较,则某处理的效应为该处理的总体平均数减去几个处理总体平均数之平均数得到。实际中多数是几个处理相互比较。如三个肉鸡品种 A_1、A_2 和 A_3 的比较试验,0~56 日龄的总体平均增重分别为 2.6kg、3.1kg 和 2.7kg,可以计算出这三个处理总体平均数的平均值为 $(2.6+3.1+2.7)/3=2.8$kg,那么,A_1、A_2 和 A_3 的处理效应分别为 $2.6-2.8=-0.2$(kg),$3.1-2.8=0.3$(kg) 和 $2.7-2.8=-0.1$(kg)。可见,处理效应有正有负。如果试验目的是指标值越大越好,则处理效应为正值的处理好,如果试验目的是指标值越小越好,则处理效应为负值的处理好。试验的处理效应是通过各处理总体平均数来计算差值得到的，由于实际中研究总体不容易，所以这些差值通常不能够计算出，需要用处理的样本平均数估计处理的总体平均数来估计处理效应。样本中的每个观测值，既由被测试验单位所属处理决定，又受其他无法控制的非试验因素的影响。所以观测值由所在处理的总体平均数和误差两部分组成。若该处理重复 n 次，即样本含量为 n，则可计算得到该处理 n 个观测值的样本平均数。这个处理的样本平均数并非处理的总体平均数，它还包含试验误差的成分。如何才能够由处理的样本平均数合理推断出处理的总体平均数，从而合理地估计出处理效应呢？可以通过合理地进行试验设计，准确地进行试验与观察记载，避免系统误差，尽量降低试验误差，使样本尽可能代表总体，从而正确地估计出处理效应。如进行 A_1、A_2、A_3、A_4 四种肉鸭饲料配方的对比试验，10 只肉鸭为一个试验单位，重复 6 次。测得各处理的平均增重分别为 1150g、1260g、1170g、1090g。由于这里只得到了处理的样本平均数，所以不能够通过总计平均数计算出处理效应，只能用处理的样本平均数对处理效应进行估计。可以计算出这 4 个处理平均数的平均数为 =（1150 + 1260 + 1170 + 1090）/4 =1167.5（g），则 A_1、A_2、A_3 和 A_4 的处理效应估计值分别为 - 17.5g、92.5g、2.5g 和 -77.5g。

对于单因素试验，各处理的效应就是单因素各水平的效应，所有处理均是在其他因素保持一致的情况下进行比较的，其处理效应为简单效应（Simple Effect）。简单效应是指在其他因素的水平不变时，一个因素的水平改变引起试验指标值的平均改变量。也就说，单因素试验只能够分析因素的简单效应。

对于多因素试验，一个水平组合为一个处理，处理效应即是水平组合的效应，多因素试验水平组合的处理效应由多个因素共同作用产生，除了受到因素水平的影响外，还受到因素间相互作用的影响，其处理效应包括组成该水平组合的各因素水平的主效应（Main Effect）和因素间的交互效应（Interaction Effect）。由于因素水平的改变引起试验动物总体中某一试验指标测定值的平均改变量称为主效应。由两个或两个以上试验因素间相互促进或相互抑制产生的效应称为交互效应，也称互作效应。

采用析因设计进行多因素试验，不仅可以通过水平组合的处理效应分析简单效应，而且还可以将水平组合的处理效应剖分为因素的主效应和交互效应进行分析。

（一）分析简单效应

由于处理的总体平均数一般不易获得，所以处理效应一般不易计算得到，只能够通过测定处理的样本平均数来估计处理的总体平均数，由各处理的样本平均数与所有处理的样本平均数之差来估计。多因素试验的一个水平组合就是一个处理，其处理效应则用水平组合的平均数减去所有水平组合平均数之平均数来估计。如考察高、中、低三个能量水平（A_1、A_2、A_3）和高、低两个蛋白质水平（B_1、B_2）对动物生长发育的影响，组成 A_1B_1、A_1B_2、A_2B_1、A_2B_2、A_3B_1、A_3B_2 共 6 个水平组合，得到 6 个处理，重复 3 次。试验测定得到增重数据见表 2.1。

表 2.1　不同能量蛋白质水平的动物增重（单位：g）

因素水平	B_1			B_2		
A_1	720	730	725	741	739	746
A_2	736	747	737	784	765	779
A_3	751	758	765	822	836	817

这里共有 6 个处理,每个处理都有一个处理效应。用处理的样本平均数估计处理的总体平均数来估计这 6 个处理效应。由表 2.1 数据可以计算出 A_1B_1、A_1B_2、A_2B_1、A_2B_2、A_3B_1、A_3B_2 这 6 个处理的平均数分别为 725g、742g、740g、776g、758g、825g,这 6 个平均数的平均数为 $(725 + 742 + 740 + 776 + 758 + 825)/6 = 761(g)$。那么:

A_1B_1 的处理效应估计值 $= 725 - 761 = -36(g)$

A_1B_2 的处理效应估计值 $= 742 - 761 = -19(g)$

A_2B_1 的处理效应估计值 $= 740 - 761 = -21(g)$

A_2B_2 的处理效应估计值 $= 776 - 761 = 15(g)$

A_3B_1 的处理效应估计值 $= 758 - 761 = -3(g)$

A_3B_2 的处理效应估计值 $= 825 - 761 = 64(g)$

由于简单效应是指在其他因素的水平不变时,一个因素的水平改变引起试验指标值的平均改变量,那么,这里的简单效应有:(1)A 因素分别固定在 A_1、A_2、A_3 水平时,B 因素的简单效应;(2)B 因素分别固定在 B_1、B_2 水平时,A 因素的简单效应。

A 因素固定在 A_1 水平时,B 因素由 B_1 变至 B_2,其简单效应估计值 $= -19 - (-36) = 17(g)$。

A 因素固定在 A_2 水平时,B 因素由 B_1 变至 B_2,其简单效应估计值 $= 15 - (-21) = 36(g)$。

A 因素固定在 A_3 水平时,B 因素由 B_1 变至 B_2,其简单效应估计值 $= 64 - (-3) = 67(g)$。

B 因素固定在 B_1 水平时,A 因素由 A_1 变至 A_2,其简单效应估计值 $= -21 - (-36) = 15(g)$;A 因素由 A_2 变至 A_3,其简单效应估计值 $= -3 - (-21) = 18(g)$。

B 因素固定在 B_2 水平时,A 因素由 A_1 变至 A_2,其简单效应估计值 $= 15 - (-19) = 34(g)$;A 因素由 A_2 变至 A_3,其简单效应估计值 $= 64 - 15 = 49(g)$。

(二)分析主效应

某因素某水平的主效应为该因素该水平的总体平均数减去该因素所有水平总体平均数之平均数得到。仍需用水平的样本平均数估计水平的总体平均数。如三个能量水平和两个蛋白质水平的动物增重试验结果(表 2.1),由表 2.1 数据可以计算出 A 因素各水平(A_1、A_2 和 A_3)的样本平均数分别为 733.5g、758g、791.5g,这三个平均数的平均数为 $(733.5 + 758 + 791.5)/3 = 761(g)$,则 A 因素 3 个水平的主效应估计值分别为:

A_1 水平的主效应估计值 $= 733.5 - 761 = -27.5(g)$

A_2 水平的主效应估计值 $= 758 - 761 = -3(g)$

A_3 水平的主效应估计值 $= 791.5 - 761 = 30.5(g)$

同理,由表 2.1 的数据可以计算出 B 因素 2 个水平的主效应估计值分别为 $-20g$ 和 $20g$。如果是三因素的析因试验,则可以按照上述方法估计出三个因素的主效应。更多因素的主效应也可以照此方法估计。

(三)分析交互效应

由于因素之间存在相互促进或相互抑制的作用,所以进行多因素试验的处理效应分析时,除了分析各因素的主效应外,还需要分析因素间的交互效应。交互效应有两因素之间的相互作用产生的效应,也有三因素、四因素甚至更多因素之间相互作用产生的效应。对于 A 和 B 两个因素的析因试验,处理效应除了 A 因素的主效应,B 因素的主效应外,只有 A 与 B 之间的交互效应;对于 A、B 和 C 三因素的析因试验,处理效应除了 A 因素的主效应,B 因素的主效应,C 因素主效应外,有 A 与 B 之间、A 与 C 之间、B 与 C 之间、以及 A 与 B 和 C 三者之间共四个交互效应。A 和 B 两因素的交互效应用符号 $A \times B$ 表示,ABC 三个因素的交互效应用符号 $A \times B \times C$ 表示。在畜牧试验中,通常情况下,三个或更多因素的相互作用产生的交互效应很小,一般可以不考虑在处理效应中,而是放在误差效应中。

如果估计 A 和 B 两因素试验每个处理的交互效应,由于每个处理效应包括 A 的主效应、B 的主效应以及 A 与 B 交互效应,则两因素某水平组合(处理)的交互效应可由处理效应减去组成该水平组合的两个因素的主效应得到。如三个能量水平和两个蛋白质水平的动物增重试验结果(表2.1),各水平组合的交互效应估计值为:

A_1B_1 的交互效应估计值 $=A_1B_1$ 的处理效应估计值 $-A_1$ 水平的主效应估计值 $-B_1$ 水平的主效应估计值 $= -36 - (-27.5) - (-20) = 11.5(g)$

A_1B_2 的交互效应估计值 $=A_1B_1$ 的处理效应估计值 $-A_1$ 水平的主效应估计值 $-B_2$ 水平的主效应估计值 $= -19 - (-27.5) - 20 = -11.5(g)$

同理可以算出 A_2B_1、A_2B_2、A_3B_1、A_3B_2 的交互效应估计值分别为:$2g$、$-2g$、$-13.5g$、$13.5g$。

交互效应有正有负,具有正交互效应的互作称为正的交互作用,具有负交互效应的互作称为负的交互作用;交互效应为零则称无交互作用,没有交互作用的因素是相互独立的,互不影响。

实际中是通过样本平均数估计总体平均数来估计处理效应,进一步将处理效应剖分为主效应和交互效应。如上述的 A_3B_2 水平组合,其处理效应估计值为 $64g$,由 A_3 水平和 B_2 水平共同作用产生,其中,A_3 水平的主效应估计值为 $30.5g$,B_2 水平的主效应估计值为 $20g$,A_3 水平与 B_2 水平的互作效应估计值为 $13.5g$。这是通过样本估计总体得到的,由于存在试验误差,所以,估计的这些效应是否能代表总体的效应,需要通过假设检验才能够判定其总体的效应是否存在。本章介绍如何进行完全析因设计,怎样由完全析因试验获得数据资料估计因素的主效应、交互效应,并进行假设检验推断主效应、交互效应是否存在。对于正交设计和均匀设计进行的部分析因设计的试验设计方法及效应的估计和推断见第七章和第八章。

第二节　两因素完全析因设计

一、两因素完全析因设计方法

析因设计包括因素水平的确定和试验处理的确定。

(一)因素水平的确定

1.挑选因素　在畜牧试验中,影响试验结果的因素很多,进行两因素试验,需要从众多的因素中挑选出最主要的两个因素进行试验。除了选出的这两个因素外,其余可能影响试验结果的所有因素都是非试验因素,应尽量控制一致。如研究在鸡蛋生产中如何降低饲料消耗,鸡的品种、饲料的配方、饲料添加剂的种类、养殖模式、环境条件等都会影响鸡的产蛋和鸡的饲料消耗,首先可以选择鸡蛋生产中影响饲料报酬的品种和饲料配方这两个因素进行试验考察,那么,饲料添加剂的种类、养殖模式、环境条件、饲养管理措施等都应该尽量保持一致。如果需要同时考察几个因素影响试验指标的情况,就不宜进行两因素试验。

2. 确定水平　水平是因素内的质量类别或数量等级。应根据试验因素的性质确定以不同质量类别如不同种类饲料、不同品种动物、不同养殖方式等为水平,还是以不同数量等级如不同重量、不同比例等为水平。可以两个因素的水平均为质量类别或数量等级,也可以一个因素的水平为质量类别另一个因素的水平为数量等级。以不同质量类别为水平,只需要确定水平的数目及每个水平具体的名称即可,以不同数量等级为水平,则应根据试验因素的性质首先确定水平的变化范围,然后确定合理的水平数目、适宜的水平间差异和每个水平的具体取值。如微生态添加剂与不同蛋白质水平对肉鸡生长性能的影响,目的是在几个不同蛋白质水平下比较几种微生态添加剂饲喂肉鸡的效果,对于微生态添加剂这个因素是以质量类别确定水平的,可以根据试验条件确定水平数目,如果试验动物、经费、场地等条件许可,可选四种、五种,甚至更多种微生态添加剂,即水平数可多,否则,水平数不宜多。然后需要选择每个水平的特定类别,即具体哪几种微生态添加剂进行试验。对于蛋白质水平,首先应根据以往的试验数据或经验或初步试验等确定肉鸡的蛋白质取值范围,如蛋白质比例为18%~24%,然后确定水平数目,水平数目过多,不仅难以反映出各水平间的差异,而且会成倍增大处理数,处理数太多,试验过于庞大,试验指标会受到更多非试验因素的干扰,难以控制系统误差。水平数太少又容易漏掉一些好的信息,致使结果分析不全面。水平间差异是指相邻两个水平数量之差,可以相等,也可以不相等,一般取相等。可以用等差法确定,也可以用等比法确定,也可以随机设置水平间差异。如微生态添加剂与不同蛋白质水平对肉鸡生长性能的影响试验,蛋白质的水平数目如果确定为4,则可以在18%~24%这个范围内,按等差法确定4水平分别为18%、20%、22%和24%。按等比法确定4水平分别为18%、19.8%、21.78%和23.96%。按等比法确定4水平可以为18%、19.5%、21.5%和24%。对于数量等级上只需少量差异就反映出不同处理效应的因素,如饲料中微量元素的添加,其水平间差异应小。而对于需较大的差异才能反应出不同处理效应的因素,如新饲料资源开发试验的新饲料原料的用量,其水平间的差值应大。

畜牧试验的目的就是通过比较来鉴别处理效应是否存在,在确定因素水平时,还应特别注意设置用于比较的对照水平,有标准对照、阳性对照、阴性对照、空白对照、互为对照、试验对照、自身对照等多种形式的对照水平。任何试验都不能缺少对照,否则就不能显示出试验的处理效果。根据研究的目的与内容,可选择不同的对照形式。例如,进行添加微量元素的饲养试验,添加微量元素为处理,不添加微量元素为对照,这样的对照为空白对照。进行几种微量元素添加量的比较试验,几个处理可互为对照,不必再设对照。在对某种动物作生理生化指标检验时,所得数据是否异常应与动物的正常值作比较,动物的正常值就是所谓的标准对照。在杂交试验中,要确定杂交优势的大小,必须以亲本作对照,这就是试验对照。另外,还有一种自身对照,即处理与对照在同一动物上进行,如病畜用药前与用药后生理生化指标的比较等。

多因素试验的因素水平通常以表格的形式表示。

【例2.1】　不同能量蛋白质水平对动物生长发育影响的试验,能量(A因素)有三个水平,分别为11.0MJ/kg(A_1)、11.5MJ/kg(A_2)、12.0MJ/kg(A_3),蛋白质(B因素)有两个水平,分别为18%(B_1)、20%(B_2),其因素水平表见表2.2。

表2.2　不同能量蛋白质饲料对动物生长发育影响试验的因素水平表

水平	因素	
	A(能量,MJ/kg)	B(蛋白质,%)
1	11.0	18
2	11.5	20
3	12.0	

（二）试验处理的确定

将两个因素的所有水平进行相互搭配组成两因素的水平组合,一个水平组合即为一个处理。试验处理之间、处理与对照之间进行比较时,应遵循唯一差异原则,即在进行比较时,除了试验处理不同外,其他所有条件应当尽量一致。如研究品种和饲料配方对蛋鸡生产性能的影响,除了品种和饲料配方不同外,供试的蛋鸡的年龄、体重、产蛋期、生产性能等应尽量一致,所处环境及饲养管理条件等应相同。

两因素试验处理的确定,即列出两因素试验的完全方案。如【例2.1】的不同能量蛋白质水平对动物生长发育影响的试验,这个试验的完全方案有6个处理,即6个水平组合,分别为A_1B_1、A_1B_2、A_2B_1、A_2B_2、A_3B_1、A_3B_2,每个处理的能量(MJ/kg)和蛋白质(%)水平分别为11.0和18、11.0和20、11.5和18、11.5和20、12.0和18、12.0和20。用表格表示为表2.3。

表2.3　不同能量蛋白质饲料对动物生长发育影响试验的完全方案

处理编号	水平组合	能量(MJ/kg)	蛋白质(%)
1	A_1B_1	11.0	18
2	A_1B_2	11.0	20
3	A_2B_1	11.5	18
4	A_2B_2	11.5	20
5	A_3B_1	12.0	18
6	A_3B_2	12.0	20

二、两因素完全析因设计试验结果的统计分析

A因素有a个水平,B因素有b个水平,共有ab个处理,每个处理有n次重复。两因素完全析因设计试验资料共有abn个观测值,如果用完全随机设计法对试验单位分组,则其统计分析采用两因素交叉分组方差分析法进行,如果采用随机单位组设计对试验单位分

组,其统计分析方法见第四章。这里介绍完全随机试验的两因素完全析因设计试验结果的方差分析。

(一)两因素析因设计资料处理效应的类别

要分清两因素析因设计处理效应的类别,首先需要分清单因素试验处理效应的类别。

1. 单因素试验处理效应的类别　单因素试验有 k 个处理,第 i 个处理的处理效应用 α_i 表示,$\alpha_i = \mu_i - \mu$,其中 μ_i 为第 i 个处理的总体平均数,μ 为 k 个处理总体平均数之平均数。根据这 k 个处理是否改变,单因素试验的处理效应有固定效应(Fixed Effect)和随机效应(Random Effect)之分。

(1)固定效应。当试验的处理固定不变时,其处理效应为固定效应。单因素试验有 k 个处理,试验研究的目的仅限于比较这 k 个处理的效果差异,推测这 k 个处理总体的情况,估计每个处理的总体平均数与这 k 个处理总体平均数之平均数的差值,即估计处理效应 α_i,$\alpha_i = \mu_i - \mu$,而不需推广到其他总体,重复试验时的处理仍为原来的 k 个处理。如五种配方饲料饲喂猪的对比试验,选择了条件基本一致的试验猪进行试验,获得数据资料,对这五种配方饲料采用方差分析进行比较,不会将试验及统计分析的结果用于推测其他配方饲料的饲喂效果,仅限于对试验的这五种配方饲料的效果推测,如发现其中的三种配方饲料效果好,希望进行重复试验,还是对这五种配方饲料进行比较试验,这样的试验处理就是固定不变的。固定效应即是将处理效应固定于所试验的处理的范围内。对于固定效应的处理效应进行方差分析时,检验 k 个总体平均数是否相等,若 F 检验差异显著或极显著,下一步工作在于做多重比较。一般的比较试验,其处理效应都是固定的。

(2)随机效应。当试验的处理为随机抽样得来的样本时,其处理效应为随机效应。单因素试验的 k 个处理是从一个大总体中随机抽取的,试验研究的目的不在于比较当前的这 k 个处理总体平均数的差异,而是通过这 k 个处理的试验数据推断大总体的变异情况,进行重复试验时,可在大总体中随机抽取新的处理。如进行大足黑山羊品种生产性能和繁殖性能的研究,从大足黑山羊品种这个大总体中,以样本含量为 50 进行随机抽样,抽出 6 个样本进行比较研究,从这抽出的 6 个样本的大足黑山羊的生产性能和繁殖性能去推测大足黑山羊品种的情况,那么大足黑山羊品种就是一个大总体,6 个样本的大足黑山羊是从这个大足黑山羊品种大总体中抽出的样本,研究目的不是比较当前这 6 个样本的总体平均数的差异,而是通过这 6 个样本了解大总体的特征特性,如果进行重复试验,抽出的样本就不一定还是原来的这些样本,由于处理不固定,是随机的,所以,这 6 个样本的处理效应就是随机效应。像某品种在全国范围的养殖推广试验,2012 年选择了重庆、四川、北京、广州四个地区进行饲养试验,试验目的不是为了比较这四个地区养殖这个品种的差异情况,而是为了了解该品种能否在全国大面积推广养殖,2013 年进行重复试验时,选择的地区就不一定还是这四个地区,并且还有可能会多选择几个地区进行饲养试验,显然,从这四个地区的饲养试验获得的四个样本的处理效应是随机效应。对随机效应的处理效应进行方差分析时,若 F 检验差异显著或极显著,一般不做多重比较,而是对大总体的变异程度进行估计。遗传、育种和生态研究方面的试验,其处理效应通常是随机的。

2. 两因素试验处理效应的类别　对于 A 和 B 两因素试验,其处理效应包括 A 因素的主效应、B 因素的主效应、AB 交互效应三个部分。由于有两个因素,每个因素的主效应可以是固定效应,也可以是随机效应,当两个因素的主效应都是固定效应时,两因素试验处理效应为固定效应；当两个因素的主效应都是随机效应时，两因素试验处理效应为随机效应；当一个因素的主效应为固定效应，另一个因素的主效应为随机效应时，两因素试验处理效应为混合效应。如进行三种饲料饲喂两个动物品种的比较试验，一般情况下其处理效应为固定效应。如进行五个品种动物在全国范围的不同地区的推广试验，那么，品种是固定的，地区则是随机的，其处理效应为混合模型，品种这个因素的处理效应是固定的，地区这个因素的处理效应是随机的。

（二）两因素析因设计试验资料的数学模型

两因素析因设计每个水平组合的处理效应包括 A 因素第 i 水平的主效应、B 因素第 j 水平的主效应以及 A 因素第 i 水平与 B 因素第 j 水平的交互效应三个部分。用符号 α_i 表示 A 因素第 i 水平的主效应，用符号 β_j 表示 B 因素第 j 水平的主效应，用符号 $(\alpha\beta)_{ij}$ 表示 A 因素第 i 水平与 B 因素第 j 水平的交互效应。那么，每一个观测值 x_{ijl} 与总体平均数 μ 的差值，由 A 因素第 i 水平的主效应 α_i、B 因素第 j 水平的主效应 β_j、A 因素第 i 水平与 B 因素第 j 水平的交互效应 $(\alpha\beta)_{ij}$ 及试验误差 ε_{ijl} 组成。即 $x_{ijl}-\mu=\alpha_i+\beta_j+(\alpha\beta)_{ij}+\varepsilon_{ijl}$，由此可以得到析因设计试验资料的数学模型为：

$$x_{ijl}=\mu+\alpha_i+\beta_j+(\alpha\beta)_{ij}+\varepsilon_{ijl} \qquad (2.1)$$

其中，$i=1,2,\cdots,a;j=1,2,\cdots,b;l=1,2,\cdots,n$。试验误差 ε_{ijl} 相互独立，且服从正态分布 $N(0,\sigma^2)$。

（三）两因素析因设计试验资料的变异来源、平方和及自由度的剖分

两因素析因试验资料的总变异，来源于每个处理产生的变异和每个处理内的试验误差产生的变异，而每个处理的变异由 A 因素水平间变异、B 因素水平间变异、A 因素与 B 因素的交互变异三个部分组成，所以两因素析因试验资料的总变异剖分为 A 因素水平间变异、B 因素水平间变异、A 因素与 B 因素的交互变异以及试验误差，共四个部分，其中，前三个部分合起来为处理间变异。

两因素析因设计完全随机试验资料的平方和及自由度的剖分式为：

$$SS_T=SS_A+SS_B+SS_{A\times B}+SS_e$$
$$df_T=df_A+df_B+df_{A\times B}+df_e \qquad (2.2)$$

其中，SS_T、SS_A、SS_B、$SS_{A\times B}$、SS_e 分别为总平方和、A 处理间平方和、B 处理间平方和、AB 互作平方和、误差平方和。df_T、df_A、df_B、$df_{A\times B}$、df_e 分别为总自由度、A 处理间自由度、B 处理间自由度、AB 互作自由度、误差自由度。

（四）两因素析因试验资料方差分析的基本步骤

1. 计算各项平方和、自由度
（1）方法一：通过公式计算平方和 SS_A、SS_B、$SS_{A\times B}$、SS_e，自由度 df_A、df_B、$df_{A\times B}$、df_e。

$$SS_T=\sum\sum\sum(x_{ijl}-\bar{x})^2,SS_t=n\sum\sum(\bar{x}_{ij}-\bar{x})^2,SS_A=bn\sum(\bar{x}_{Ai}-\bar{x})^2$$

$$SS_B=an\sum(\bar{x}_{Bj}-\bar{x})^2,SS_{A\times B}=SS_t-SS_A-SS_B,SS_e=SS_T-SS_t$$

$$df_T=abn-1,df_t=ab-1,df_A=a-1$$

$$df_B=b-1,df_{A\times B}=df_t-df_A-df_B,df_e=df_T-df_t$$

其中，$i=1,2,\cdots,a;j=1,2,\cdots,b;l=1,2,\cdots,n$。$x_{ijl}$ 为观测值；$\bar{x}=\dfrac{\sum\sum\sum x_{ijl}}{abn}$，为资料全部

观测值的平均数；$\bar{x}_{ij} = \dfrac{\sum x_{ijl}}{n}$，为 A 因素第 i 水平和 B 因素第 j 水平的水平组合平均数；

$\bar{x}_{Ai} = \dfrac{\sum \sum x_{ijl}}{bn}$，为 A 因素第 i 水平的平均数；$\bar{x}_{Bj} = \dfrac{\sum \sum x_{ijl}}{an}$，为 B 因素第 j 水平的平均数。

（2）方法二：采用 Excel 可重复双因素方差分析计算平方和 SS_A、SS_B、$SS_{A \times B}$、SS_e，自由度 df_A、df_B、$df_{A \times B}$、df_e。具体方法步骤见第十一章相关内容。

2. 计算各项均方和 F 值，进行 F 检验

（1）方法一：采用公式计算均方和 F 值，进行 F 检验。用平方和除以相应的自由度可得均方。$MS_A = SS_A/df_A$；$MS_B = SS_B/df_B$；$MS_{A \times B} = SS_{A \times B}/df_{A \times B}$；$MS_e = SS_e/df_e$。

计算 F 值时，根据两因素析因设计的处理效应的类别不同，各项变异的 F 值的计算公式中，其分母有所不同。当因素的主效应为固定效应时，该因素处理间变异的 F 值以误差均方为分母计算；当因素的主效应为随机效应时，该因素处理间变异的 F 值以 AB 互作的均方为分母计算；AB 互作的 F 值，以误差均方为分母计算。具体为：

处理效应为固定效应时，$F_A = MS_A/MS_e$；$F_B = MS_B/MS_e$；$F_{A \times B} = MS_{A \times B}/MS_e$。

处理效应为随机效应时，$F_A = MS_A/MS_{A \times B}$；$F_B = MS_B/MS_{A \times B}$；$F_{A \times B} = MS_{A \times B}/MS_e$。

处理效应为混合效应时，若 A 固定，B 随机，则 $F_A = MS_A/MS_e$；$F_B = MS_B/MS_{A \times B}$；$F_{A \times B} = MS_{A \times B}/MS_e$；若 A 随机，B 固定，则 $F_A = MS_A/MS_{A \times B}$；$F_B = MS_B/MS_e$；$F_{A \times B} = MS_{A \times B}/MS_e$。

分别由 df_1、df_2 查临界 F 值表，得 $F_{0.05}$ 和 $F_{0.01}$，将计算出的 F_A、F_B、$F_{A \times B}$ 值与 $F_{0.05}$ 和 $F_{0.01}$ 比较，若 $F < F_{0.05}$，$P > 0.05$，差异不显著；若 $F_{0.05} \leqslant F < F_{0.01}$，$0.01 < P \leqslant 0.05$，差异显著；若 $F \geqslant F_{0.01}$，$P \leqslant 0.01$，差异极显著。

（2）方法二：采用 Excel 计算均方和 F 值，进行 F 检验。Excel 重复双因素方差分析可直接给出 MS_A、MS_B、$MS_{A \times B}$、MS_e。但仅给出了处理效应为固定效应的 F 值和概率 P。也就是说，处理效应为固定效应时，可将 Excel 可重复双因素方差分析给出的 F 值以及统计推断所需的 P 值直接应用。可将算出的概率 P 与小概率标准 0.05 和 0.01 比较，做统计结论。当算出的概率 $P > 0.05$ 时，统计结论为差异不显著；$0.01 < P \leqslant 0.05$，差异显著；$P \leqslant 0.01$，差异极显著。当处理效应为混合效应或随机效应，则不能够采用此法。

3. 多重比较　当处理效应为固定效应时，如果 A 因素水平间变异 F 测验显著或极显著，需要进行 A 因素各水平平均数的多重比较；如果 B 因素水平间变异 F 测验显著或极显著，需要进行 B 因素各水平平均数的多重比较；如果 A 因素与 B 因素的交互变异 F 测验显著或极显著，需要进行 A 与 B 各水平组合平均数的多重比较。有多种方法可选择，常用的有最小显著极差（Least Significant Range，LSR）法和最小显著差数（Least Significant Difference，LSD）法，LSR 法包括 q 法和 Duncan 新复极差法，Duncan 新复极差法又称为最短显著极差（Shortest Significant Range，SSR）。

（1）LSR 法。包括 q 法和 SSR 法，进行多重比较的步骤为：

①计算样本标准误 $S_{\bar{x}}$。A 因素、B 因素、AB 水平组合的样本标准误计算公式分别为：

$$S_{\bar{x}_A} = \sqrt{MS_e/bn}；\quad S_{\bar{x}_B} = \sqrt{MS_e/an}；\quad S_{\bar{x}_{AB}} = \sqrt{MS_e/n}$$

②计算最小显著极差值 $LSR_{0.05(k,df_e)}$ 和 $LSR_{0.01(k,df_e)}$。分别将 A 因素、B 因素、AB 水平组合的样本标准误代入式（2.3）（q 法）或式（2.4）（SSR 法）计算。

$$LSR_{a(k,df_e)} = q_{a(k,df_e)} S_{\bar{x}} \tag{2.3}$$

$$LSR_{a(k,df_e)} = SSR_{a(k,df_e)} S_{\bar{x}} \tag{2.4}$$

③进行平均数间比较。分别将 A 因素、B 因素、AB 水平组合的各对平均数差数的绝对值与 $LSR_{0.05(k,df_e)}$ 和 $LSR_{0.01(k,df_e)}$ 比较，$|\bar{x}_i - \bar{x}_j| < LSR_{0.05}$，$P > 0.05$，差异不显著；$LSR_{0.05} < |\bar{x}_i - \bar{x}_j| < LSR_{0.01}$，$0.01 < P \leqslant 0.05$，差异显著；$|\bar{x}_i - \bar{x}_j| \geqslant LSR_{0.05}$，$P \leqslant 0.01$，差异极显著。通常采用字母标记表示各对平均数间的差异显著性。如果各对平均数间差异极显著，则标记不同大写字母；如果差异显著，则标记不同小写字母；如果差异不显著，则标记相同小写字母。

（2）LSD 法。LSD 法进行多重比较的步骤为：

①计算差数样本标准误 $S_{\bar{x}_1 - \bar{x}_2}$。$A$ 因素、B 因素、AB 水平组合的差数样本标准误的计算公式分别为：

$$S_{\bar{x}_{A1} - \bar{x}_{A2}} = \sqrt{2MS_e/bn}; \quad S_{\bar{x}_{B1} - \bar{x}_{B2}} = \sqrt{2MS_e/an}; \quad S_{\bar{x}_{AB1} - \bar{x}_{AB2}} = \sqrt{2MS_e/n}$$

②计算最小显著差数值 $LSD_{0.05(df_e)}$ 和 $LSD_{0.01(df_e)}$。分别将 A 因素、B 因素、AB 水平组合差数样本标准误代入式（2.5）计算。

$$LSD_{a(df_e)} = t_{a(df_e)} S_{\bar{x}_1 - \bar{x}_2} \tag{2.5}$$

③进行平均数间比较。分别将 A 因素、B 因素、AB 水平组合的各对平均数差数的绝对值与 $LSD_{0.05(df_e)}$ 和 $LSD_{0.01(df_e)}$ 比较，$|\bar{x}_i - \bar{x}_j| < LSD_{0.05}$，$P > 0.05$，差异不显著；$LSD_{0.05} \leqslant |\bar{x}_i - \bar{x}_j| < LSD_{0.01}$，$0.01 < P \leqslant 0.05$，差异显著；$|\bar{x}_i - \bar{x}_j| \geqslant LSD_{0.05}$，$P \leqslant 0.01$，差异极显著。用字母标记表示各对平均数间的差异显著性。

最后，对检验的统计结论作出专业解释。

三、案列分析

【例2.2】进行能量和蛋白质对肉鹅生长性能影响的比较试验，能量（A 因素）有三个水平，分别为 11.0MJ/kg（A_1）、11.5MJ/kg（A_2）、12.0MJ/kg（A_3），蛋白质（B 因素）有两个水平，分别为 20%（B_1）、22%（B_2）。进行 3×2 析因试验，有 3×2＝6 个处理，配成 6 种不同的饲料。每个处理重复 4 次，以 5 只肉鹅为 1 个试验单位。选择同品种、体况体重相近的 1 日龄健康肉鹅 120 只，进行完全随机试验。经过两个月的饲养试验，对各处理组的日增重、饲料消耗进行了测定，其中的增重资料见表2.4。试对表2.4资料进行统计分析。

表2.4   不同能量和蛋白质肉鹅增重结果统计表（单位：kg）

水平组合	增重				合计	平均
A_1B_1	2.49	2.58	2.53	2.50	10.10	2.5250
A_1B_2	2.48	2.21	2.46	2.50	9.65	2.4125
A_2B_1	2.24	2.36	2.31	2.37	9.28	2.3200
A_2B_2	2.72	2.66	2.75	2.74	10.87	2.7175
A_3B_1	2.51	2.41	2.47	2.62	10.01	2.5025
A_3B_2	2.74	2.83	2.85	2.66	11.08	2.7700

首先将表 2.4 整理为 A 和 B 两个因素的因素水平数据资料表,见表 2.5。然后按照方差分析的三个步骤进行统计分析。

表 2.5　表 2.4 资料的因素水平数据表

因素水平	B_1	B_2	合计	平均
A_1	2.49	2.48	19.75	2.46875
	2.58	2.21		
	2.53	2.46		
	2.50	2.50		
A_2	2.24	2.72	20.15	2.51875
	2.36	2.66		
	2.31	2.75		
	2.37	2.74		
A_3	2.51	2.74	21.09	2.63625
	2.41	2.83		
	2.47	2.85		
	2.62	2.66		
合计	29.39	31.6	60.99	
平均	2.449167	1.829167		2.54125

1. 计算各项平方和、自由度

（1）方法一。通过公式计算平方和 SS_A、SS_B、$SS_{A\times B}$、SS_e,自由度 df_A、df_B、$df_{A\times B}$、df_e。

$$\bar{x} = \frac{\sum\sum\sum x_{ijl}}{abn} = \frac{60.99}{3\times 2\times 4} = 2.54125$$

$$SS_T = \sum\sum\sum (x_{ijl} - \bar{x})^2$$
$$= (2.49 - 2.54125)^2 + (2.58 - 2.54125)^2 + \cdots + (2.66 - 2.54125)^2$$
$$\approx 0.725063$$

$$SS_t = n\sum\sum (\bar{x}_{ij} - \bar{x})^2$$
$$= 4\times \left[(2.525 - 2.54125)^2 + (2.4125 - 2.54125)^2 + \cdots + (2.77 - 2.54125)^2 \right]$$
$$\approx 0.602738$$

$$SS_A = bn\sum (\bar{x}_{Ai} - \bar{x})^2$$
$$= 2\times 4\times \left[(2.46875 - 2.54125)^2 + (2.51875 - 2.54125)^2 + (2.63625 - 2.54125)^2 \right]$$
$$= 0.1183$$

$$SS_B = an\sum (\bar{x}_{Bj} - \bar{x})^2$$
$$= 3\times 4\times \left[(2.449167 - 2.54125)^2 + (1.829167 - 2.54125)^2 \right] \approx 0.203504$$

$SS_{A \times B} = SS_t - SS_A - SS_B = 0.602738 - 0.1183 - 0.203504 \approx 0.280933$

$SS_e = SS_T - SS_t = 0.725063 - 0.602738 = 0.122325$

$df_T = abn - 1 = 24 - 1 = 23, df_t = ab - 1 = 6 - 1 = 5, df_A = a - 1 = 3 - 1 = 2$

$df_B = b - 1 = 2 - 1 = 1, df_{A \times B} = df_t - df_A - df_B = 5 - 2 - 1 = 2, df_e = df_T - df_t = 23 - 5 = 18$

（2）方法二。采用 Excel 计算平方和 SS_A、SS_B、$SS_{A \times B}$、SS_e，自由度 df_A、df_B、$df_{A \times B}$、df_e。采用 Excel 可重复双因素方差分析进行分析（具体方法步骤见十一章），输出结果见表 2.6。表 2.6 第二行样本的平方和、自由度即为 SS_A、df_A，第三行列的平方和、自由度即为 SS_B、df_B，第四行交互的平方和、自由度即为 $SS_{A \times B}$、$df_{A \times B}$，第五行内部的平方和、自由度即为 SS_e、df_e。

表 2.6　表 2.5 资料的 Excel 可重复双因素方差分析输出结果

差异源	SS	df	MS	F	P − value
样本	0.1183	2	0.05915	8.704	0.002268
列	0.203504	1	0.203504	29.945	3.38E − 05
交互	0.280933	2	0.140467	20.670	2.17E − 05
内部	0.122325	18	0.006796		
总计	0.725063	23			

只要方法一计算的中间运算结果保留足够的小数位数，上述两种方法计算的各项平方和、自由度是相同的，实际应用时，可以选择其中一种方法即可。

2. 计算均方、F 值，进行 F 检验

（1）方法一：采用公式计算均方和 F 值，进行 F 检验

$MS_A = SS_A / df_A = 0.1183 / 2 = 0.05915$

$MS_B = SS_B / df_B = 0.203504 / 1 = 0.203504$

$MS_{A \times B} = SS_{A \times B} / df_{A \times B} = 0.280933 / 2 \approx 0.140467$

$MS_e = SS_e / df_e = 0.122325 / 18 \approx 0.00679583$

这为一般的比较试验，A 因素和 B 因素均属于固定效应，各项变异的 F 值均以误差均方为分母计算。

$F_A = MS_A / MS_e = 0.05915 / 0.00679583 \approx 8.704$

$F_B = MS_B / MS_e = 0.203504 / 0.00679583 \approx 29.945$

$F_{A \times B} = MS_{A \times B} / MS_e = 0.140467 / 0.00679583 \approx 20.670$

将上述计算结果整理成方差分析表，见表 2.7。

由 $df_1 = 2$、$df_2 = 18$ 和 $df_1 = 1$、$df_2 = 18$ 查临界 F 值表，得 $F_{0.05(2,18)} = 3.55$，$F_{0.01(2,18)} = 6.01$；$F_{0.05(1,18)} = 4.41$，$F_{0.01(1,18)} = 8.29$。$F_A > F_{0.01(2,18)}$，$P < 0.01$，差异极显著。$F_B > F_{0.01(1,18)}$，$P < 0.01$，差异极显著。$F_{A \times B} > F_{0.01(2,18)}$，$P < 0.01$，差异极显著。即 A 因素主效应、B 因素主效应以及 AB 交互效应的统计结论均为差异极显著。

表2.7 表2.4资料的方差分析表

变异来源	SS	df	MS	F	$F_{0.01(df, df_e)}$
A 因素间	0.1183	2	0.0592	8.704**	6.01
B 因素间	0.2035	1	0.2035	29.945**	8.29
AB 交互	0.2809	2	0.1405	20.670**	6.01
误差	0.12233	18	0.006796		
总的	0.72506	23			

（2）方法二：采用 Excel 计算均方和 F 值，进行 F 检验。Excel 可重复双因素方差分析给出的 MS_A、MS_B、$MS_{A \times B}$、MS_e 见表2.6。将表2.6的 Excel 输出结果整理得到方差分析表，见表2.7。由于这里的处理效应为固定效应，所以可直接应用 Excel 可重复双因素方差分析给出的结果。从表2.6可以看出，给出的 F 检验所需要的概率值 $P_A = 0.0023$，$P_B = 3.38 \times 10^{-5}$，$P_{A \times B} = 2.17 \times 10^{-5}$。这三个概率 P 值均小于 0.01，表明 A 因素主效应、B 因素主效应以及 AB 交互效应的统计结论均为差异极显著。

方差分析表明，三个能量水平间的增重之间、两个蛋白质水平的增重之间、能量与蛋白质各水平组合的增重间均存在极显著差异。由于蛋白质（B 因素）为 2 水平，所以不用进行 B 因素的多重比较。需要进行三个能量的平均增重之间、能量与蛋白质各水平组合的平均增重之间的多重比较。

3. A 因素（能量）各水平平均增重的多重比较。选择 q 法。

（1）计算样本标准误

$$S_{\bar{x}A} = \sqrt{MS_e / bn} = \sqrt{0.006796/8} \approx 0.029146$$

（2）按式（2.4）计算最小显著极差值 $LSR_{0.05(k, df_e)}$ 和 $LSR_{0.01(k, df_e)}$。$q_{0.05(k, df_e)}$ 和 $q_{0.01(k, df_e)}$、最小显著极差值 $LSR_{0.05(k, df_e)}$ 和 $LSR_{0.01(k, df_e)}$ 列于表2.8。

表2.8 q 值与 LSR 值

df_e	秩次距 k	$q_{0.05}$	$q_{0.01}$	$LSR_{0.05}$	$LSR_{0.01}$
18	2	2.97	4.07	0.08656	0.11862
	3	3.61	4.70	0.1052	0.1370

（3）进行平均数间比较。用表2.9表示表2.4资料 A 因素各水平平均数的多重比较结果。

表2.9 表2.4资料 A 因素各水平平均数的多重比较表

组别	$\bar{x} \pm S$	5%	1%
A_3	2.6363 ± 0.1646	a	A
A_2	2.5188 ± 0.2176	b	AB
A_1	2.4688 ± 0.1106	b	B

统计结论：A_1 的平均增重与 A_2 的平均增重间差值为 $0.05 < LSR_{0.05(2,18)}$，差异不显著，标记相同小写字母。A_2 的平均增重与 A_3 的平均增重间差值为 0.1175，$LSR_{0.05(2,18)} < 0.1175 < LSR_{0.01(2,18)}$，差异显著，标记不同小写字母。$A_1$ 的平均增重与 A_2 的平均增重间差值为 $0.1675 > LSR_{0.01(3,18)}$，差异极显著，标记不同大写字母。

专业解释：方差分析结果表明，不同能量的肉鹅平均增重间差异极显著，多重比较发现，能量为 12.0MJ/kg 的肉鹅平均增重显著高于能量为 11.5MJ/kg 的肉鹅平均增重，极显著高于能量为 11.0MJ/kg 的肉鹅平均增重。能量为 11.5MJ/kg 的肉鹅与能量为 11.0MJ/kg 的肉鹅的平均增重差异不显著。

4. AB 各水平组合平均增重的多重比较。选择 SSR 法。

（1）计算标准误

$$S_{\bar{x}_{AB}} = \sqrt{MS_e/n} = \sqrt{0.006796/4} \approx 0.0412184$$

（2）按式（2.4）计算最小显著极差值 $LSR_{0.05(k,df_e)}$ 和 $LSR_{0.01(k,df_e)}$。最短显著极差值 $SSR_{0.05(k,df_e)}$ 和 $SSR_{0.01(k,df_e)}$、最小显著极差值 $LSR_{0.05(k,df_e)}$ 和 $LSR_{0.01(k,df_e)}$ 列于表 2.10。

表 2.10　SSR 值与 LSR 值

df_e	秩次距 k	$SSR_{0.05}$	$SSR_{0.01}$	$LSR_{0.05}$	$LSR_{0.01}$
	2	2.97	4.07	0.1224	0.1678
	3	3.12	4.27	0.1286	0.176
18	4	3.21	4.38	0.1323	0.1805
	5	3.27	4.46	0.1348	0.1838
	6	3.32	4.53	0.1368	0.1867

（3）进行平均数间比较　用表 2.11 表示表 2.4 资料各水平组合平均数的多重比较结果。

表 2.11　表 2.4 资料各水平组合平均数的多重比较表

组别	$\bar{x} \pm S$	5%	1%
A_3B_2	2.77 ± 0.08756	a	A
A_2B_2	$2.7575 \pm 0.0.04031$	a	A
A_1B_1	2.525 ± 0.04042	b	B
A_3B_1	2.5025 ± 0.08846	b	B
A_1B_2	2.4125 ± 0.1360	bc	BC
A_2B_1	2.32 ± 0.05944	c	C

统计结论：表 2.4 资料各水平组合平均数的多重比较结果，A_1B_1 与 A_1B_2、A_1B_1 与 A_3B_1、A_1B_2 与 A_2B_1、A_1B_2 与 A_3B_1、A_2B_2 与 A_3B_2 的平均增重间差异不显著，其余各对水平组合平均增重间差异极显著。

专业解释：方差分析结果表明，能量和蛋白质间存在极显著的交互效应。水平组合平均数的多重比较结果表明在高蛋白质水平下，两个高能量的平均增重间差异不显著，二者

增重效果最好,极显著高于其余各水平组合的平均增重,从节约出发,饲喂肉鹅可以选择
A_2B_2 进行饲料配制。

第三节　三因素完全析因设计

一、三因素完全析因设计方法

与两因素析因设计一样,进行两个以上因素的完全析因设计,同样包括因素水平的确定和试验处理的确定。

进行因素水平确定时,挑选因素、确定水平都与两因素析因设计类似。析因设计的因素个数和水平数目都不宜太多,否则试验处理数过多,不仅试验单位的初始条件不容易保持一致,而且对其他非试验因素控制一致也不易,会造成系统误差对试验结果的影响增大,使得处理效应不易表现出来。对三个试验因素进行完全析因设计,即是列出包括三个试验因素的全部水平组合的完全方案。

【例2.3】研究温度(A 因素)、湿度(B 因素)、光照时间(C 因素)三个因素对蛋鸡产蛋性能的影响,设置三种不同温度(25℃、30℃、35℃)、2 种不同湿度(55%、65%)和两个光照时间(15h、20h),这个三因素试验共有 $3 \times 2 \times 2 = 12$ 个水平组合。这个三因素试验的因素水平表和析因试验方案分别见表2.12 和表2.13。

表2.12　温、湿度和光照对蛋鸡产蛋性能影响试验的因素水平表

水平	因素		
	温度(℃)	湿度(%)	光照时间(h)
1	25	55	15
2	30	65	20
3	35		

表2.13　温、湿度和光照对蛋鸡产蛋性能影响试验的完全方案

处理编号	水平组合	温度(℃)/湿度(%)/光照时间(h)	处理编号	水平组合	温度(℃)/湿度(%)/光照时间(h)
1	$A_1B_1C_1$	25/55/15	7	$A_2B_2C_1$	30/65/15
2	$A_1B_1C_2$	25/55/20	8	$A_2B_2C_2$	30/65/20
3	$A_1B_2C_1$	25/65/15	9	$A_3B_1C_1$	35/55/15
4	$A_1B_2C_2$	25/65/20	10	$A_3B_1C_2$	35/55/20
5	$A_2B_1C_1$	30/55/15	11	$A_3B_2C_1$	35/65/15
6	$A_2B_1C_2$	30/55/20	12	$A_3B_2C_2$	35/65/20

二、三因素完全析因试验结果的统计分析

A 因素有 a 个水平，B 因素有 b 个水平，C 因素有 c 个水平，共有 abc 个处理，每个处理有 n 次重复。三因素完全析因试验资料共有 $abcn$ 个观测值，对试验单位的分组不同，其试验结果的统计分析方法不同，这里介绍完全随机试验的三因素完全析因设计试验结果的方差分析。随机单位组设计对试验单位分组的三因素完全析因设计试验结果的统计分析方法见第四章。

与两因素析因试验类似，三因素析因试验资料的处理效应也分为固定效应、随机效应和混合效应三类。

（一）三因素析因试验资料的数学模型

三因素析因设计每个水平组合的处理效应包括 A 因素第 i 水平的主效应 α_i、B 因素第 j 水平的主效应 β_j、C 因素第 l 水平的主效应 δ_l、A 因素第 i 水平与 B 因素第 j 水平的交互效应 $(\alpha\beta)_{ij}$、A 因素第 i 水平与 C 因素第 l 水平的交互效应 $(\alpha\delta)_{il}$、B 因素第 j 水平与 C 因素第 l 水平的交互效应 $(\beta\delta)_{jl}$、A 因素第 i 水平、B 因素第 j 水平与 C 因素第 l 水平交互效应 $(\alpha\beta\delta)_{ijl}$ 七个部分。试验误差用 ε_{ijlm} 表示，三因素析因设计完全随机试验资料的数学模型为：

$$x_{ijl} = \mu + \alpha_i + \beta_j + \delta_l + (\alpha\beta)_{ij} + (\alpha\delta)_{il} + (\beta\delta)_{jl} + (\alpha\beta\delta)_{ijl} + \varepsilon_{ijlm} \tag{2.6}$$

其中，$i = 1, 2, \cdots, a$；$j = 1, 2, \cdots, b$；$l = 1, 2, \cdots, c$；$m = 1, 2, \cdots, n$。试验误差 ε_{ijlm} 相互独立，且服从正态分布 $N(0, \sigma^2)$。

（二）三因素析因试验资料的变异来源、平方和及自由度的剖分

三因素析因设计试验资料的总变异，来源于每个处理产生的变异和试验误差产生的变异，每个处理的变异包括 A 因素水平间变异、B 因素水平间变异、C 因素水平间变异、A 因素与 B 因素的交互变异、A 因素与 C 因素的交互变异、B 因素与 C 因素的交互变异、ABC 三因素交互变异七个部分。所以三因素析因设计试验资料的总变异剖分为 A 因素水平间变异、B 因素水平间变异、C 因素水平间变异、A 因素与 B 因素的交互变异、A 因素与 C 因素的交互变异、B 因素与 C 因素的交互变异、ABC 三因素交互变异以及试验误差，共八个部分，其中前七个部分来源于试验因素，试验误差来源于非试验因素。

三因素析因设计完全随机试验资料的平方和及自由度的剖分式为：

$$SS_T = SS_A + SS_B + SS_C + SS_{A \times B} + SS_{A \times C} + SS_{B \times C} + SS_{A \times B \times C} + SS_e$$

$$df_T = df_A + df_B + df_C + df_{A \times B} + df_{A \times C} + df_{B \times C} + df_{A \times B \times C} + df_e \tag{2.7}$$

其中，SS_T、SS_A、SS_B、SS_C、$SS_{A \times B}$、$SS_{A \times C}$、$SS_{B \times C}$、$SS_{A \times B \times C}$、SS_e 分别为总平方和、A 处理间平方和、B 处理间平方和、C 处理间平方和、AB 互作平方和、AC 互作平方和、BC 互作平方和、ABC 互作平方和、误差平方和。df_T、df_A、df_B、df_C、$df_{A \times B}$、$df_{A \times C}$、$df_{B \times C}$、$df_{A \times B \times C}$、df_e 分别为总自由度、A 处理间自由度、B 处理间自由度、C 处理间自由度、AB 互作自由度、AC 互作自由度、BC 互作自由度、ABC 互作自由度、误差自由度。

（三）三因素析因试验资料方差分析的基本步骤

1. 计算各项平方和、自由度

（1）方法一。通过公式计算平方和 SS_A、SS_B、SS_C、$SS_{A \times B}$、$SS_{A \times C}$、$SS_{B \times C}$、$SS_{A \times B \times C}$、SS_e，自由度 df_A、df_B、df_C、$df_{A \times B}$、$df_{A \times C}$、$df_{B \times C}$、$df_{A \times B \times C}$、df_e。

$$SS_T = \sum\sum\sum\sum (x_{ijlm} - \bar{x})^2, SS_t = n\sum\sum\sum (\bar{x}_{ijl} - \bar{x})^2,$$

$$SS_A = bcn\sum(\bar{x}_{Ai} - \bar{x})^2, SS_B = acn\sum(\bar{x}_{Bj} - \bar{x})^2,$$

$$SS_C = abn\sum(\bar{x}_{Cl} - \bar{x})^2, SS_{AB} = cn\sum(\bar{x}_{AiBj} - \bar{x})^2,$$

$$SS_{A\times B} = SS_{AB} - SS_A - SS_B, SS_{AC} = bn\sum(\bar{x}_{AiCl} - \bar{x})^2,$$

$$SS_{A\times C} = SS_{AC} - SS_A - SS_C, SS_{BC} = an\sum(\bar{x}_{BjCl} - \bar{x})^2,$$

$$SS_{B\times C} = SS_{BC} - SS_B - SS_C,$$

$$SS_{A\times B\times C} = SS_t - SS_A - SS_B - SS_C - SS_{A\times B} - SS_{A\times C} - SS_{B\times C},$$

$$SS_e = SS_T - SS_t$$

$$df_T = abcn - 1, df_t = abc - 1,$$

$$df_A = a - 1, df_B = b - 1,$$

$$df_C = c - 1, df_{AB} = ab - 1,$$

$$df_{A\times B} = df_{AB} - df_A - df_B,$$

$$df_{AC} = ac - 1, df_{A\times C} = df_{AC} - df_A - df_C,$$

$$df_{BC} = bc - 1, df_{B\times C} = df_{BC} - df_B - df_C,$$

$$df_{A\times B\times C} = df_t - df_A - df_B - df_C - df_{A\times B} - df_{A\times C} - df_{B\times C},$$

$$df_e = df_T - df_t$$

其中，$i = 1, 2, \cdots, a$；$j = 1, 2, \cdots, b$；$l = 1, 2, \cdots, c$；$m = 1, 2, \cdots, n$。x_{ijlm} 为观测值；$\bar{x} = \dfrac{\sum\sum\sum x_{ijlm}}{abcn}$，为资料全部观测值的平均数；$\bar{x}_{ijl} = \dfrac{\sum x_{ijlm}}{n}$，为 A 因素第 i 水平、B 因素第 j 水平及 C 因素第 l 水平的水平组合平均数，$\bar{x}_{AiBj} = \dfrac{\sum\sum x_{ijlm}}{cn}$，为 A 因素第 i 水平和 B 因素第 j 水平的水平组合平均数；$\bar{x}_{AiCl} = \dfrac{\sum\sum x_{ijlm}}{bn}$，为 A 因素第 i 水平和 C 因素第 l 水平的水平组合平均数；$\bar{x}_{BjCl} = \dfrac{\sum\sum x_{ijlm}}{an}$，为 B 因素第 j 水平和 C 因素第 l 水平的水平组合平均数；$\bar{x}_{Ai} = \dfrac{\sum\sum\sum x_{ijlm}}{bcn}$，为 A 因素第 i 水平的平均数；$\bar{x}_{Bj} = \dfrac{\sum\sum\sum x_{ijlm}}{acn}$，为 B 因素第 j 水平的平均数；$\bar{x}_{Cl} = \dfrac{\sum\sum\sum x_{ijlm}}{abn}$，为 C 因素第 l 水平的平均数。

（2）方法二。采用 Excel 计算平方和 SS_A、SS_B、SS_C、$SS_{A\times B}$、$SS_{A\times C}$、$SS_{B\times C}$、$SS_{A\times B\times C}$、SS_e，自由度 df_A、df_B、df_C、$df_{A\times B}$、$df_{A\times C}$、$df_{B\times C}$、$df_{A\times B\times C}$、df_e。由于 Excel 无三因素方差分析方法，所以需要按照下列步骤进行多次运算。

①将所有水平组合的 $abcn$ 个观测值以水平组合为组，即将各水平组合的 n 个观测值列出，共有 abc 个组，然后采用 Excel 单因素方差分析计算 SS_t、df_t 和 SS_e、df_e，具体方法步骤见第十一章单因素方差分析。

②参照表 2.5 的格式，分别列出 AB、AC、BC 的二因素水平试验数据资料表，分别采用 Excel 可重复双因素方差分析计算平方和 SS_A、SS_B、SS_C、$SS_{A\times B}$、$SS_{A\times C}$、$SS_{B\times C}$，自由度 df_A、df_B、df_C、$df_{A\times B}$、$df_{A\times C}$、$df_{B\times C}$；AB、AC、BC 的二因素水平试验数据资料的方差分析具体方法步

骤见第十一章双因素可重复方差分析内容。

③然后用式(2.8)计算 $SS_{A \times B \times C}$ 和 $df_{A \times B \times C}$。

$$SS_{A \times B \times C} = SS_t - SS_A - SS_B - SS_C - SS_{A \times B} - SS_{A \times C} - SS_{B \times C}$$

$$df_{A \times B \times C} = df_t - df_A - df_B - df_C - df_{A \times B} - df_{A \times C} - df_{B \times C}$$

(2.8)

2. 计算各项均方和 F 值，进行 F 检验　需要计算 MS_A、MS_B、MS_C、$MS_{A \times B}$、$MS_{A \times C}$、$MS_{B \times C}$、$MS_{A \times B \times C}$、MS_e 共8个均方和 F_A、F_B、F_C、$F_{A \times B}$、$F_{A \times C}$、$F_{B \times C}$、$F_{A \times B \times C}$ 共7个 F 值。用平方和除以相应的自由度可得相应均方。根据三因素析因设计的处理效应的类别不同，各项变异的 F 值的计算公式中，其分母也有所不同。

（1）A 因素、B 因素、C 因素的处理效应均为固定效应，7个 F 值均以误差均方 MS_e 做分母进行计算。

$F_A = MS_A/MS_e$；$F_B = MS_B/MS_e$；$F_C = MS_C/MS_e$；$F_{A \times B} = MS_{A \times B}/MS_e$；$F_{A \times C} = MS_{A \times C}/MS_e$；$F_{B \times C} = MS_{B \times C}/MS_e$；$F_{A \times B \times C} = MS_{A \times B \times C}/MS_e$。

（2）A 因素、B 因素的处理效应为固定效应，C 因素的处理效应为随机效应时，其 F 值的计算公式为：

$F_A = MS_A/MS_{A \times C}$；$F_B = MS_B/MS_{B \times C}$；$F_C = MS_C/MS_e$；$F_{A \times B} = MS_{A \times B}/MS_{A \times B \times C}$；$F_{A \times C} = MS_{A \times C}/MS_e$；$F_{B \times C} = MS_{B \times C}/MS_e$；$F_{A \times B \times C} = MS_{A \times B \times C}/MS_e$。

分别由 df_1、df_2 查临界 F 值表，得 $F_{0.05}$ 和 $F_{0.01}$，将计算出的 F_A、F_B、$F_{A \times B}$ 值与 $F_{0.05}$ 和 $F_{0.01}$ 比较，$F < F_{0.05}$，$P > 0.05$，差异不显著；$F_{0.05} \leqslant F < F_{0.01}$，$0.01 < P \leqslant 0.05$，差异显著；$F \geqslant F_{0.01}$，$P \leqslant 0.01$，差异极显著。然后作出专业解释。

3. 多重比较　对于固定效应的处理效应，如果 F 检验差异显著或极显著，则需要进行多重比较。如果 A 因素、B 因素、C 因素各水平间变异的 F 测验显著或极显著，需要进行 A 因素、B 因素、C 因素各水平平均数的多重比较；如果 AB 交互变异、AC 交互变异、BC 交互变异的 F 测验显著或极显著，需要进行 AB、AC、BC 各水平组合平均数的多重比较；如果 ABC 交互变异的 F 测验显著或极显著，需要进行 ABC 各水平组合平均数的多重比较。

（1）A 因素、B 因素、C 因素的处理效应均为固定效应

①A 因素各水平平均数的多重比较

SSR 法和 q 法的样本标准误为：$S_{\bar{x}_A} = \sqrt{MS_e/bcn}$

LSD 法的样本差数标准误为：$S_{\bar{x}_{A_1} - \bar{x}_{A_2}} = \sqrt{2MS_e/bcn}$

②B 因素各水平平均数的多重比较

SSR 法和 q 法的样本标准误为：$S_{\bar{x}_B} = \sqrt{MS_e/acn}$

LSD 法的样本差数标准误为：$S_{\bar{x}_{B_1} - \bar{x}_{B_2}} = \sqrt{2MS_e/acn}$

③C 因素各水平平均数的多重比较

SSR 法和 q 法的样本标准误为：$S_{\bar{x}_C} = \sqrt{MS_e/abn}$

LSD 法的样本差数标准误为：$S_{\bar{x}_{C_1} - \bar{x}_{C_2}} = \sqrt{2MS_e/abn}$

④AB 各水平组合平均数的多重比较

SSR 法和 q 法的样本标准误为：$S_{\bar{x}_{AB}} = \sqrt{MS_e/cn}$

LSD 法的样本差数标准误为：$S_{\bar{x}_{AB_1} - \bar{x}_{AB_2}} = \sqrt{2MS_e/cn}$

⑤AC 各水平组合平均数的多重比较

SSR 法和 q 法的样本标准误为： $S_{\bar{x}_{AC}} = \sqrt{MS_e/bn}$

LSD 法的样本差数标准误为： $S_{\bar{x}_{AC_1} - \bar{x}_{AC_2}} = \sqrt{2MS_e/bn}$

⑥BC 各水平组合平均数的多重比较

SSR 法和 q 法的样本标准误为： $S_{\bar{x}_{BC}} = \sqrt{MS_e/an}$

LSD 法的样本差数标准误为： $S_{\bar{x}_{BC_1} - \bar{x}_{BC_2}} = \sqrt{2MS_e/an}$

⑦ABC 各水平组合平均数的多重比较

SSR 法和 q 法的样本标准误为： $S_{\bar{x}_{ABC}} = \sqrt{MS_e/n}$

LSD 法的样本差数标准误为： $S_{\bar{x}_{ABC_1} - \bar{x}_{ABC_2}} = \sqrt{2MS_e/n}$

（2）A 因素、B 因素的处理效应为固定效应，C 因素的处理效应为随机效应。

①A 因素各水平平均数的多重比较

SSR 法和 q 法的样本标准误为： $S_{\bar{x}_A} = \sqrt{MS_{A \times C}/bcn}$

LSD 法的样本差数标准误为： $S_{\bar{x}_{A_1} - \bar{x}_{A_2}} = \sqrt{2MS_{A \times C}/bcn}$

②B 因素各水平平均数的多重比较

SSR 法和 q 法的样本标准误为： $S_{\bar{x}_B} = \sqrt{MS_{B \times C}/acn}$

LSD 法的样本差数标准误为： $S_{\bar{x}_{B_1} - \bar{x}_{B_2}} = \sqrt{2MS_{B \times C}/acn}$

③AB 各水平组合平均数的多重比较

SSR 法和 q 法的样本标准误为： $S_{\bar{x}_{AB}} = \sqrt{MS_{A \times B \times C}/cn}$

LSD 法的样本差数标准误为： $S_{\bar{x}_{AB_1} - \bar{x}_{AB_2}} = \sqrt{2MS_{A \times B \times C}/cn}$

对于处理效应为随机效应的因素水平及水平组合，一般不进行多重比较。

三、案列分析

【例2.4】设置高、低两个营养水平，进行4个肉兔杂交组合的比较试验，采用两种不同纤维源原料。经过1个月的饲养试验，得到增重试验结果见表2.14，试作统计分析。

表2.14　四个肉兔杂交组合的增重数据（单位：kg）

杂交组合	营养水平	原料	增重数据			合计	平均
A_1	B_1	C_1	1.36	1.42	1.45	4.23	1.41
		C_2	1.52	1.46	1.58	4.56	1.52
	B_2	C_1	1.58	1.55	1.61	4.74	1.58
		C_2	1.82	1.79	1.82	5.43	1.81
A_2	B_1	C_1	1.68	1.71	1.58	4.97	1.656667
		C_2	1.72	1.68	1.86	5.26	1.753333
	B_2	C_1	1.98	2.02	2.07	6.07	2.023333
		C_2	1.84	1.86	1.94	5.64	1.88

续表

杂交组合	营养水平	原料	增重数据			合计	平均
A_3	B_1	C_1	1.27	1.25	1.28	3.8	1.266667
		C_2	1.54	1.47	1.61	4.62	1.54
	B_2	C_1	1.68	1.72	1.71	5.11	1.703333
		C_2	1.90	1.91	1.83	5.64	1.88
A_4	B_1	C_1	1.57	1.51	1.4	4.48	1.493333
		C_2	1.71	1.67	1.86	5.24	1.746667
	B_2	C_1	2.12	1.98	1.93	6.03	2.01
		C_2	1.77	1.92	1.89	5.58	1.86
合计						81.4	1.695833

1. 计算各项平方和、自由度

（1）方法一。通过公式计算平方和 SS_A、SS_B、SS_C、$SS_{A\times B}$、$SS_{A\times C}$、$SS_{B\times C}$、$SS_{A\times B\times C}$、SS_e，自由度 df_A、df_B、df_C、$df_{A\times B}$、$df_{A\times C}$、$df_{B\times C}$、$df_{A\times B\times C}$、df_e。

为了计算方便，首先列出 AB、AC、BC 的二因素水平平均数表，分别见表 2.15、表 2.16 和表 2.17。

表 2.15　表 2.14 的 AB 二因素水平平均数表

因素水平	B_1	B_2	平均
A_1	1.465	1.695	1.58
A_2	1.705	1.951667	1.823333
A_3	1.403333	1.791667	1.5975
A_4	1.62	1.935	1.7775
平均	1.548333	1.843333	1.695833

表 2.16　表 2.14 的 AC 二因素水平平均数表

因素水平	C_1	C_2	平均
A_1	1.495	1.665	1.58
A_2	1.84	1.816667	1.823333
A_3	1.485	1.71	1.5975
A_4	1.751667	1.803333	1.7775
平均	1.642917	1.74875	1.695833

表2.17　表2.14的BC二因素水平平均数表

因素水平	C_1	C_2	平均
B_1	1.456667	1.64	1.548333
B_2	1.829167	1.8575	1.843333
平均	1.642917	1.74875	1.695833

①计算SS_T和SS_t。

$$\bar{x} = \frac{\sum\sum\sum\sum x_{ijlm}}{abcn} = \frac{81.4}{4 \times 2 \times 2 \times 3} = 1.695833$$

$$\begin{aligned} SS_T &= \sum\sum\sum\sum (x_{ijlm} - \bar{x})^2 \\ &= (1.36 - 1.695833)^2 + (1.42 - 1.695833)^2 + \cdots + (1.89 - 1.695833)^2 \\ &\approx 2.222767 \end{aligned}$$

$$\begin{aligned} SS_t &= n\sum\sum\sum (\bar{x}_{ijl} - \bar{x})^2 \\ &= 3 \times \left[(1.41 - 1.695833)^2 + (1.52 - 1.695833)^2 + \cdots + (1.86 - 1.695833)^2 \right] \\ &\approx 2.090300 \end{aligned}$$

②计算SS_A、SS_B和SS_C。

$$\begin{aligned} SS_A &= bcn\sum (\bar{x}_{Ai} - \bar{x})^2 \\ &= 2 \times 2 \times 3 \times \left[(1.58 - 1.695833)^2 + (1.828333 - 1.695833)^2 \right. \\ &\quad \left. + (1.5975 - 1.695833)^2 + (1.7775 - 1.695833)^2 \right] \\ &\approx 0.567749 \end{aligned}$$

$$\begin{aligned} SS_B &= acn\sum (\bar{x}_{Bj} - \bar{x})^2 \\ &= 4 \times 2 \times 3 \times \left[(1.548333 - 1.695833)^2 + (1.843333 - 1.695833)^2 \right] \\ &= 1.0443 \end{aligned}$$

$$\begin{aligned} SS_C &= abn\sum (\bar{x}_{Cl} - \bar{x})^2 \\ &= 4 \times 2 \times 3 \times \left[(1.642917 - 1.695833)^2 + (1.74875 - 1.695833)^2 \right] \\ &\approx 0.134407 \end{aligned}$$

③计算$SS_{A \times B}$、$SS_{A \times C}$、$SS_{B \times C}$。

$$\begin{aligned} SS_{AB} &= cn\sum (\bar{x}_{AiBj} - \bar{x})^2 \\ &= 2 \times 3 \times \left[(1.465 - 1.695833)^2 + (1.695 - 1.695833)^2 \right. \\ &\quad \left. + \cdots + (1.935 - 1.695833)^2 \right] \\ &\approx 1.659069 \end{aligned}$$

$$\begin{aligned} SS_{A \times B} &= SS_{AB} - SS_A - SS_B \\ &= 1.659069 - 0.567749 - 1.0443 = 0.047020 \end{aligned}$$

$$\begin{aligned} SS_{AC} &= bn\sum (\bar{x}_{AiCl} - \bar{x})^2 \\ &= 2 \times 3 \times \left[(1.495 - 1.695833)^2 + (1.665 - 1.695833)^2 \right. \\ &\quad \left. + \cdots + (1.803333 - 1.695833)^2 \right] \\ &\approx 0.815967 \end{aligned}$$

$$SS_{A \times C} = SS_{AC} - SS_A - SS_C$$
$$= 0.815967 - 0.567749 - 0.134407 = 0.113811$$

$$SS_{BC} = an \sum (\bar{x}_{BjCl} - \bar{x})^2$$
$$= 4 \times 3 \times [(1.456667 - 1.695833)^2 + (1.64 - 1.695833)^2$$
$$+ (1.829167 - 1.695833)^2 + (1.8575 - 1.695833)^2]$$
$$\approx 1.250783$$

$$SS_{B \times C} = SS_{BC} - SS_B - SS_C$$
$$= 1.250783 - 1.0443 - 0.134407 = 0.072076$$

④计算 $SS_{A \times B \times C}$ 和 SS_e。

$$SS_{A \times B \times C} = SS_t - SS_A - SS_B - SS_C - SS_{A \times B} - SS_{A \times C} - SS_{B \times C}$$
$$= 2.090300 - 0.567749 - 1.0443 - 0.134407 - 0.047020 - 0.113811 - 0.072076$$
$$= 0.110937$$

$$SS_e = SS_T - SS_t = 2.222767 - 2.090300 = 0.132467$$

⑤计算 df_A、df_B、df_C、$df_{A \times B}$、$df_{A \times C}$、$df_{B \times C}$、$df_{A \times B \times C}$、df_e。

$df_T = abcn - 1 = 48 - 1 = 47$，$df_t = abc - 1 = 16 - 1 = 15$，

$df_A = a - 1 = 4 - 1 = 3$，$df_B = b - 1 = 2 - 1 = 1$，

$df_C = c - 1 = 2 - 1 = 1$，$df_{AB} = ab - 1 = 8 - 1 = 7$，

$df_{A \times B} = df_{AB} - df_A - df_B = 7 - 3 - 1 = 3$，

$df_{AC} = ac - 1 = 8 - 1 = 7$，$df_{A \times C} = df_{AC} - df_A - df_C = 7 - 3 - 1 = 3$，

$df_{BC} = bc - 1 = 4 - 1 = 3$，$df_{B \times C} = df_{BC} - df_B - df_C = 3 - 1 - 1 = 1$，

$df_{A \times B \times C} = df_t - df_A - df_B - df_C - df_{A \times B} - df_{A \times C} - df_{B \times C} = 15 - 3 - 1 - 1 - 3 - 3 - 1 = 3$

$df_e = df_T - df_t = 47 - 15 = 32$

（2）方法二。采用 Excel 计算平方和 SS_A、SS_B、SS_C、$SS_{A \times B}$、$SS_{A \times C}$、$SS_{B \times C}$、$SS_{A \times B \times C}$、SS_e，自由度 df_A、df_B、df_C、$df_{A \times B}$、$df_{A \times C}$、$df_{B \times C}$、$df_{A \times B \times C}$、df_e。按照下列步骤进行多次运算。

①计算 SS_t、df_t 和 SS_e、df_e。将所有水平组合的 $abcn$ 个观测值以水平组合为组，这里共计 16 个组，每个组有 3 个的观测值，进行 Excel 单因素方差分析得表 2.18。

表 2.18　表 2.14 的 Excel 单因素方差分析输出结果

差异源	SS	df	MS
组间	2.0903	15	0.139353
组内	0.132467	32	0.004140
总计	2.222767	47	

表 2.18 第二行即组间变异来源的 SS、df 即为这个三因素试验资料的处理间平方和 SS_t、处理间自由度 df_t；第三行即组内变异来源的 SS、df 即为本试验资料的误差平方和 SS_e、误差自由度 df_e；第四行即总计变异来源的 SS、df 即为本试验资料的总平方和 SS_T、总自由度 df_T。即：

$$SS_T = 2.222767, df_T = 47; SS_e = 0.132467, df_e = 32。$$

$$SS_t = SS_A + SS_B + SS_C + SS_{A \times B} + SS_{A \times C} + SS_{B \times C} + SS_{A \times B \times C} = 2.0903$$

$$df_t = df_A + df_B + df_C + df_{A \times B} + df_{A \times C} + df_{B \times C} + df_{A \times B \times C} = 15$$

由于三因素析因试验的处理效应即是水平组合效应,包括 A 的主效应、B 的主效应、C 的主效应、AB 交互效应、AC 交互效应、BC 交互效应、ABC 交互效应,所以,三因素析因试验的处理间平方和 SS_t 包括 A 因素的平方和 SS_A、B 因素的平方和 SS_B、C 因素的平方和 SS_C、AB 交互的平方和 $SS_{A \times B}$、AC 交互的平方和 $SS_{A \times C}$、BC 交互的平方和 $SS_{B \times C}$ 及 ABC 交互的平方和 $SS_{A \times B \times C}$;处理间自由度 df_t 包括 A 因素的自由度 df_A、B 因素的自由度 df_B、C 因素的自由度 df_C、AB 交互的自由度 $df_{A \times B}$、AC 交互的自由度 $df_{A \times C}$、BC 交互的自由度 $df_{B \times C}$ 及 ABC 交互的自由度 $df_{A \times B \times C}$。这七个变异来源的平方和、自由度需将各处理(水平组合)的观测值按 A 与 B、A 与 C、B 与 C 三个两因素各水平列出来进行计算。

②计算 SS_A、SS_B、$SS_{A \times B}$、df_A、df_B、$df_{A \times B}$。需要将表 2.14 整理为 A 和 B 两个因素的因素水平资料表,见表 2.19。将表 2.19 的资料用 Excel 进行可重复双因素方差分析得表 2.20。

表 2.19　表 2.14 的 AB 二因素水平数据表

因素水平	B_1	B_2
A_1	1.36	1.58
	1.42	1.55
	1.45	1.61
	1.52	1.82
	1.46	1.79
	1.58	1.82
A_2	1.68	1.98
	1.71	2.02
	1.58	2.07
	1.72	1.84
	1.68	1.86
	1.86	1.94
A_3	1.27	1.68
	1.25	1.72
	1.28	1.71
	1.54	1.90
	1.47	1.91
	1.61	1.83
A_4	1.57	2.12
	1.51	1.98
	1.40	1.93
	1.71	1.77
	1.67	1.92
	1.86	1.89

表2.20　表2.19资料的 Excel 可重复双因素分析输出结果

差异源	SS	df	MS
样本	0.56775	3	0.18925
列	1.0443	1	1.0443
交互	0.047017	3	0.015672
内部	0.5637	40	0.014093
总计	2.222767	47	

表2.20第二行即样本变异来源的 SS、df 为 A 因素的平方和 SS_A、自由度 df_A；第三行即列变异来源的 SS、df 为 B 因素的平方和 SS_B、自由度 df_B；第四行的 SS、df 为 AB 交互作用的平方和 $SS_{A \times B}$、自由度 $df_{A \times B}$；第五行的内部变异来源的 SS、df 则包括 C 因素、AC 互作、BC 互作、ABC 互作以及误差等五个部分的平方和、自由度。

表2.21　表2.14的 AC 二因素水平数据表

因素水平	C_1	C_2
A_1	1.36	1.52
	1.42	1.46
	1.45	1.58
	1.58	1.82
	1.55	1.79
	1.61	1.82
A_2	1.68	1.72
	1.71	1.68
	1.58	1.86
	1.98	1.84
	2.02	1.86
	2.07	1.94
A_3	1.27	1.54
	1.25	1.47
	1.28	1.61
	1.68	1.90
	1.72	1.91
	1.71	1.83
A_4	1.57	1.71
	1.51	1.67
	1.40	1.86
	2.12	1.77
	1.98	1.92
	1.93	1.89

③计算 SS_C、$SS_{A×C}$、df_C、$df_{A×C}$。同样地,需要将表 2.14 整理为 A 和 C 两个因素的因素水平资料表,见表 2.21。将表 2.21 的资料用 Excel 进行可重复双因素方差分析得表 2.22。

表 2.22　表 2.21 资料的 Excel 可重复双因素分析输出结果

差异源	SS	df	MS
样本	0.56775	3	0.18925
列	0.134408	1	0.134408
交互	0.113808	3	0.03793611
内部	1.4068	40	0.03517
总计	2.222767	47	

表 2.22 第三行即列变异来源的 SS、df 为 C 因素的平方和 SS_C、自由度 df_C;第四行的 SS、df 为 AC 交互作用的平方和 $SS_{A×C}$、自由度 $df_{A×C}$;第五行的内部变异来源的 SS、df 则包括 B 因素、AB 互作、BC 互作、ABC 互作以及误差等五个部分的平方和、自由度。不难发现,表 2.22 的第二行和表 2.20 的第二行的 SS、df 数据相同,均为 A 因素的平方和 SS_A、自由度 df_A。

④计算 $SS_{B×C}$、$df_{B×C}$。将表 2.14 整理为 B 和 C 两个因素的因素水平资料表,见表 2.23。将表 2.23 的资料用 Excel 进行可重复双因素方差分析得表 2.24。

表 2.24 第四行的 SS、df 为 BC 交互作用的平方和 $SS_{B×C}$、自由度 $df_{B×C}$;第五行的内部变异来源的 SS、df 则包括 A 因素、AB 互作、AC 互作、ABC 互作以及误差等五个部分的平方和、自由度;第二行的 SS、df 为 B 因素的平方和 SS_B、自由度 df_B,与表 2.20 的相应数据相同;第三行的 SS、df 为 C 因素的平方和 SS_C、自由度 df_C,与表 2.22 的相应数据相同。

表 2.23　表 2.14 的 BC 二因素水平数据表

因素水平	C_1	C_2
B_1	1.36	1.52
	1.42	1.46
	1.45	1.58
	1.68	1.72
	1.71	1.68
	1.58	1.86
	1.27	1.54
	1.25	1.47
	1.28	1.61
	1.57	1.71
	1.51	1.67
	1.4	1.86

续表

因素水平	C_1	C_2
B_2	1.58	1.82
	1.55	1.79
	1.61	1.82
	1.98	1.84
	2.02	1.86
	2.07	1.94
	1.68	1.90
	1.72	1.91
	1.71	1.83
	2.12	1.77
	1.98	1.92
	1.93	1.89

表2.24　表2.23资料的Excel可重复双因素分析输出结果

差异源	SS	df	MS
样本	1.0443	1	1.0443
列	0.134408	1	0.134408
交互	0.072075	1	0.072075
内部	0.971983	44	0.0220905
总计	2.222767	47	

⑤计算 $SS_{A \times B \times C}$、$df_{A \times B \times C}$。

$$SS_{A \times B \times C} = SS_t - SS_A - SS_B - SS_C - SS_{A \times B} - SS_{A \times C} - SS_{B \times C}$$
$$= 2.0903 - 0.56775 - 1.0443 - 0.134408 - 0.047017 - 0.113808 - 0.072075$$
$$= 0.110942$$

$$df_{A \times B \times C} = df_t - df_A - df_B - df_C - df_{A \times B} - df_{A \times C} - df_{B \times C}$$
$$= 15 - 3 - 1 - 1 - 3 - 3 - 1 = 3$$

或 $df_{A \times B \times C} = (a-1)(b-1)(c-1) = 3$

综上，如果采用Excel软件计算三因素析因试验资料的各项平方和及自由度，需要将Excel的单因素分析法和可重复双因素方差分析法结合应用，进行一次单因素分析，进行三次可重复双因素方差分析。

比较两种方法计算的结果可以发现，通过计算公式获得的 SS，其数据有计算误差，但只要中间运算结果如平均数的小数位数保留6位以上，计算误差会大大减小。

2. 计算各项均方和 F 值,进行 F 检验

将上述公式计算的平方和、自由度整理列于表 2.25 第 2 列和第 3 列。将平方和除以自由度得均方,列于表 2.25 第 4 列。同样地,将 Excel 计算结果即表 2.18、表 2.20、表 2.22 和表 2.24 整理也可得到表 2.25 的第 2 列、第 3 列和第 4 列。

本试验资料,4 个杂交组合肉兔(A 因素)、两种不同的纤维源原料(B 因素)和两个营养水平(C 因素)的处理效应均为固定效应,所以各 F 值计算均以误差均方为分母进行。

$$F_A = MS_A/MS_{A \times C} = 0.18925/0.004140 \approx 45.717$$
$$F_B = MS_B/MS_{B \times C} = 1.0443/0.004140 \approx 252.272$$
$$F_C = MS_C/MS_e = 0.134408/0.004140 \approx 32.466$$
$$F_{A \times B} = MS_{A \times B}/MS_{A \times B \times C} = 0.015672/0.004140 \approx 3.786$$
$$F_{A \times C} = MS_{A \times C}/MS_e = 0.037936/0.004140 \approx 9.163$$
$$F_{B \times C} = MS_{B \times C}/MS_e = 0.072075/0.004140 \approx 17.409$$
$$F_{A \times B \times C} = MS_{A \times B \times C}/MS_e = 0.036981/0.004140 \approx 8.933。$$

将计算的 F 值列于表 2.25 的第 5 列。

表 2.25　表 2.14 资料的方差分析表

变异来源	SS	Df	MS	F	$F_{0.05}$	$F_{0.01}$
A 因素间	0.56775	3	0.18925	45.717**	2.90	4.46
B 因素间	1.0443	1	1.0443	252.272**	4.15	7.50
C 因素间	0.134408	1	0.134408	32.466**	4.15	7.50
AB 交互	0.047017	3	0.015672	3.786*	2.90	4.46
AC 交互	0.113808	3	0.037936	9.163**	2.90	4.46
BC 交互	0.072075	1	0.072075	17.409**	4.15	7.50
ABC 交互	0.110942	3	0.036981	8.933**	2.90	4.46
误差	0.132467	32	0.004140			
总计	2.222767	47				

由 $df_1 = 3$、$df_2 = 32$ 和 $df_1 = 1$、$df_2 = 32$ 查临界 F 值表,得 $F_{0.05(3,32)} = 2.90$,$F_{0.01(3,32)} = 4.46$;$F_{0.05(1,32)} = 4.15$,$F_{0.01(1,32)} = 7.50$。

$F_A > F_{0.01(3,32)}$,$P < 0.01$,差异极显著,表明 A 因素各水平平均数间差异极显著;$F_B > F_{0.01(1,32)}$,$P < 0.01$,差异极显著,表明 B 因素各水平平均数间差异极显著;$F_C > F_{0.01(1,32)}$,$P < 0.01$,差异极显著,表明 C 因素各水平平均数间差异极显著;$F_{0.05(3,32)} < F_{A \times B} < F_{0.01(3,32)}$,$0.01 < P < 0.05$,差异显著,表明 AB 交互效应显著;$F_{A \times C} > F_{0.01(3,32)}$,$P < 0.01$,差异极显著,表明 AC 交互效应极显著;$F_{B \times C} > F_{0.01(1,32)}$,$P < 0.01$,差异极显著,表明 BC 交互效应极显著;$F_{A \times B \times C} > F_{0.01(3,32)}$,$P < 0.01$,差异极显著,表明 ABC 交互效应极显著。

虽然 B 因素、C 因素各水平平均数间差异极显著,但 B 因素、C 因素只有两个水平,不用进行多重比较;A 因素各水平平均数间差异极显著,需要对 A 因素进行多重比较;由于 AB 交互、AC 交互、BC 交互、ABC 交互效应为显著或极显著,所以,需对 AB、AC、BC、ABC 水平组合平均数进行多重比较。

3. 多重比较

（1）A因素各水平平均数的多重比较。选择 SSR 法。

①计算样本标准误。

$$S_{\bar{x}_A} = \sqrt{MS_e/bcn} = \sqrt{0.004140/(2\times2\times3)} \approx 0.0185742$$

②计算 $LSR_{0.05(k,df_e)}$ 和 $LSR_{0.01(k,df_e)}$。按式（2.4）计算最小显著极差值 $LSR_{0.05(k,df_e)}$ 和 $LSR_{0.01(k,df_e)}$，将最短显著极差值 $SSR_{0.05(k,df_e)}$ 和 $SSR_{0.01(k,df_e)}$、最小显著极差值 $LSR_{0.05(k,df_e)}$ 和 $LSR_{0.01(k,df_e)}$ 列于表2.26。

表2.26　SSR 值与 LSR 值

df_e	秩次距 k	$SSR_{0.05}$	$SSR_{0.01}$	$LSR_{0.05}$	$LSR_{0.01}$
	2	2.89	3.88	0.05368	0.07207
32	3	3.04	4.05	0.05647	0.07523
	4	3.12	4.15	0.05795	0.07708

③进行平均数间比较。用表2.27表示表2.14资料A因素各水平平均数的多重比较结果。

表2.27　表2.14资料A因素各水平平均数的多重比较表

组别	$\bar{x} \pm S$	5%	1%
A_2	1.8283 ± 0.1550	a	A
A_4	1.7775 ± 0.2121	a	A
A_3	1.5975 ± 0.2386	b	B
A_1	1.5800 ± 0.1567	b	B

统计结论：A_1 的平均增重与 A_3 的平均增重间差值为 $0.0175 < LSR_{0.05(2,32)}$，差异不显著，标记相同小写字母；$A_1$ 的平均增重与 A_2 的平均增重间差值为 $0.2483 > LSR_{0.01(4,32)}$、$A_1$ 的平均增重与 A_4 的平均增重间差值为 $0.1975 > LSR_{0.01(3,32)}$，差异极显著，标记不同大写字母；$A_2$ 的平均增重与 A_3 的平均增重间差值为 $0.2308 > LSR_{0.01(4,32)}$，差异极显著，标记不同大写字母；$A_2$ 的平均增重与 A_4 的平均增重间差值为 $0.05 < LSR_{0.05(2,32)}$，差异不显著，标记相同小写字母；A_3 的平均增重与 A_4 的平均增重间差值为 $0.18 > LSR_{0.01(2,32)}$，差异极显著，标记不同大写字母。

专业解释：方差分析结果表明，不同杂交组合的肉兔平均增重间差异极显著，多重比较发现，A_2 杂交组合与 A_4 杂交组合的肉兔平均增重差异不显著，均极显著高于其余两个杂交组合的肉兔平均增重，A_1 杂交组合与 A_3 杂交组合的肉兔平均增重差异不显著。

（2）AB各水平组合平均数的多重比较。选择 q 法。

①计算样本标准误

$$S_{\bar{x}_{AB}} = \sqrt{MS_e/cn} = \sqrt{0.004140/(2\times3)} \approx 0.0262679$$

②计算 $LSR_{0.05(k,df_e)}$ 和 $LSR_{0.01(k,df_e)}$。

按式（2.3）计算最小显著极差值 $LSR_{0.05(k,df_e)}$ 和 $LSR_{0.01(k,df_e)}$，将 $q_{0.05(k,df_e)}$、$q_{0.01(k,df_e)}$、

$LSR_{0.05(k,df_e)}$、$LSR_{0.01(k,df_e)}$列于表2.28。

表2.28 q值与LSR值

df_e	秩次距k	$q_{0.05}$	$q_{0.01}$	$LSR_{0.05}$	$LSR_{0.01}$
	2	2.89	3.88	0.07591	0.1019
	3	3.48	4.43	0.09141	0.1164
	4	3.84	4.78	0.1009	0.1256
32	5	4.09	5.03	0.1074	0.1321
	6	4.29	5.21	0.1127	0.1369
	7	4.45	5.37	0.1169	0.1411
	8	4.57	5.51	0.1200	0.1447

③进行平均数间比较。用表2.29表示表2.14资料AB各水平组合平均数的多重比较结果。

表2.29   表2.14资料AB水平组合平均数的多重比较表

组别	$\bar{x} \pm S$	5%	1%
A_2B_2	1.9517 ± 0.0900	a	A
A_4B_2	1.935 ± 0.1147	a	A
A_3B_2	1.7917 ± 0.1015	b	B
A_2B_1	1.705 ± 0.0907	c	BC
A_1B_2	1.695 ± 0.1279	c	BC
A_4B_1	1.62 ± 0.1620	c	C
A_1B_1	1.465 ± 0.0769	d	D
A_3B_1	1.4033 ± 0.1564	d	D

统计结论：A_1B_1与A_3B_1、A_1B_2与A_2B_1、A_1B_2与A_4B_1、A_2B_1与A_4B_1、A_2B_2与A_4B_2的平均增重间差异不显著，标记相同小写字母；A_1B_2与A_3B_2、A_2B_1与A_3B_2的平均增重间差异显著，标记不同小写字母；其余各对平均数之间差异极显著，标记不同大写字母。

专业解释：方差分析结果表明，杂交组合与营养水平间存在显著交互效应，多重比较发现，四个杂交组合在高营养水平下的平均增重极显著高于低营养水平的平均增重。其中以水平组合A_2B_2和A_4B_2为最好，二者的平均增重差异不显著，均极显著高于其余水平组合的平均增重。以水平组合A_1B_1和A_3B_1为最差，二者的平均增重差异不显著，均极显著低于其余水平组合的平均增重。

（3）AC各水平组合平均数的多重比较。选择q法。

由于$b=c$，AC平均数比较的标准误与AB比较时相同，所以采用表2.28的$LSR_{0.05(k,df_e)}$和$LSR_{0.01(k,df_e)}$进行AC各水平组合平均数的多重比较。用表2.30表示表2.14资料AC各水平组合平均数的多重比较结果。

表2.30　表2.14资料 AC 水平组合平均数的多重比较表

组别	$\bar{x} \pm S$	5%	1%
A_2C_1	1.84 ± 0.2074	a	A
A_2C_2	1.8167 ± 0.0975	ab	A
A_4C_2	1.8033 ± 0.1019	ab	A
A_4C_1	1.7517 ± 0.2949	abc	AB
A_3C_2	1.71 ± 0.1934	bc	AB
A_1C_2	1.665 ± 0.1637	c	B
A_1C_1	1.495 ± 0.0993	d	C
A_3C_1	1.485 ± 0.2397	d	C

　　统计结论：A_1C_1 与 A_3C_1 平均增重间差异不显著，标记相同的小写字母；A_1C_2 与 A_3C_2、A_1C_2 与 A_4C_1 的平均增重间差异不显著，标记相同的小写字母；A_1C_2、A_2C_2、A_4C_1、A_4C_2 两两的平均增重间差异不显著，标记相同的小写字母；A_2C_2 与 A_3C_2、A_3C_2 与 A_4C_1、A_3C_2 与 A_4C_2 的平均增重间差异不显著，标记相同的小写字母；A_1C_2 与 A_3C_2 的平均增重间差异显著，标记不同的小写字母；其余各对平均数间差异极显著，标记不同大写字母。

　　专业解释：方差分析结果表明，杂交组合与纤维源原料间存在极显著交互效应，多重比较发现，用两种纤维源原料饲喂 A_2 与 A_4 两个杂交组合，平均增重差异不显著，这四个水平组合的平均增重均极显著高于两种纤维源原料饲喂 A_1 杂交组合、C_1 纤维源原料饲喂的 A_3 杂交组合的平均增重。而 A_1 与 A_3 两个杂交组合则以 C_2 纤维源原料饲喂为好，其平均增重极显著高于用 C_1 纤维源原料饲喂的平均增重。以水平组合 A_1B_1 和 A_3C_1 为最差，二者的平均增重差异不显著，均极显著低于其余水平组合的平均增重。

　　(4) BC 各水平组合平均数的多重比较。选择 q 法。

　　①计算样本标准误。

$$S_{\bar{x}_{BC}} = \sqrt{MS_e/an} = \sqrt{0.004140/(4 \times 3)} \approx 0.0185742$$

　　②计算 $LSR_{0.05(k,df_e)}$ 和 $LSR_{0.01(k,df_e)}$。由于标准误数值与 A 因素多重比较的标准误数值相同，所以可用 A 因素多重比较的最小显著极差值 $LSR_{0.05(k,df_e)}$ 和 $LSR_{0.01(k,df_e)}$（表2.26）进行 BC 各水平组合平均数的多重比较。

　　③进行平均数间比较。用表2.31表示表2.14资料 BC 各水平组合平均数的多重比较结果。

　　统计结论：B_1C_1 与 B_2C_2 的平均增重间差异不显著，标记相同小写字母；其余各对平均数之间差异极显著，标记不同大写字母。

表2.31　表2.14资料 BC 水平组合平均数的多重比较表

组别	$\bar{x} \pm S$	5%	1%
B_2C_2	1.8575 ± 0.0543	a	A
B_2C_1	1.8292 ± 0.2069	a	A
B_1C_2	1.64 ± 0.1351	b	B
B_1C_1	1.4567 ± 0.1560	c	C

专业解释：方差分析结果表明，营养水平与不同纤维源原料间存在极显著交互效应，多重比较发现，两种纤维源原料在高营养水平下的平均增重差异不显著，均极显著高于低营养水平的平均增重。

（5）ABC 各水平组合平均数的多重比较。以 q 法最高 k 值的 $LSR_{0.05(k, df_e)}$ 和 $LSR_{0.01(k, df_e)}$ 进行比较。

①计算标准误。

$$S_{\bar{x}_{ABC}} = \sqrt{MS_e/n} = \sqrt{0.004140/3} \approx 0.0371484$$

②计算 $LSR_{0.05(k, df_e)}$ 和 $LSR_{0.01(k, df_e)}$

$$LSR_{0.05(16,32)} = q_{0.05(16,32)} S_{\bar{x}} = 5.25 \times 0.0371484 \approx 0.1950$$

$$LSR_{0.01(16,32)} = q_{0.01(16,32)} S_{\bar{x}} = 6.16 \times 0.0371484 \approx 0.2288$$

③进行平均数间比较。用表2.32表示表2.14资料 ABC 各水平组合平均数的多重比较结果。

表2.32　表2.14资料 ABC 水平组合平均数的多重比较表

组别	$\bar{x} \pm S$	5%	1%
$A_2B_2C_1$	2.0233 ± 0.0451	a	A
$A_4B_2C_1$	2.01 ± 0.0985	a	A
$A_2B_2C_2$	1.88 ± 0.0529	ab	AB
$A_3B_2C_2$	1.88 ± 0.0436	ab	AB
$A_4B_2C_2$	1.86 ± 0.0794	ab	AB
$A_1B_2C_2$	1.81 ± 0.0173	bc	AB
$A_2B_1C_2$	1.7533 ± 0.0945	bc	BC
$A_4B_1C_2$	1.7467 ± 0.1002	bcd	BCD
$A_3B_2C_1$	1.7033 ± 0.0208	$bcde$	$BCDE$
$A_2B_1C_1$	1.6567 ± 0.0681	$cdef$	$BCDE$
$A_1B_2C_1$	1.58 ± 0.03	def	$CDEF$
$A_3B_1C_2$	1.54 ± 0.07	efg	$CDEF$
$A_1B_1C_2$	1.52 ± 0.06	efg	DEF
$A_4B_1C_1$	1.4933 ± 0.0862	fg	EFG
$A_1B_1C_1$	1.41 ± 0.0458	gh	FG
$A_3B_1C_1$	1.2667 ± 0.0153	h	G

统计结论：标记有相同小写字母表示平均增重差异不显著；标记有不同小写字母表示平均增重差异显著；标记有不同大写字母表示平均增重差异极显著。

专业解释：方差分析结果表明，杂交组合、营养水平与纤维原料间存在极显著三因素交互效应，多重比较发现，A_2 杂交组合和 A_4 杂交组合在高营养水平下，两种纤维原料的平均增重间差异不显著，这四个水平组合的平均增重与水平组合 $A_3B_2C_2$ 的平均增重间差异不显著，其中，以水平组合 $A_2B_2C_1$ 和 $A_4B_2C_1$ 为最好，它们的平均增重显著高于水平组合 $A_1B_2C_2$，极显著高于其余各水平组合的平均增重。以水平组合 $A_3B_1C_1$ 为最差，其平均增重除与水平组合 $A_1B_1C_1$ 的平均增重间差异不显著外，均显著或极显著低于其余各水平组合的平均增重。

【本章小结】

析因设计是将两个或两个以上试验因素的所有水平进行相互搭配交叉组合，得到多因素试验完全方案的试验设计方法。对于多因素试验，析因设计不仅可以分析简单效应，还可以分析主效应和交互效应。两因素析因试验资料的总变异剖分为 A 因素变异、B 因素变异、A 与 B 交互变异和误差共四个部分。总平方和也相应剖分为 SS_A、SS_B、$SS_{A \times B}$、SS_e，总自由度剖分为 df_A、df_B、$df_{A \times B}$、df_e。三因素析因试验资料的总变异剖分为 A 因素变异、B 因素变异、C 因素变异、A 与 B 交互变异、A 与 C 交互变异、B 与 C 交互变异、ABC 三因素交互变异和误差共八个部分。总平方和也相应剖分为 SS_A、SS_B、SS_C、$SS_{A \times B}$、$SS_{A \times C}$、$SS_{B \times C}$、$SS_{A \times B \times C}$、SS_e，总自由度剖分为 df_A、df_B、df_C、$df_{A \times B}$、$df_{A \times C}$、$df_{B \times C}$、$df_{A \times B \times C}$、df_e。各项变异的平方和、自由度可用计算公式运算，也可用 Excel 运算。

【思考与练习题】

1. 什么是析因设计？析因设计有什么作用？

2. 何谓互作效应？

3. 区别固定效应和随机效应？

4. 两因素析因设计的变异来源有哪些？两因素析因设计方差分析的平方和、自由度的剖分式为何？

5. 三因素析因设计的变异来源有哪些？三因素析因设计方差分析的平方和、自由度的剖分式为何？

6. 研究维生素 C 和中草药混合是否能减少动物的热应激，维生素 C 设三个水平，分别为 100mg/kg、150mg/kg、200mg/kg；中草药设三个水平，分别为中草药 1、中草药 2 和中草药 3。请列出 3×3 析因设计方案。

7. 研究超速排卵激素种类（A）和处理方式（B）对肉牛胚胎的影响，选择三种不同激素，采用两种不同处理方式，进行 3×2 析因试验，有 3×2＝6 个处理，每个处理重复 5 次，一头试验用牛为一个试验单位。将 30 头条件基本一致的试验用牛进行完全随机分组试验，得到可用胚胎数见表 2.33。试进行统计分析。

表 2.33　不同激素和不同处理方式的可用胚胎数(单位:个)

水平组合	观测值				
A_1B_1	5	4	7	5	6
A_1B_2	7	5	6	8	9
A_2B_1	4	3	5	3	2
A_2B_2	5	3	4	6	3
A_3B_1	8	7	7	8	6
A_3B_2	9	8	8	9	6

8. 考察两种不同的能量饲料原料(A_1、A_2)和三种不同的蛋白质饲料原料(B_1、B_2、B_3)对动物生长性能的影响,并进行网上平养和地面平养两种方式(C_1 和 C_2)的比较,试验采用 $2 \times 3 \times 2$,析因设计,设置 4 次重复。经过 4 周的试验,获得增重数据见表2.34 资料。试进行统计分析。

表 2.34　不同饲料原料和不同饲养方式的肉鸡增重(单位:kg)

处 理	观测值			
$A_1B_1C_1$	1.9	2.2	2.0	1.8
$A_1B_1C_2$	2.2	2.0	2.1	1.8
$A_1B_2C_1$	2.7	2.8	2.6	2.9
$A_1B_2C_2$	2.9	3.0	3.2	2.7
$A_1B_3C_1$	3.3	3.1	2.9	2.8
$A_1B_3C_2$	2.7	2.9	3.1	2.6
$A_2B_1C_1$	2.0	1.9	1.8	2.1
$A_2B_1C_2$	2.2	1.8	1.8	2.0
$A_2B_2C_1$	2.7	2.6	2.8	3.0
$A_2B_2C_2$	2.8	2.9	3.0	3.1
$A_2B_3C_1$	3.4	3.6	3.4	3.2
$A_2B_3C_2$	3.3	3.1	3.2	3.3

第 三 章　完全随机设计

【本章导读】完全随机设计包括试验单位的随机分组和试验处理的随机分配。可以用随机数字表或 Excel 的随机数字函数进行随机化处理。本章内容包括两个处理的完全随机设计和多个处理的完全随机设计,以及它们的试验结果的统计分析。

第一节　完全随机设计概述

一、完全随机设计的基本概念

完全随机设计(Completely Randomized Design)是根据试验处理数将全部供试的试验单位随机地分成若干组,然后再将试验处理随机实施于各组的供试单位。按组实施不同处理的设计。这种设计保证每个试验单位都有相同机会接受任何一种处理,而不受试验人员主观倾向的影响。

畜牧试验主要以动物作为研究对象,对畜牧试验进行完全随机设计,实质是将供试动物随机分组后再随机实施处理。如果以一头供试动物为一个试验单位,则只需要将全部动物编号后随机分成若干组,然后再随机分配处理即可。如果以多头或一个小组的供试动物为一个试验单位,则需要将全部动物编号后随机分成若干个试验单位,再将这些试验单位编号后随机分成若干组,或者将供试动物首先随机分成若干组,每个组内的试验动物再随机分成若干个小组(试验单位),最后再随机分配处理。

不管是动物随机分组,还是处理随机实施,都需要用到随机化的方法。随机化的方法有抽签法和随机数字法。完全随机设计中主要应用随机数字法进行随机化。随机数字法是用随机数字表(附表 1)中的随机数字,或用随机数字函数如 Excel 的"RANDBETWEEN"函数产生的随机数字进行随机化的。随机数字表(附表 1)上所有的数字都是按随机抽样原理编制的,表中任何一个数字出现在任何一个位置都是完全随机的。随机数字函数如 Excel 的"RAND"函数和"RANDBETWEEN"函数是按随机抽样原理产生随机数字的,任何一次随机数字函数运算产生任何一个数字也都是完全随机的。

二、完全随机设计的应用条件

当供试动物本身固有的初始条件如性别、年龄、体重、体况等比较一致,且进行试验的环境条件也基本相同时,可采用完全随机设计进行动物试验。由于各处理组的非试验因素基本一致,且应用了试验设计的重复和随机化两个基本原则,因此能使试验结果受非处理因素的影响基本一致,能从处理的样本平均数无偏地估计试验的处理效应。

如某中草药添加剂对肉鸡生长的影响试验,中草药添加剂的添加量分别为0%、1%和2%,供试动物为健康均匀、体况良好的同品种1日龄小公鸡和小母鸡各120只。所有供试动物拟在同一栋圈舍中饲养,光照、温度、湿度、通风等保持一致。这个试验的供试动物本身固有的条件比较均匀,饲养试验的环境条件也保持一致,就可以应用完全随机设计进行试验。但是,应该注意到,动物的性别有差异,需要将小公鸡和小母鸡分别随机分成3个组进行试验。如果10只小鸡为一个试验单位,可以公母鸡各10只为一个试验单位,分别进行试验,这样可以分别考察该中草药添加剂对肉公鸡、肉母鸡的影响,也可以在每个试验单位中公鸡母鸡各一半进行试验,考察该中草药添加剂对肉鸡的影响情况。

完全随机设计必须同时满足两个方面的非试验因素比较一致的要求,一是供试动物本身固有的初始条件如性别、年龄、体重、体况等基本一致;二是进行试验的环境条件基本相同。当供试动物本身固有的初始条件如性别、年龄、体重、体况等差异较大时,或者,虽然动物本身固有的初始条件基本一致,但不能控制进行试验的所有环境条件基本相同,仅可以将一部分环境条件控制为基本一致,这时,就不可采用完全随机设计进行动物试验。这时由于各处理组的非试验因素差异大,即使应用了试验设计的重复和随机化两个基本原则,也不能使各处理组的非处理因素基本一致,因而,试验误差会很大,就不能够从处理的样本平均数无偏地估计试验的处理效应。这时就应该增加采用试验设计的局部控制原则进行试验设计,可以采用后续的随机单位组设计和拉丁方设计进行试验。如进行奶牛的饲养试验需要24头奶牛,在一个奶牛场只挑选到体况、产奶期、产奶量都基本相同的奶牛10头,其余奶牛只好从其他奶牛场挑选,现从另外两个奶牛场挑选到与这10头奶牛的初始条件基本一致的奶牛14头。这个试验的24头奶牛虽然本身固有的初始条件基本一致,但饲养在不同的奶牛场,当然,也可以运输到一个奶牛场进行试验,但这样操作显然不具有现实意义,不仅运输花费试验经费,而且运输产生的应激会使奶牛产奶受到很大影响,从而影响试验结果的正确性。这时就不能够采用完全随机设计,可以考虑应用随机单位组设计。

第二节　两个处理完全随机设计

两个处理完全随机设计,也称为非配对设计,是将试验单位随机分成两个组,每组试验单位再随机实施两个不同的处理。下面分别介绍设计方法和试验结果的统计分析方法。

一、两个处理完全随机设计方法

（一）试验单位的随机分组

需要将试验单位随机分成两个组。有一头动物为一个试验单位和多头动物为一个试验单位两种情况。

1. 一头动物为一个试验单位的随机分组

第一步:动物编号。将所有供试动物依次编号为1,2,…

第二步:规定分组规则。通常规定随机数字为单数的供试动物分在一组,随机数字为双数的供试动物分在另一组。

第三步:抄录随机数字。从 Excel 的"RANDBETWEEN"函数产生的随机数字中连续抄录随机数字,或从随机数字表(附表1)中的任意位置的随机数字开始,向任一方向(左、右、上、下)连续抄录随机数字。可以抄录 0~9 的一位随机数字,也可以抄录 00~99 的两位随机数字,抄录随机数字通常不多于两位数字。每头动物编号对应抄录一个随机数字。

第四步:动物分组。按照第二步规定的分组规则,根据第三步抄录的随机数字将供试动物进行分组。

第五步:调整组别。如果第四步分组结果是两个组动物数不相同,则需要按照随机原则,将供试动物数多的那个组的动物调出放在另一组,使两个组动物数相同。调出动物是根据随机数字的余数,将供试动物多的那组的动物调出,放在供试动物少的那组,使两个组动物数相同。具体方法如下:

①抄录随机数字。根据供试动物多的那组需调出的动物数抄录随机数,需调几头动物出来就抄录几个随机数字。抄录随机数字方法与上述第三步相同。

②计算随机数字的余数。第一个随机数字的余数,用供试动物多的那组的动物数去除第一个随机数字得到;第二个随机数字的余数,用比供试动物多的那组的动物数少 1 的数字去除第二个随机数字得到;第三个随机数字的余数,用比供试动物多的那组的动物数少 2 的数字去除第三个随机数字得到;以此类推。直至将这里抄录下的所有随机数的余数都算出。把余数为 0 当成余数为除数值对待。

③动物第一次排序。将供试动物多的那组的动物按 1,2,…排序,每头动物一个序号。

④调出第一头动物。第一个随机数字的余数为几,就将第一次排序为几的那头动物调出。

⑤动物第二次排序。调出第一只动物后,将余下的动物进行第二次排序。

⑥调出第二头动物。第二个随机数字的余数为几,就将第二次排序为几的那头动物调出。

以此类推。最终使两个组的供试动物数相同。

2. 多头动物为一个试验单位的随机分组　由于是以几头(或 1 小组)的动物为一个试验单位,所以分组时比上述五个步骤多一个步骤。

方法一:可以通过上述五个步骤将所有供试动物分成两个组,再将每个组内的供试动物随机分成若干小组(试验单位)。

方法二:首先将所有供试动物编号随机分成若干小组,然后将所有试验单位编号后,按照上述五个步骤分成两个组。

供试动物随机分成若干小组的方法参见多个处理的完全随机设计相关内容。

(二)试验处理的随机实施

可用随机数字表和随机数字函数的随机数字法参照上述动物分组方法确定两个试验处理在两个组动物的随机实施。也可用抽签法确定。

【例3.1】进行两种肉兔饲料的饲养比较试验，以1只肉兔为1个试验单位，选择同品种、体况体重相近的1月龄健康母兔20只，在一个圈舍的20个笼位中进行试验。由于供试动物固有的初始条件如品种、性别、年龄、体况体重等基本一致，试验的环境条件也接近，所以可以采用完全随机设计。

第一步：动物编号。将所有供试动物依次编号为1，2，3，…，20。列在表3.1的第一列和第四列。

第二步：规定分组规则。这里将随机数字为单数的供试动物分在第1组，随机数字为双数的供试动物分在第2组。

第三步：抄录随机数字。从Excel的"RANDBETWEEN(0,99)"函数产生的随机数字中，连续抄录20个随机数字，前10个随机数字列于表3.1的第二列，后10个随机数字列于表3.1的第五列。

表3.1 两个处理的试验单位完全随机分组

肉兔编号	随机数字	组别	肉兔编号	随机数字	组别
1	38	2	11	06	2
2	54	2	12	18	2
3	82	2	13	44	2
4	46	2	14	32	2
5	22	2	15	53	1
6	31	1	16	23	1
7	62	2	17	83	1
8	43	1	18	01	1
9	09	1	19	60	2
10	90	2	20	30	2

第四步：动物分组。根据第二步分组规则，将组号分别列于表3.1的第三列和第六列。得到20只肉兔的分组结果为：

第1组动物编号：6 8 9 15 16 17 18

第2组动物编号：1 2 3 4 5 7 10 11 12 13 14 19 20

由于第2组比第1组多了6头动物，需要调出3头动物至第1组。

第五步：调整组别。

①抄录随机数字。这里多了3头动物需抄录3个随机数字。这里从随机数字表（附表1）第12行第9和10列的随机数字75开始向右连续抄录3个00~99的两位随机数字为75，84，16。

②计算随机数字的余数。用第2组的动物数13去除第一个随机数字75得到余数为10，用比第2组的动物数少1的数字12去除第二个随机数字84得到余数为0，当成余数为12，用比第2组的动物数少2的数字11去除第三个随机数字16得到余数为5。

③动物第一次排序。将第2组的动物按1,2,…依次排序,每头动物一个序号。

第2组动物编号:1　2　3　4　5　7　10　11　12　13　14　19　20

动物第一次排序:1　2　3　4　5　6　7　8　9　10　11　12　13

④调出第一头动物。第一个随机数字的余数为10,将第2组动物中的第一次排序为10(动物编号为13)的动物调出。

⑤动物第二次排序。余下的12头动物进行第二次排序。

第2组动物编号:1　2　3　4　5　7　10　11　12　14　19　20

动物第二次排序:1　2　3　4　5　6　7　8　9　10　11　12

⑥调出第二头动物。第二个随机数字的余数为0,将第二次排序为12(动物编号为20)的动物调出。

⑦动物第三次排序。由于调出的第二头动物为第二次排序的最后序号,所以动物第三次排序的序号与第二次的相同。

⑧调出第三头动物。第三个随机数字的余数为5,所以将第三次排序为5(动物编号为5)的动物调出。

将调出的三头动物放入第1组,这样两个组的供试动物数均为10,每个组10只肉兔。

第1组动物编号:5　6　8　9　13　15　16　17　18　20

第2组动物编号:1　2　3　4　7　10　11　12　14　19

最后将试验处理随机实施在两个组的试验单位上。这里抄录的随机数字为70,用2去除得余数为0,将甲饲料喂第2组动物,那么,乙饲料喂第1组动物。

对20只肉兔进行饲养试验的完全随机设计结果见表3.2。

表3.2　两种饲料的完全随机设计结果

饲料	动物编号									
甲	1	2	3	4	7	10	11	12	14	19
乙	5	6	8	9	13	15	16	17	18	20

二、两个处理完全随机设计试验结果的统计分析

对于数量性状指标如体重、增重、产蛋量、产仔数等,当一头动物为一个试验单位时,每个试验单位都可以观测得到1个指标值,即获得1个观测值。当一组动物为一个试验单位时,可以以整个试验单位为一个整体,通过观测每个试验单位得到1个指标值,即获得1个观测值。也可以从每个试验单位的动物群体中随机抽出1头或1头以上(1组)的动物进行观测,如果抽出的是1头动物,通过观测可得到1个指标值,即获得1个观测值。如果抽出的是1组动物,则通过观测该组动物可得到1个指标值,即获得1个观测值,也可分别观测该组中的每头动物获得多个观测值。但对于有的指标如饲料消耗,通常只能以整个试验单位作为一个整体获得1个指标值,这时就不能够通过抽样来观测每头动物的指标。如以10头猪为一个试验单位的饲养试验,试验过程需要测定动物的增重、料重比和血液指标,则可以整个试验单位的全部10头猪都称重以测增重和料重比;每个试验单位的饲料消耗都需要测定以测定料重比;可以从每个试验单位中随机抽采1头或几头猪的血液进行血液

指标的测定。试验结束后,可以从每个试验单位中随机抽出1头或几头猪进行屠宰性能测定和肉质指标测定等。

对于质量性状指标,通常不管是一头动物为一个试验单位还是一组动物为一个试验单位,都是将质量性状分类别后,统计各处理组该质量性状的每个类别的动物数量,1头动物为次数1次进行统计。

两个处理完全随机试验得到的数据资料,称为非配对样本资料,也称为成组样本资料。非配对的数量性状资料采用 t 检验进行统计分析,而统计次数获得的质量性状资料则采用 u 检验法或独立性 χ^2 检验法进行统计分析。

（一）两个处理完全随机试验数量性状资料的统计分析

对于服从正态分布的两个数量性状资料如体重、增重、产蛋量、产仔数等资料,进行两个非配对样本平均数的 t 检验。非配对样本平均数的 t 检验在相关生物统计学书中均有阐述,这里仅介绍检验的基本步骤。

1. 提出无效假设与备择假设 $H_0:\mu_1=\mu_2$,$H_A:\mu_1\neq\mu_2$

2. 计算 t 值

方法一:采用 t 值的计算公式计算。

$$t = \frac{\bar{x}_1 - \bar{x}_2}{S_{\bar{x}_1-\bar{x}_2}} \tag{3.1}$$

其中:

$$S_{\bar{x}_1-\bar{x}_2} = \sqrt{\frac{SS_1 + SS_2}{df_1 + df_2} \times \left(\frac{1}{n_1} + \frac{1}{n_2}\right)} \tag{3.2}$$

$$S_{\bar{x}_1-\bar{x}_2} = \sqrt{\frac{(n_1 - 1)S_1^2 + (n_2 - 1)S_2^2}{(n_1 - 1) + (n_2 - 1)} \times \left(\frac{1}{n_1} + \frac{1}{n_2}\right)} \tag{3.3}$$

当 $n_1 = n_2 = n$ 时,

$$S_{\bar{x}_1-\bar{x}_2} = \sqrt{\frac{S_1^2 + S_2^2}{n}} \tag{3.4}$$

$S_{\bar{x}_1-\bar{x}_2}$ 为均数差异样本标准误,$\bar{x}_1$、$\bar{x}_2$、n_1、n_2、SS_1、SS_2、df_1、df_2、S_1^2、S_2^2 分别为两样本平均数、含量、平方和、自由度、均方。

方法二:采用 Excel 的双样本等方差假设 t 检验计算 t 值。具体步骤见第十一章相关内容。

3. 统计结论和专业解释

方法一:根据 $df=(n_1-1)+(n_2-1)$,查临界 t 值表得到 $t_{0.05(df)}$、$t_{0.01(df)}$,将计算所得 t 值的绝对值与其比较,做出统计推断。当 $|t|<t_{0.05(df)}$,$P>0.05$,差异不显著;当 $t_{0.05(df)}\leqslant|t|<t_{0.01(df)}$,$0.01<P\leqslant0.05$,差异显著;当 $|t|\geqslant t_{0.01(df)}$,$P\leqslant0.01$,差异极显著。最后根据统计推断结论作出专业解释。

方法二:Excel 的双样本等方差假设 t 检验。

能够直接给出 t 值对应的概率值 P,可将给出的概率 P 与小概率标准 0.05 和 0.01 比较,做统计结论。当给出的概率 $P>0.05$ 时,统计结论为差异不显著;$0.01<P\leqslant0.05$,差异显著;$P\leqslant0.01$,差异极显著。最后根据统计推断结论作出专业解释。

两个处理完全随机试验数量性状资料的统计分析,除了可以采用非配对 t 检验进行统计分析外,也可以采用单因素方差分析进行统计分析,具体方法见本章第三节多个处理单因素资料的方差分析。

对于误差方差不齐引起的两个数量性状资料不服从正态分布,可以采用异方差 t 检验进行统计分析。对于不服从正态分布的其他数量性状资料,需要首先进行数据转换,然后用转换数据按照上述检验步骤进行两个非配对样本平均数的 t 检验。数据转换方法有对数转换、百分率反正弦转换、倒数转换等。异方差 t 检验和数据转换方法在相关生物统计学书中均有阐述,限于篇幅,这里不作介绍。

(二)两个处理完全随机设计试验次数资料的统计分析

1. 两个处理完全随机试验百分率的 u 检验 当完全随机试验结果用次数资料表示,并可计算百分率,如果两个样本百分率服从二项分布,当两样本的 np、nq 均大于 5 时,可近似地采用 u 检验进行统计分析,检验目的是两个样本百分率 $\hat{p}_1$、$\hat{p}_2$ 所在的两个二项总体百分数 p_1、p_2 是否相同。两个样本百分率的 u 检验在相关生物统计学书中有阐述,这里仅介绍检验的基本步骤。

当 np 和(或)nq 小于或等于 30 时,需做连续性矫正。检验的基本步骤是:

(1)提出无效假设与备择假设 $H_0 : P_1 = P_2, H_A : P_1 \neq P_2$

(2)计算 u 值或 u_c 值 根据 np、nq 是否大于 30,选择计算 u 或 u_c 值。np、nq 均大于 30,计算 u 值;np、nq 均大于 5,但 np 或 nq 不大于 30,则计算 u_c 值。计算公式为:

$$u = \frac{\hat{p}_1 - \hat{p}_2}{S_{\hat{p}_1 - \hat{p}_2}} \tag{3.5}$$

$$u_c = \frac{|\hat{p}_1 - \hat{p}_2| - 0.5/n_1 - 0.5/n_2}{S_{\hat{p}_1 - \hat{p}_2}} \tag{3.6}$$

其中,$\hat{p}_1 = \dfrac{x_1}{n_1}$,$\hat{p}_2 = \dfrac{x_2}{n_2}$ 为两个样本百分率,$S_{\hat{p}_1 - \hat{p}_2}$ 为样本百分率差异标准误,计算公式为:

$$S_{\hat{p}_1 - \hat{p}_2} = \sqrt{\bar{p}(1 - \bar{p})\left(\frac{1}{n_1} + \frac{1}{n_2}\right)} \tag{3.7}$$

$\bar{p}$ 为合并样本百分率:

$$\bar{p} = \frac{n_1\hat{p}_1 + n_2\hat{p}_2}{n_1 + n_2} = \frac{x_1 + x_2}{n_1 + n_2} \tag{3.8}$$

(3)统计结论和专业解释 将 u 或 u_c 的绝对值与 1.96、2.58 比较,做出统计推断。若 $|u|$(或 $|u_c|$)< 1.96,$P > 0.05$,不能否定 $H_0 : P_1 = P_2$,表明两个样本百分数 $\hat{p}_1$、$\hat{p}_2$ 差异不显著;若 $1.96 \leqslant |u|$(或 $|u_c|$)< 2.58,$0.01 < P \leqslant 0.05$,否定 $H_0 : P_1 = P_2$,接受 $H_A : P_1 \neq P_2$,表明两个样本百分数 $\hat{p}_1$、$\hat{p}_2$ 差异显著;若 $|u|$(或 $|u_c|$)$\geqslant 2.58$,$P \leqslant 0.01$,否定 $H_0 : P_1 = P_2$,接受 $H_A : P_1 \neq P_2$,表明两个样本百分数 $\hat{p}_1$、$\hat{p}_2$ 差异极显著。最后根据统计结论作出专业解释。

2. 两个处理完全随机试验次数资料的独立性 χ^2 检验 当两个处理所有实际观测次数的理论次数 E 均不小于 5 时,或虽有理论次数 E 小于 5,但能够通过合并相邻组使理论次数不小于 5 时,两个样本次数资料可采用独立性 χ^2 检验进行统计分析,其中,R 因子为处理,有 $r = 2$ 个类别,C 因子为处理的结果,有 $c = 2$ 个类别或有 $c > 2$ 个类别,其列联表就有 2 $\times$ 2 和 2 $\times c$ 两类。这两类列联表的独立性 χ^2 检验在相关生物统计学书中有阐述。不管是

2×2 还是 $2\times c$ 列联表的独立性 χ^2 检验,基本步骤都是一样的,包括整理资料为列联表、建立假设、计算理论次数、计算 χ^2 值、作统计结论和专业解释。

（1）整理资料为列联表。两个样本次数资料的 2×2 和 $2\times c$ 列联表分别如表 3.3 和表 3.4 所示。用符号 A_{ij} 表示实际观察次数（Actual Frequency）,用符号 E_{ij} 表示理论次数（Expected Frequency）。

表 3.3　2×2 列联表

处理	第 1 类结果	第 2 类结果	行合计 $T_{i.}$
处理 1	A_{11}	A_{12}	$T_{1.}=A_{11}+A_{12}$
处理 2	A_{21}	A_{22}	$T_{2.}=A_{21}+A_{22}$
列合计 $T_{.j}$	$T_{.1}=A_{11}+A_{21}$	$T_{.2}=A_{12}+A_{22}$	总合计 $T=A_{11}+A_{12}+A_{21}+A_{22}$

表 3.4　$2\times c$ 列联表

处理	第 1 类结果	第 2 类结果	…	第 c 类结果	行合计 $T_{i.}$
处理 1	A_{11}	A_{12}	…	A_{1c}	$T_{1.}$
处理 2	A_{21}	A_{22}	…	A_{2c}	$T_{2.}$
列合计 $T_{.j}$	$T_{.1}$	$T_{.2}$	…	$T_{.c}$	总合计 T

（2）提出无效假设与备择假设。

H_0：处理结果与处理无关,即二因子相互独立。

H_A：处理结果与处理有关,即二因子彼此相关。

（3）计算理论次数 E。按式（3.9）计算每个实际观测次数 A_{ij} 对应的理论次数 E_{ij}。

$$E_{ij}=\frac{T_{i.}\cdot T_{.j}}{T} \tag{3.9}$$

其中,$T_{i.}$ 为所在处理的合计（行合计）,$T_{.j}$ 为两个处理第 j 结果的合计（列合计）,T 为两个处理样本含量的合计（总合计）。

（4）计算 χ^2 值或 χ_c^2 值。2×2 列联表计算 χ_c^2 值,$2\times c$ 列联表计算 χ^2 值。

$$\chi^2=\sum\frac{(A-E)^2}{E} \tag{3.10}$$

$$\chi_c^2=\sum\frac{(|A-E|-0.5)^2}{E} \tag{3.11}$$

（5）做统计结论和专业解释。根据 $df=(2-1)(c-1)$,查临界值 χ^2 表得到 $\chi^2_{0.05(df)}$、$\chi^2_{0.01(df)}$,将计算所得 χ^2 值或 χ_c^2 值与其比较,做出统计推断。$\chi^2<\chi^2_{0.05(df)}$,$P>0.05$,差异不显著；$\chi^2_{0.05(df)}\leqslant\chi^2<\chi^2_{0.01(df)}$,$0.01<P\leqslant0.05$,差异显著；$\chi^2\geqslant\chi^2_{0.01(df)}$,$P\leqslant0.01$,差异极显著。最后根据统计推断结论作出专业解释。

进行独立性 χ^2 检验时,可以不用计算理论次数直接计算 χ^2 值。对于 2×2 列联表资料,采用式（3.12）直接计算 χ_c^2 值。对于 $2\times c$ 列联表资料,采用式（3.13）或式（3.14）直接计算 χ^2 值。式（3.13）和式（3.14）的计算结果相同,式（3.13）利用第一行中的实际观察次数 A_{1j} 和行合计 $T_{1.}$ 计算 χ^2 值,式（3.14）利用第二行中的实际观察次数 A_{2j} 和行合计 $T_{2.}$ 计算 χ^2 值。

$$\chi_c^2 = \frac{(\,|A_{11}A_{22} - A_{12}A_{21}\,| - T/2\,)^2 T}{T._1 T._2 T_1. T_2.} \tag{3.12}$$

$$\chi^2 = \frac{T^2}{T_1. T_2.}\Big[\,\sum \frac{A_{1j}^2}{T._j} - \frac{T_1.^2}{T}\,\Big] \tag{3.13}$$

或

$$\chi^2 = \frac{T^2}{T_1. T_2.}\Big[\,\sum \frac{A_{2j}^2}{T._j} - \frac{T_2.^2}{T}\,\Big] \tag{3.14}$$

当 $2 \times c$ 列联表的独立性 χ^2 检验结论是差异显著或极显著,说明两个处理的所有类别结果总体来说是差异显著或极显著的,具体哪类或哪些类别结果之间差异显著或极显著,可通过独立性 χ^2 检验的再分割法找出。χ^2 检验的再分割法在相关生物统计学书中均有阐述,限于篇幅,这里不作介绍。

对于 $2 \times c$ 列联表的独立性 χ^2 检验,还可以采用 Excel 软件中的 CHITEST 函数直接计算出检验需要的概率值 P,根据算出的概率值 P 的大小做统计结论和专业解释。同样地,算出的概率 $P > 0.05$,差异不显著;$0.01 < P \leqslant 0.05$,差异显著;$P \leqslant 0.01$,差异极显著。Excel 的 CHITEST 函数计算概率值 P 的具体方法步骤见生物统计相关内容。在应用 CHITEST 函数计算概率值 P 之前,一定要检查资料的每一个理论次数是否满足不小于 5 的条件,如果不满足这个条件,需要合并邻近组直至所有理论次数均不小于 5。否则,不能应用独立性 χ^2 检验进行统计分析,也就不能应用 CHITEST 函数计算概率值 P。

3. 两个处理完全随机试验次数资料的确切概率检验法 两个处理的任何一个理论次数 E 小于 5,又不能够通过合并相邻组使理论次数不小于 5,这时对两个处理次数资料进行统计分析就不能够采用独立性 χ^2 检验,需采用确切概率检验法进行统计分析。

确切概率检验法(Exact Test),是费雪尔确切概率检验法(Fisher's Exact Test)的简称。是直接计算出实际观测试验结果的概率值,然后根据计算出的概率值进行统计推断的统计分析方法。具体步骤:

(1)整理资料为列联表。将资料用 2×2 或 $2 \times c$ 列联表表示。

(2)提出无效假设与备择假设。

H_0:处理结果与处理无关,即二因子相互独立。

H_A:处理结果与处理有关,即二因子彼此相关。

(3)计算概率。2×2 列联表确切概率检验法的概率计算公式为:

$$P = \frac{T_1.!\,T_2.!\,T._1!\,T._2!}{T!\,A_{11}!\,A_{12}!\,A_{21}!\,A_{22}!} \tag{3.15}$$

式(3.15)的分子为 2×2 列联表的两个行合计阶乘的乘积再乘以两个列合计阶乘的乘积,分母为 2×2 列联表的四个实际观测次数阶乘的乘积再乘以总合计的阶乘。

式(3.15)可以推广应用至 $r \times c$ 列联表($r \geqslant 2$,$c \geqslant 2$),近似计算得到出现实际的这个 $r \times c$ 列联表的概率为多大。当理论次数有 < 5 时,需对 $r \times c$ 列联表($r \geqslant 2$,$c \geqslant 2$)的次数资料进行确切概率检验,其概率计算公式为式(3.16),即:将所有行合计阶乘的乘积再乘以所有列合计的阶乘乘积得到分子,将列联表中的所有实际观测次数阶乘的乘积再乘以总合计的阶乘得到分母,将二者相除得到概率。

$$P = \frac{(T_1.!\,T_2.!\cdots T_r.!\,)(T._1!\,T._2!\cdots T._c!\,)}{T!\,A_{11}!\,A_{12}!\cdots A_{rc}!} \tag{3.16}$$

采用计算机很容易计算阶乘,这个概率值的计算也就不困难。

(4)作统计结论和专业解释。同样地,计算出的概率 $P > 0.05$,差异不显著;$0.01 < P \leqslant 0.05$,差异显著;$P \leqslant 0.01$,差异极显著。然后根据统计结论作出专业解释。

三、案例分析

【例3.2】进行鸭疫里默氏杆菌疫苗免疫鸭的试验,比较新法制备的疫苗(甲疫苗)和对照疫苗(乙疫苗)的免疫效果及对动物生长的影响。将体况体重接近的同品种1日龄健康小鸭40只,随机分成两个组,每组20只,各组小鸭在4日龄时随机注射甲、乙两种疫苗,在19日龄时进行攻毒试验,得到表3.5的免疫效果资料。再经过两周的饲养,测定得到表3.6的增重数据资料。问:(1)两种疫苗免疫小鸭的效果差异是否显著? (2)两种疫苗免疫小鸭后增重差异是否显著?

表3.5　两种疫苗免疫小鸭的发病死亡统计表(单位:只)

疫苗	不发病	发病存活	发病死亡	合计
甲	16	2	2	20
乙	14	2	4	20
合计	30	4	6	40

表3.6　两种疫苗免疫小鸭的增重数据(单位:g)

疫苗	增重								
甲	400	408	428	435	476	498	506	534	550
	539	542	476	517	456	476	448	501	556
乙	506	453	481	498	432	519	447	461	470
	519	499	537	536	546	552	462		

现在对这两个资料进行统计分析。

1. 表3.5资料的 u 检验　表3.5资料属于次数资料,虽然可以分别计算两个处理的发病率和发病死亡率来进行 u 检验,但是,由于两个处理的发病死亡动物数 np 分别为2和4,均不大于5,所以,发病死亡率的比较不能够用 u 检验。而两个处理的发病数 np 分别为5和6,可以近似地用 u 检验进行比较。

由于两个处理的发病动物数和不发病动物数均小于30,即 np 和 nq 小于30,凡是 np 或 nq 不大于30,需作连续性矫正。这里需要通过计算 u_c 值进行 u 检验。检验的步骤:

(1)提出无效假设与备择假设。$H_0: P_1 = P_2, H_A: P_1 \neq P_2$

(2)计算 u_c 值。

两个样本百分率分别为:$\hat{p}_1 = x_1/n_1 = 4/20 = 0.2, \hat{p}_2 = x_2/n_2 = 6/20 = 0.3$。

按式(3.8)计算合并样本百分率 $\bar{p}$ 为:

$$\bar{p} = \frac{n_1 \hat{p}_1 + n_2 \hat{p}_2}{n_1 + n_2} = \frac{x_1 + x_2}{n_1 + n_2} = \frac{4 + 6}{20 + 20} = 0.25$$

按式(3.7)计算样本百分率差异标准误为:

$$S_{\hat{p}_1-\hat{p}_2} = \sqrt{\bar{p}(1-\bar{p})\left(\frac{1}{n_1}+\frac{1}{n_2}\right)} = \sqrt{0.25 \times (1-0.25) \times \left(\frac{1}{20}+\frac{1}{20}\right)} \approx 0.1369$$

按式(3.6)计算 u_c 值为:

$$u_c = \frac{|\hat{p}_1-\hat{p}_2|-0.5/n_1-0.5/n_2}{S_{\hat{p}_1-\hat{p}_2}} = \frac{|0.2-0.3|-0.5/20-0.5/20}{0.1369} \approx 0.365$$

(3)统计结论和专业解释

统计结论: $|u_c|<1.96, P>0.05$,不能否定 $H_0: P_1=P_2$,表明两个样本百分数 $\hat{p}_1$、$\hat{p}_2$ 差异不显著。

专业解释:两种疫苗免疫小鸭的发病率差异不显著。

2. 表3.5资料的独立性 χ^2 检验　两个处理的次数资料,除了可以计算两个处理的百分率进行 u 检验外,当两个处理所有实际观测次数的理论次数 E 均不小于5时,或两个处理的虽有理论次数 E 小于5,能够通过合并相邻组使理论次数不小于5,可采用独立性 χ^2 检验进行统计分析。

这里,按式(3.9)计算表3.5资料的理论次数为:

甲乙两处理的不发病理论次数为: $E_{11}=E_{21}=30 \times 20/40=15$

甲乙两处理的发病存活理论次数为: $E_{12}=E_{22}=4 \times 20/40=2$

甲乙两处理的发病死亡理论次数为: $E_{13}=E_{23}=6 \times 20/40=3$

表3.7　表3.5资料的理论次数(单位:只)

疫苗	不发病	发病存活	发病死亡	合计
甲	15	2	3	20
乙	15	2	3	20
合计	30	4	6	40

将理论次数列于表3.7。从表3.7看出,虽有4个理论次数小于5,不能够用独立性 χ^2 检验进行统计分析,但可以将发病存活与发病死亡合并为发病,将表3.5和表3.7合并整理成表3.8。从表3.8可以看出,经过合并相邻组后,所有理论次数都不小于5,这时可以采用独立性 χ^2 检验进行统计分析。

表3.8　两种疫苗免疫小鸭的发病统计表(单位:只)

疫苗	不发病	发病	合计
甲	16(15)	4(5)	20
乙	14(15)	6(5)	20
合计	30	10	40

注:括号内数字为理论次数。

这时,对表3.5资料的独立性 χ^2 检验就变成对表3.8资料的独立性 χ^2 检验了。下面按照检验步骤进行独立性 χ^2 检验。

（1）整理资料为列联表。表 3.8 即是整理好的 2×2 列联表。

（2）提出无效假设与备择假设。

H_0：免疫效果与疫苗无关，即二因子相互独立。

H_A：免疫效果与疫苗有关，即二因子彼此相关。

（3）计算理论次数 E。按式（3.9）计算理论次数 E，表 3.8 的括号中数字即是理论次数 E。

（4）计算 χ_c^2 值。表 3.8 为 2×2 列联表，需要按式（3.11）计算 χ_c^2 值。

$$\chi_c^2 = \sum \frac{(|A-E|-0.5)^2}{E} = \frac{(|16-15|-0.5)^2}{15} + \frac{(|14-15|-0.5)^2}{15}$$
$$+ \frac{(|4-5|-0.5)^2}{5} + \frac{(|6-5|-0.5)^2}{5} \approx 0.133$$

或直接用式（3.12）计算 χ_c^2 值。

$$\chi_c^2 = \frac{(|A_{11}A_{22}-A_{12}A_{21}|-T../2)^2 T..}{T._1 T._2 T_1. T_2.}$$
$$= \frac{(|16\times6-14\times4|-40/20)^2 \times 40}{30\times10\times20\times20} \approx 0.133$$

与式（3.11）计算结果相同。

（5）作统计结论和专业解释。

统计结论：根据 $df = (2-1)(c-1) = 1$，查临界值 χ^2 表得到 $\chi_{0.05(1)}^2 = 3.84$，$\chi_{0.01(1)}^2 = 6.63$，计算所得 $\chi_c^2 < \chi_{0.05(1)}^2$，$P > 0.05$，差异不显著，不能否定 H_0，即免疫效果与疫苗无关，二因子相互独立。

专业解释：两种疫苗免疫小鸭的效果差异不显著。

可见，对于同一个资料而言，独立性 χ^2 检验和百分率的 u 检验的结论相同。实际中可任意选择二者之一进行统计分析。

如果表 3.5 资料的样本含量增大为 60，则可能获得表 3.9 所示的结果，则这时的理论次数就都不小于 5，不用合并相邻组，可以直接进行独立性 χ^2 检验。可以采用式（3.10）或式（3.13）或式（3.14）计算出 χ^2 值，还可以采用 Excel 的 CHITEST 函数直接计算统计推断所需的概率 P。

表 3.9 两种疫苗免疫小鸭的发病死亡统计表（单位：只）

疫苗	不发病	发病存活	发病死亡	合计
甲	50(48.5)	7(5.5)	3(6)	60
乙	47(48.5)	4(5.5)	9(6)	60
合计	97	11	12	120

注：括号内数字为理论次数

（1）整理资料为列联表。表 3.9 即是整理好的 2×3 列联表。

（2）提出无效假设与备择假设。

H_0：免疫效果与疫苗无关，即二因子相互独立。

H_A：免疫效果与疫苗有关，即二因子彼此相关。

（3）计算理论次数 E。按式（3.9）计算理论次数 E，表 3.9 的括号中数字即是理论次数 E。

（4）计算 χ^2 值。

方法一：按式（3.10）计算 χ^2 值。

$$\chi^2 = \sum \frac{(A - E)^2}{E}$$

$$= \frac{(50 - 48.5)^2}{48.5} + \frac{(47 - 48.5)^2}{48.5}$$

$$+ \frac{(7 - 5.5)^2}{5.5} + \frac{(4 - 5.5)^2}{5.5}$$

$$+ \frac{(3 - 6)^2}{6} + \frac{(9 - 6)^2}{6}$$

$$\approx 3.911$$

方法二：按式（3.13）计算 χ^2 值。

$$\chi^2 = \frac{T_{..}^2}{T_1. T_2.} \left[\sum \frac{A_{1j}^2}{T_{.j}} - \frac{T_{1.}^2}{T_{..}} \right]$$

$$= \frac{120^2}{60 \times 60} \left(\frac{50^2}{97} + \frac{7^2}{11} + \frac{3^2}{12} - \frac{60^2}{120} \right) \approx 3.911$$

方法三：按式（3.14）计算

$$\chi^2 = \frac{T_{..}^2}{T_1. T_2.} \left[\sum \frac{A_{2j}^2}{T_{.j}} - \frac{T_{2.}^2}{T_{..}} \right]$$

$$= \frac{120^2}{60 \times 60} \left(\frac{47^2}{97} + \frac{4^2}{11} + \frac{9^2}{12} - \frac{60^2}{120} \right) \approx 3.911$$

可见，式（3.10）、式（3.13）和式（3.14）计算出的 χ^2 值相等。

统计结论和专业解释：$\chi^2 \approx 3.911$，根据 $df = (2-1)(c-1) = 2$，查临界值 χ^2 表得到 $\chi^2_{0.05(2)} = 5.99$、$\chi^2_{0.01(2)} = 9.21$，计算所得 $\chi^2 < \chi^2_{0.05(2)}$，$P > 0.05$，差异不显著，说明免疫效果与疫苗无关，即两种疫苗免疫小鸭的效果差异不显著。

方法四：采用 Excel 的 CHITEST 函数直接计算统计推断所需的概率 P。经计算得表 3.9资料的 $P = 0.141$。$P > 0.05$，差异不显著，说明免疫效果与疫苗无关，即两种疫苗免疫小鸭的效果差异不显著。

如果表 3.5 的资料的样本容量减小为 10，则可能获得表 3.10 所示的结果。则这时需采用确切概率检验法进行统计分析。

表 3.10　两种疫苗免疫小鸭的发病统计表（单位：只）

疫苗	不发病	发病	合计
甲	9	1	10
乙	8	2	10
合计	17	3	20

解:(1)整理资料为列联表 表3.10资料是2×2列联表。

(2)提出无效假设与备择假设。

H_0:处理结果与处理无关,即二因子相互独立。

H_A:处理结果与处理有关,即二因子彼此相关。

(3)计算概率 按式(3.15)计算

$$P = \frac{T_{1\cdot}! \ T_{2\cdot}! \ T_{\cdot 1}! \ T_{\cdot 2}!}{T! \ A_{11}! \ A_{12}! \ A_{21}! \ A_{22}!}$$

$$= \frac{10! \times 10! \times 17! \times 3!}{20! \times 9! \times 1! \times 8! \times 2!} \approx 0.3947$$

通过 Excel 的 Fact 函数,很容易计算出各数的阶乘。

(4)作统计结论和专业解释。计算出的概率 $P > 0.05$,差异不显著,说明两种疫苗的免疫效果差异不显著。

3. 表3.6资料的 t 检验　表3.6资料属于服从正态分布的数量性状资料,完全随机试验的两个处理,采用非配对 t 检验进行统计分析。检验步骤:

(1)提出无效假设与备择假设。$H_0: \mu_1 = \mu_2, \ H_A: \mu_1 \neq \mu_2$

(2)计算 t 值。

方法一:首先分别计算出两个处理的平均数 $\bar{x}_1$、$\bar{x}_2$ 和均方 S_1^2、S_2^2,计算公式。

$$\bar{x}_1 = \frac{\sum x_1}{n_1} = 8746/18 \approx 485.8889; \bar{x}_2 = \frac{\sum x_2}{n_2} = 7918/16 = 494.875。$$

$$S_1^2 = \frac{\sum (x_1 - \bar{x}_1)^2}{n_1 - 1} \approx 2415.5163; S_2^2 = \frac{\sum (x_2 - \bar{x}_2)^2}{n_2 - 1} \approx 1446.383。$$

然后按式(3.3)计算均数差异样本标准误为:

$$S_{\bar{x}_1 - \bar{x}_2} = \sqrt{\frac{(n_1 - 1)S_1^2 + (n_2 - 1)S_2^2}{(n_1 - 1) + (n_2 - 1)} \times \left(\frac{1}{n_1} + \frac{1}{n_2} \right)}$$

$$= \sqrt{\frac{(18 - 1) \times 2415.5163 + (16 - 1) \times 1446.3833}{18 - 1 + 16 - 1} \times \left(\frac{1}{18} + \frac{1}{16} \right)}$$

$$\approx 15.2163$$

最后按式(3.1)计算 t 值为:

$$t = \frac{\bar{x}_1 - \bar{x}_2}{S_{\bar{x}_1 - \bar{x}_2}} = \frac{485.8889 - 494.875}{15.2163} \approx -0.591$$

方法二:采用 Excel 的双样本等方差假设 t 检验进行表3.6的 t 检验,计算出 t 值为 -0.591,与利用计算公式算出的 t 值相等。

(3)统计结论和专业解释。

统计结论。方法一:根据 $df = (n_1 - 1) + (n_2 - 1) = 18 - 1 + 16 - 1 = 32$,查临界 t 值表得到 $t_{0.05(32)} = 2.037$、$t_{0.01(df)} = 2.738$,计算所得 t 值的绝对值 $|t| < t_{0.05(df)}$,$P > 0.05$,差异不显著。

统计结论。方法二:采用 Excel 的双样本等方差假设 t 检验,直接给出 t 值对应的概率值 P 为 0.559,由于 $P = 0.559 > 0.05$,所以差异不显著。结论与用上述方法的相同。

专业解释:甲乙两种疫苗免疫小鸭的增重差异不显著。

从上面的案列分析可知,对于完全随机试验的结果进行分析时,有几个指标就需要应用几次统计分析方法进行分析,对于数量性状资料,通常采用非配对 t 检验法进行分析,而对于统计次数获得的质量性状资料,则可以采用百分率的 u 检验法进行分析,也可以采用独立性 χ^2 检验法进行统计分析,二者分析获得的结论相同,当有理论次数小于 5 时,需要用确切概率法计算出概率进行统计分析。

第三节　多个处理完全随机设计

一、多个处理完全随机设计方法

(一)试验单位的随机分组

多个处理的试验包括两类,一类是水平数 $k > 2$ 的单因素试验,如进行三种药物的疗效比较试验,这是单因素试验,有 $k = 3$ 个处理。另一类是多因素试验,包括多因素的全面试验和多因素的非全面试验,如析因试验、正交试验和均匀试验等,都是多个处理的试验。如两个因素的 2×3 析因试验,有 $2 \times 3 = 6$ 个处理;三个因素的 $2 \times 3 \times 2$ 析因试验,有 $2 \times 3 \times 2 = 12$ 个处理;第七章所介绍的 $L_8(2^7)$ 正交试验有 8 个处理,第八章所介绍的 $L_7(7^4)$ 均匀试验有 7 个处理。

多个处理的完全随机试验,有几个处理,就需要将试验单位随机分成几个组。有一头动物为一个试验单位和多头动物为一个试验单位两种情况。

1. 一头动物为一个试验单位的随机分组步骤

第一步:动物编号。将所有供试动物依次编号为 $1, 2, \cdots$。

第二步:抄录随机数字。一头动物对应一个随机数字。具体方法参见本章第二节两个处理完全随机设计的相关内容。

第三步:计算随机数字的余数。需要分几组,就用几去除抄录的所有随机数字得到余数。把余数为 0 当成余数为除数值。

第四步:动物分组。根据第三步计算的随机数字的余数将供试动物进行分组。

第五步:调整组别。如果第四步分组结果是每个组动物数不相同,则需要按照随机原则,将供试动物数多的那个组的动物调出放在动物数少的组,使每个组动物数相同。

(1)调出动物。哪些组的动物多,就需要将那些组的动物调出。调出动物与本章第二节两个处理完全随机设计时相同,仍然是根据随机数字的余数进行。具体方法参见本章第二节相关内容。直至将所有动物多的组的动物全部调出。

(2)调出动物的再分组。可以将调出的动物按编号排序后,再按随机数字法进行再分组,使得每个组的供试动物数相同。

2. 多头动物为一个试验单位的随机分组　与两个处理随机分组时类似,由于是以几头(或 1 小组)的动物为一个试验单位,所以分组时比上述五个步骤多一个步骤。

方法一:可以通过上述五个步骤将所有供试动物分成若干个组,再将每个组内的供试动物随机分成若干小组(试验单位)。

方法二:首先将所有供试动物编号随机分成若干小组,然后将所有试验单位编号后,按照上述五个步骤分成若干个组。

供试动物随机分成若干小组的方法参见多个处理的完全随机设计相关内容。

（二）试验处理的随机实施

第一步：处理排序，将所有处理依次排序为1、2、…。

第二步：抄录随机数字。可以抄录 $k-1$ 个随机数字对应 $k-1$ 个动物组。

第三步：计算随机数字的余数。分别用 k、$k-1$、$k-2$、…去除随机数字得到第一个随机数字的余数、第二个随机数字的余数、…、第 $k-1$ 个随机数字的余数。

第四步：处理的实施。根据各动物组对应的随机数字的余数和处理的排序，将处理实施于各组动物。第一个随机数字的余数为几，对第1组的供试动物实施排序为几的处理；第二个随机数字的余数为几，对第2组的供试动物实施余下处理中排序为几的处理，以此类推安排完所有的处理。余下的那个动物组则实施余下的那个处理。

> 【例3.3】进行不同能量蛋白水平的精料补充料对肉牛生长性能影响的比较试验，能量(A)设高、中、低三个水平，蛋白质(B)设高、低两个水平，进行 3×2 析因试验，有 $3\times2=6$ 个处理，每个处理重复3次，以1头肉牛为1个试验单位。选择同品种、体况体重相近的1月龄健康肉公牛18头，在一个圈舍的18个栏位中进行试验。由于供试动物固有的初始条件如品种、性别、年龄、体况体重等基本一致，试验的环境条件也接近，所以可以采用完全随机设计。这个试验有6个处理，需要将动物随机分成6个组，并随机实施6个不同的处理。

第一步：动物编号。将所有供试动物依次编号为1,2,3,…,18。列在表3.11的第一列和第五列。

第二步：抄录随机数字。这里从 Excel"RANDBETWEEN(0,99)"产生的随机数字中连续抄录18个00～99的两位随机数字，分别列在表3.11的第二列和第六列。

表3.11　六个处理的试验单位完全随机分组

肉牛编号	随机数字	除以6的余数	组别	肉牛编号	随机数字	除以6的余数	组别
1	17	5	5	10	4	4	4
2	53	5	5	11	74	2	2
3	31	1	1	12	47	5	5
4	57	3	3	13	67	1	1
5	24	0	6	14	21	3	3
6	55	1	1	15	76	4	4
7	6	0	6	16	33	3	3
8	88	4	4	17	50	2	2
9	77	5	5	18	25	1	1

第三步：计算随机数字的余数。这里需要分6组，就用6去除抄录的随机数字得到各随机数字的余数。把余数为0当成余数为6。将余数分别列在表3.11的第三列和第七列。

第四步：动物分组。根据第三步计算的随机数字的余数将供试动物进行分组，列在表

3.11 的第四列和第八列,并整理如下:

第1组动物编号:3　　6　　13　　18

第2组动物编号:11　　17

第3组动物编号:4　　14　　16

第4组动物编号:8　　10　　15

第5组动物编号:1　　2　　9　　12

第6组动物编号:5　　7

由于第1组和第5组各超出1头动物,而第2组和第6组各少1头动物。需要调整。

第五步:调整组别。

①抄录随机数字。这里第1组和第5组各多了1头动物,需分别抄录1个随机数字。这里抄录的2个00～99的两位随机数字为95,45。

②计算随机数字的余数。用第1组的动物数4去除第一个随机数字95得到余数为3,用第5组的动物数4去除第二个随机数字45得到余数为1。

③调出动物。第一个随机数字的余数为3,将第1组排序为3(动物编号为13)的动物调出。第二个随机数字的余数为1,将第5组排序为1(动物编号为1)的动物调出。

④将调出的动物分别放入动物数不足3的组内。这里为第2组和第6组各少1头。调出的动物编号为1号和13号,需用随机方法确定哪头动物分在哪组。这里因为只有两头需分组,这里抄录的1个00～99的两位随机数字为72。用2去除得余数为0,将两头动物中排序为2(动物编号为13)的动物分在组别编号靠前的第2组,余下的1头动物则放入第6组。

这样,每个组的动物数均为3。18头肉牛的分组结果为:

第1组动物编号:3　　6　　18

第2组动物编号:11　　13　　17

第3组动物编号:4　　14　　16

第4组动物编号:8　　10　　15

第5组动物编号:2　　9　　12

第6组动物编号:1　　5　　7

第六步:处理的随机实施。

①处理排序。对6个处理 A_1B_1、A_1B_2、A_2B_1、A_2B_2、A_3B_1、A_3B_2 依次排序为1,2,3,4,5,6,列于表3.12。

表 3.12　六个处理的排序表

处理排序	1	2	3	4	5	6
水平组合	A_1B_1	A_1B_2	A_2B_1	A_2B_2	A_3B_1	A_3B_2

②动物组别号列于表3.13第一行。抄录6－1＝5个随机数字列于表3.13的第二行。对应第1～5号处理。随机数字的抄录方法见两个处理的随机分组。

③计算随机数字的余数。分别用6、5、4、3、2去除这5个随机数字,得到余数。除数列在表3.13的第三行,余数列在表3.13的第四行。

表 3.13　六个处理的完全随机实施

动物组别	1	2	3	4	5	6
随机数字	22	78	84	26	04	—
除数	6	5	4	3	2	—
余数	4	3	0	2	0	—
处理序号	4	3	4	2	2	—
水平组合	A_2B_2	A_2B_1	A_3B_2	A_1B_2	A_3B_1	A_1B_1

④处理的实施。根据各处理对应的随机数字的余数，将处理实施于各组动物，列于表3.13 的第五行。第一个随机数字的余数为5，将6个处理中排序为4的处理（水平组合为 A_2B_2）实施于第1组供试动物；第二个随机数字的余数为3，将余下5个处理中排序为3的处理（水平组合为 A_2B_1）实施于第2组供试动物；第三个随机数字的余数为4，将余下4个处理中排序为4的处理（水平组合为 A_3B_2）实施于第2组供试动物；第四个随机数字的余数为2，将余下3个处理中排序为2的处理（水平组合为 A_1B_2）实施于第4组供试动物；第五个随机数字的余数为2，将余下2个处理中排序为2的处理（水平组合为 A_3B_1）实施于第5组供试动物；余下的第6组供试动物，实施余下的处理（水平组合为 A_1B_1）。

进行不同能量蛋白水平的精料补充料对肉牛生长性能影响的比较试验，用18头肉牛进行试验，每组3头，完全随机设计结果列于表3.14。

表 3.14　三种不同能量和两种不同蛋白水平
肉牛饲养试验的完全随机设计结果

水平组合	动物编号		
A_1B_1	1	5	7
A_1B_2	8	10	15
A_2B_1	11	13	17
A_2B_2	3	6	18
A_3B_1	2	9	12
A_3B_2	4	14	16

二、多个处理完全随机设计试验结果的统计分析

多个处理完全随机试验包括单因素多处理和多因素多处理的试验，多个处理完全随机试验得到的数据资料就有单因素完全随机试验资料、两因素或两个以上因素的全面试验的完全随机设计试验资料以及多因素的部分试验如正交试验的完全随机设计试验资料，同样有数量性状资料和统计次数获得的质量性状资料（次数资料）两大类别的资料。对于单因素多个处理和多因素全面试验的完全随机试验数量性状资料，如果服从正态分布，可以采用方差分析进行统计分析，如果不服从正态分布，与两个处理时一样需要对数据进行转换，

将转换后的数据进行方差分析。数据转换方法在相关生物统计学书中均有阐述,限于篇幅,这里不作介绍。统计次数获得的质量性状资料则采用独立性 χ^2 检验法进行统计分析。多因素的部分试验如正交试验和均匀试验的完全随机设计试验资料的统计分析方法分别见第七章正交设计和第八章均匀设计。

（一）单因素完全随机试验数量性状资料的统计分析

单因素试验有 k 个处理,进行完全随机试验,每个处理有 n 次重复,即有 n 个试验单位,测定一个数量性状指标,每个处理都有 n 个观测值,共有 kn 个观测值。对每个数量性状指标的 kn 个观测值都需要采用单因素方差分析法进行统计分析。关于单因素方差分析法,相关生物统计学书中有详细阐述,这里仅概要介绍。

1. 单因素完全随机试验数量性状资料的数学模型　用 x_{ij} 表示第 i 个处理的第 j 个试验单位某个试验指标的观测值（$i=1,2,\cdots,k;j=1,2,\cdots,n$）; $\sum\limits_{j=1}^{n} x_{ij}$ 表示第 i 个处理 n 个观测值的和; $\sum\limits_{i=1}^{k}\sum\limits_{j=1}^{n} x_{ij}$ 表示全部 kn 个观测值的总和; $\bar{x}_{i.} = \sum\limits_{j=1}^{n} x_{ij}/n$ 表示第 i 个处理 n 个观测值的样本平均数,用于估计第 i 个处理的总体平均数 μ_i; $\bar{x} = \sum\limits_{i=1}^{k}\sum\limits_{j=1}^{n} x_{ij}/kn$ 表示全部 kn 观测值的样本平均数,用于估计全部试验处理观测值的总体平均数 μ, $\mu = \dfrac{1}{k}\sum\limits_{i=1}^{k}\mu_i$。

从第一章处理效应的定义可知, $\mu_i - \mu$ 为第 i 处理的效应,表示处理 i 对试验结果产生的影响。如果用符号 α_i 表示第 i 处理的效应,则 $\alpha_i = \mu_i - \mu$。那么,每一个观测值 x_{ij} 与总体平均数 μ 的差值由两个部分组成,一部分是试验的处理效应,另一部分是试验误差 ε_{ij},即 $x_{ij} - \mu = \alpha_i + \varepsilon_{ij}$,由此可以得到单因素完全随机试验观测值的数学模型为:

$$x_{ij} = \mu + \alpha_i + \varepsilon_{ij} \tag{3.17}$$

其中, $i=1,2,\cdots,k;j=1,2,\cdots,n$。试验误差 ε_{ij} 相互独立,且服从正态分布 $N(0,\sigma^2)$。

2. 单因素完全随机试验数量性状资料的变异来源、平方和及自由度的剖分　单因素完全随机试验数量性状资料的总变异,来源于每个处理产生的变异和每个处理内的试验误差产生的变异,即单因素资料的变异来源包括处理间变异和误差变异（处理内变异）两个部分。方差分析用样本方差即均方度量这两部分变异,通过 F 检验比较这两部分变异的大小推断全部观测值的总变异主要由哪部分变异引起。要计算出均方,首先需要计算出平方和及自由度,单因素完全随机试验数量性状资料的平方和及自由度的剖分式为:

$$SS_T = SS_t + SS_e$$
$$df_T = df_t + df_e \tag{3.18}$$

其中, SS_T、SS_t、SS_e 分别为总平方和、处理间平方和、误差平方和。df_T、df_t、df_e 分别为总自由度、处理间自由度、误差自由度。

3. 方差分析基本步骤

（1）计算各项平方和、自由度。可采用式（3.19）、式（3.20）和式（3.21）计算单因素资料平方和。

$$SS_T = \sum_{i=1}^{k} \sum_{j=1}^{n} (x_{ij} - \overline{x})^2 \tag{3.19}$$

$$SS_t = n \sum_{i=1}^{k} (\overline{x}_{i.} - \overline{x})^2 \tag{3.20}$$

$$SS_e = \sum_{i=1}^{k} \sum_{j=1}^{n} (x_{ij} - \overline{x}_{i.})^2 \tag{3.21}$$

式(3.19)表示全部 kn 个观测值与全部 kn 个观测值平均数的离均差平方之和,式(3.20)表示所有 k 个处理的每个处理 n 个观测值平均数与全部 kn 个观测值的平均数的离均差平方之和,式(3.21)表示所有 k 个处理的每个处理 n 个观测值与该处理 n 个观测值平均数的离均差平方之和。

单因素资料的自由度计算为: $df_T = kn - 1$, $df_t = k - 1$, $df_e = k(n-1)$。

（2）计算各项均方和 F 值,进行 F 检验　将各项平方和除以自由度得到各项均方,处理间均方 $MS_t = S_t^2 = SS_t/df_t$,误差均方 $MS_e = S_e^2 = SS_e/df_e$。计算两个均方的比值得到 F 值, $F = MS_t/MS_e$。将计算得到的 F 值与 $F_{0.05(df_t,df_e)}$、$F_{0.01(df_t,df_e)}$ 比较,作出统计推断。$F < F_{0.05(df_t,df_e)}$, $P > 0.05$,差异不显著;$F_{0.05(df_t,df_e)} \leqslant F < F_{0.01(df_t,df_e)}$, $0.01 < P \leqslant 0.05$,差异显著;$F \geqslant F_{0.01(df_t,df_e)}$, $P \leqslant 0.01$,差异极显著。然后根据统计推断结论作出专业解释。

对于上述第一步和第二步,除采用上述公式计算处理间和误差的平方和、自由度、均方以及 F 值外,也可采用 Excel 单因素方差分析计算 SS_t、df_t、SS_e、df_e、MS_t、MS_e、F 以及统计推断所需的 P 值。可将算出的概率 P 与小概率标准 0.05 和 0.01 比较,做统计结论。当算出的概率 $P > 0.05$ 时,统计结论为差异不显著;$0.01 < P \leqslant 0.05$,差异显著;$P \leqslant 0.01$,差异极显著。Excel 的单因素方差分析的具体方法步骤见第十一章相关内容。

（3）多重比较。如果 F 检验差异显著或极显著,则需要进行多重比较。

如选择 LSR 法,包括 q 法和 SSR 法,进行多重比较的步骤为:

①计算样本标准误。样本标准误的计算公式为 $S_{\overline{x}} = \sqrt{MS_e/n}$。

②按式(2.3)(q 法)或式(2.4)(SSR 法)计算最小显著极差值 $LSR_{0.05(k,df_e)}$ 和 $LSR_{0.01(k,df_e)}$。

③进行平均数间比较。将各对平均数差数的绝对值与 $LSR_{0.05(k,df_e)}$ 和 $LSR_{0.01(k,df_e)}$ 比较,$|\overline{x}_i - \overline{x}_j| < LSR_{0.05}$, $P > 0.05$,差异不显著;$LSR_{0.05} \leqslant |\overline{x}_i - \overline{x}_j| < LSR_{0.01}$, $0.01 < P \leqslant 0.05$,差异显著;$|\overline{x}_i - \overline{x}_j| \geqslant LSR_{0.05}$, $P \leqslant 0.01$,差异极显著。采用字母标记表示各对平均数间的差异显著性。

如选择 LSD 法,则步骤为:

①计算差数样本标准误。差数样本标准误的计算公式为 $S_{\overline{x}_1 - \overline{x}_2} = \sqrt{2MS_e/n}$。

②按式(2.5)计算最小显著差数值 $LSD_{0.05(df_e)}$ 和 $LSD_{0.01(df_e)}$。

③进行平均数间比较　将各对平均数差数的绝对值与 $LSD_{0.05(df_e)}$ 和 $LSD_{0.01(df_e)}$ 比较,$|\overline{x}_i - \overline{x}_j| < LSD_{0.05}$, $P > 0.05$,差异不显著;$LSD_{0.05} \leqslant |\overline{x}_i - \overline{x}_j| < LSD_{0.01}$, $0.01 < P \leqslant 0.05$,差异显著;$|\overline{x}_i - \overline{x}_j| \geqslant LSD_{0.01}$, $P \leqslant 0.01$,差异极显著。采用字母标记表示各对平均数间的差异显著性。

最后,对检验的统计结论作出专业解释。

对于多因素完全随机试验数量性状资料的统计分析方法,参见第二章两因素析因试验数量性状资料的统计分析和三因素析因试验数量性状资料的统计分析。这里不再介绍。

（二）多个处理完全随机设计试验次数资料的统计分析

当所有实际观测次数的理论次数 E 均不小于 5 时,或虽有理论次数 E 小于 5,但能够通过合并相邻组使理论次数不小于 5,多个样本次数资料可采用独立性 χ^2 检验进行统计分析,其中,R 因子为处理,有 r 个类别（r 个处理）,C 因子为处理的结果,有 $c=2$ 个类别或有 $c>2$ 个类别,其列联表就有 $r\times 2$ 和 $r\times c$ 两类。这两类列联表的独立性 χ^2 检验在相关生物统计学书中有阐述。不管是 $r\times 2$ 还是 $r\times c$ 列联表的独立性 χ^2 检验,基本步骤都是一样的,且与两个处理的次数资料相同。包括整理资料为列联表、建立假设、计算理论次数、计算 χ^2 值、作统计结论和专业解释。

（1）整理资料为列联表。多个处理次数资料的 $r\times 2$ 和 $r\times c$ 列联表分别如表 3.15 和表 3.16 所示。

表 3.15　$r\times 2$ 列联表

处理	第 1 类结果	第 2 类结果	行合计 $T_{i\cdot}$
处理 1	A_{11}	A_{12}	$T_{1\cdot}$
处理 2	A_{21}	A_{22}	$T_{2\cdot}$
…	…	…	…
处理 r	A_{r1}	A_{r2}	$T_{r\cdot}$
列合计 $T_{\cdot j}$	$T_{\cdot 1}$	$T_{\cdot 2}$	总合计 T

表 3.16　$r\times c$ 列联表

处理	第 1 类结果	第 2 类结果	…	第 c 类结果	行合计 $T_{i\cdot}$
处理 1	A_{11}	A_{12}	…	A_{1c}	$T_{1\cdot}$
处理 2	A_{21}	A_{22}	…	A_{2c}	$T_{2\cdot}$
…	…	…	…	…	…
处理 r	A_{r1}	A_{r2}	…	A_{rc}	$T_{r\cdot}$
列合计 $T_{\cdot j}$	$T_{\cdot 1}$	$T_{\cdot 2}$	…	$T_{\cdot c}$	总合计 T

（2）提出无效假设与备择假设。

H_0:处理结果与处理无关,即二因子相互独立。

H_A:处理结果与处理有关,即二因子彼此相关。

（3）计算理论次数 E。按式（3.9）计算每个实际观测次数 A_{ij} 对应的理论次数 E_{ij}。

（4）计算 χ^2 值。按式（3.10）计算 χ^2 值。

（5）做统计结论和专业解释。根据 $df=(r-1)(c-1)$,查临界值 χ^2 表得到 $\chi^2_{0.05(df)}$、

$\chi^2_{0.01(df)}$，将计算所得 χ^2 值或 χ^2_c 值与其比较，作出统计推断。当 $\chi^2 < \chi^2_{0.05(df)}$，$P > 0.05$，差异不显著；$\chi^2_{0.05(df)} \leqslant \chi^2 < \chi^2_{0.01(df)}$，$0.01 < P \leqslant 0.05$，差异显著；$\chi^2 \geqslant \chi^2_{0.01(df)}$，$P \leqslant 0.01$，差异极显著。最后根据统计推断结论作出专业解释。

在对 $r \times 2$ 列联表资料进行独立性 χ^2 检验时，可以不用计算理论次数，采用式(3.22)或式(3.23)直接计算 χ^2 值。$r \times c$ 列联表资料的独立性 χ^2 检验，则可用式(3.24)直接计算 χ^2 值。

$$\chi^2 = \frac{T^2}{T_{\cdot1} T_{\cdot2}} \Big[\sum \frac{A_{i1}^2}{T_{i\cdot}} - \frac{T_{\cdot1}^2}{T} \Big] \tag{3.22}$$

或

$$\chi^2 = \frac{T^2}{T_{\cdot1} T_{\cdot2}} \Big[\sum \frac{A_{i2}^2}{T_{i\cdot}} - \frac{T_{\cdot2}^2}{T} \Big] \tag{3.23}$$

$$\chi^2 = T_{\cdot\cdot} \Big[\sum \frac{A_{ij}^2}{T_{i\cdot} T_{\cdot j}} - 1 \Big] \tag{3.24}$$

式(3.22)和式(3.23)的计算结果相同。式(3.22)利用第一列中的实际观察次数 A_{i1} 和列合计 $T_{\cdot1}$ 计算 χ^2 值，式(3.23)利用第二列中的实际观察次数 A_{i2} 和列合计 $T_{\cdot2}$ 计算 χ^2 值。

当多个处理次数资料的独立性 χ^2 检验结论是差异显著或极显著，说明几个处理的所有类别结果总体来说是差异显著或极显著的，具体哪两个处理或哪些类别结果之间差异显著或极显著，可通过独立性 χ^2 检验的再分割法找出。χ^2 检验的再分割法可参阅生物统计学书中相关内容。

对于多个处理的次数资料，即 $r \times 2$ 和 $r \times c$ 列联表资料，其独立性 χ^2 检验还可以采用 Excel 软件中的 CHITEST 函数直接计算出检验需要的概率值 P，根据算出的概率值 P 的大小作统计结论和专业解释。同样地，算出的概率 $P > 0.05$，差异不显著；$0.01 < P \leqslant 0.05$，差异显著；$P \leqslant 0.01$，差异极显著。Excel 的 CHITEST 函数计算概率值 P 的具体方法步骤见生物统计教材相关内容。在应用 CHITEST 函数计算概率值 P 之前，一定要检查资料的每一个理论次数是否满足不小于 5 的条件，如果不满足这个条件，需要合并邻近组直至所有理论次数均不小于 5。否则，不能应用独立性 χ^2 检验进行统计分析，也就不能应用 CHITEST 函数计算概率值 P。

（三）多个处理样本次数资料的确切概率检验法

多个处理的任何一个实际观测次数的理论次数 E 小于 5，又不能够通过合并相邻组使理论次数不小于 5，这时对多个处理次数资料进行统计分析就不能够采用独立性 χ^2 检验，需采用确切概率检验法。方法步骤同两个处理时相同，根据式(3.16)计算概率 P，计算出的概率 $P > 0.05$，差异不显著；$0.01 < P \leqslant 0.05$，差异显著；$P \leqslant 0.01$，差异极显著。

三、案例分析

【例3.4】进行 A、B 两种微生态制剂的添加剂对蛋鸡产蛋性能的影响试验,不添加为对照组。将 99 只年龄、体重体况接近且处于相近产蛋期的同品系产蛋母鸡随机分成 3 个组,每组 33 只,每 3 只为 1 个试验单位,经过两个月的饲养试验,对产蛋量和料蛋比进行了统计,分别得到表 3.17 和表 3.18 资料。对软破壳蛋也进行了统计,对照组、A 制剂组、B 制剂组分别产蛋 1595、1621、1644 枚,软破壳蛋数分别为 34、18、19 枚。问:(1)三个组的产蛋量差异是否显著?(2)三个组的料蛋比差异是否显著?(3)三个组的软破壳蛋率差异是否显著?

表 3.17　两种微生态制剂饲喂蛋鸡的产蛋量(单位:kg)

组　别	产蛋量					
对　照	8.1	9.0	8.5	8.2	8.8	8.4
	8.5	8.5	8.3	8.7	8.6	
A 制剂	9.2	9.2	9.3	9.2	9.6	9.0
	8.9	8.3	9.2	9.1	8.9	
B 制剂	9.3	9.2	9.2	9.3	8.9	8.8
	9.1	9.1	9.5	9.2	9.6	

表 3.18　两种微生态制剂饲喂蛋鸡的料蛋比(kg/kg)

组　别	料蛋比					
对　照	2.12	2.23	2.06	2.21	2.26	2.19
	2.18	2.18	2.19	2.20	2.22	
A 制剂	2.13	2.09	2.08	2.16		2.15
	2.14	2.09	2.06	25.07	2.05	
B 制剂	2.08	2.12	2.11	2.09	2.19	2.15
	2.18	2.07	2.09	2.13	2.15	

1. 三个组产蛋量的方差分析

(1)计算各项平方和、自由度。

方法一:采用式(3.20)、式(3.21)和式(3.19)计算单因素资料的各项平方和。

首先计算得到对照组、A 制剂组、B 制剂组的产蛋量平均数 $\bar{x}_1$、$\bar{x}_2$、$\bar{x}_3$ 分别为 8.5091kg、9.0818kg、9.20kg,所有 33 个观测值的平均数 $\bar{x}$ 为 8.9303kg。

然后计算 SS_T、SS_t、SS_e:

$$SS_T = \sum_{i=1}^{k} \sum_{j=1}^{n} (x_{ij} - \bar{x})^2$$
$$= (8.1 - 8.9303)^2 + (9.0 - 8.9303)^2 + \cdots + (9.6 - 8.9303)^2$$
$$\approx 5.2897$$

$$SS_t = n \sum_{i=1}^{k} (\bar{x}_{i.} - \bar{x})^2$$
$$= 11 \times (8.5091 - 8.9303)^2 + 11 \times (9.0818 - 8.9303)^2$$
$$+ 11 \times (9.20 - 8.9303)^2$$
$$\approx 3.0042$$

$SS_e = SS_T - SS_t = 5.2897 - 3.0042 = 2.2855$

各项自由度计算为：$df_T = kn - 1 = 33 - 1 = 32, df_t = k - 1 = 3 - 1 = 2$，

$df_e = k(n - 1) = 3 \times (11 - 1) = 30$，

或：$df_e = df_T - df_t = 32 - 2 = 30$。

方法二：采用 Excel 单因素方差分析计算各项平方和、自由度。Excel 单因素方差分析输出结果见表 3.19。

表 3.19　表 3.17 资料的 Excel 单因素方差分析输出结果表

差异源	SS	df	MS	F	P – value
组间	3.0042	2	1.5021	19.718	$3.41E - 06$
组内	2.2855	30	0.0762		
总计	5.2897	32			

从表 3.19 可以看出，Excel 单因素方差分析的计算平方和、自由度与上述采用公式计算的完全相同。

（2）计算各项均方和 F 值，进行 F 检验。

方法一：采用公式计算。

组间均方为：$MS_t = S_t^2 = SS_t/df_t = 3.0042/2 = 1.5021$

误差均方为：$MS_e = S_e^2 = SS_e/df_e = 2.2855/30 \approx 0.0762$。

F 值为：$F = MS_t/MS_e = 1.5021/0.0762 \approx 19.718$。

方法二：采用 Excel 单因素方差分析计算。计算结果见表 3.19。

将上述计算总结得到三个组产蛋量的方差分析表，见表 3.20。

表 3.20　表 3.17 资料的方差分析表

变异来源	SS	df	MS	F	$F_{0.01(2,30)}$
组间	3.0042	2	1.5021	19.718**	5.39
组内	2.2855	30	0.0762		
总的	5.2897	32			

统计结论方法一。由 $df_1 = 2$、$df_2 = 30$ 查临界 F 值表，得 $F_{0.05(2,30)} = 3.32, F_{0.01(2,30)} = 5.39$。$F > F_{0.01(2,30)}$，$P < 0.01$，差异极显著。

统计结论方法二。Excel 单因素方差分析可以直接给出 F 检验所需的概率 P 值。表 3.19 中的第 6 列 $P-value$ 即为 F 检验所需的概率 P 值。这里的 $P = 3.41E-06 = 3.41 \times 10^{-6}$，$P < 0.01$，统计结论为差异极显著。

专业解释：对照组、A 制剂组、B 制剂组的产蛋量差异极显著。

由于 F 检验差异极显著，所以需要对三个组的产蛋量进行多重比较。

（3）多重比较。选择 q 法多重比较。

①计算标准误。标准误的计算公式为 $S_{\bar{x}} = \sqrt{MS_e/n}$，对照组、$A$ 制剂组、B 制剂组的产蛋量多重比较的标准误为：

$$S_{\bar{x}} = \sqrt{0.0762/11} \approx 0.08322$$

②按式（2.3）计算最小显著极差值 $LSR_{0.05(k,df_e)}$ 和 $LSR_{0.01(k,df_e)}$。

这里以 $LSR_{0.05(2,30)}$ 为例：$LSR_{0.05(2,30)} = q_{0.05(2,30)} S_{\bar{x}} = 2.89 \times 0.08322 \approx 0.2404$

将 $q_{0.05(k,df_e)}$ 和 $q_{0.01(k,df_e)}$、最小显著极差值 $LSR_{0.05(k,df_e)}$ 和 $LSR_{0.01(k,df_e)}$ 列于表 3.21。

表 3.21　q 值与 LSR 值

df_e	秩次距 k	$q_{0.05}$	$q_{0.01}$	$LSR_{0.05}$	$LSR_{0.01}$
30	2	2.89	3.89	0.2405	0.3237
	3	3.49	4.45	0.2904	0.3703

③进行平均数间比较。用表 3.22 表示表 3.17 资料的多重比较结果。

表 3.22　表 3.17 资料的多重比较表

组别	$\bar{x} \pm S$	5%	1%
B 制剂	9.2 ± 0.2324	a	A
A 制剂	9.0818 ± 0.3250	a	A
对照	8.5091 ± 0.2625	b	B

统计结论：A 微生态制剂的平均产蛋量与 B 微生态制剂的平均产蛋量间差值为 0.1182 $< LSR_{0.05(2,30)}$，差异不显著，标记相同小写字母 a。A 微生态制剂、B 微生态制剂的平均产蛋量与对照组的平均产蛋量间的差值分别为 0.6909 和 0.5227，分别大于 $LSR_{0.01(2,30)}$ 和 $LSR_{0.01(3,30)}$，差异均为极显著，标记不同大写字母 A 和 B。

专业解释：方差分析结果表明，三个组的平均产蛋量差异极显著。多重比较发现，A 微生态制剂的平均产蛋量与 B 微生态制剂的平均产蛋量间差异不显著，二者均极显著高于对照组的平均产蛋量。

2. 三个组料蛋比的方差分析

（1）计算各项平方和、自由度

（2）计算各项均方和 F 值，进行 F 检验

上述两步采用 Excel 单因素方差分析进行计算，得到表 3.23 的方差分析表。

表 3.23　表 3.18 资料的方差分析表

变异来源	SS	df	MS	F	$F_{0.01(2,30)}$
组间	0.04002	2	0.020012	9.943 **	5.39
组内	0.06038	30	0.002013		
总的	0.10041	32			

方法一：由 $df_1 = 2$、$df_2 = 30$ 查临界 F 值表，得 $F_{0.05(2,30)} = 3.32$，$F_{0.01(2,30)} = 5.39$。$F > F_{0.01}(2,30)$，$P < 0.01$，差异极显著。说明对照组、A 制剂组、B 制剂组的料蛋比差异极显著。

方法二：由 Excel 单因素方差分析，同样可得到表 3.23 的各项平方和、自由度和均方，直接给出的 F 检验所需要的概率值 $P = 0.00049$。$P < 0.01$，统计结论为差异极显著，说明三个组的料蛋比差异极显著。

（3）多重比较

选择 SSR 法进行多重比较。

①计算标准误。标准误的计算公式为 $S_{\bar{x}} = \sqrt{MS_e/n}$，对照组、$A$ 制剂组、B 制剂组的产蛋量多重比较的标准误为：

$S_{\bar{x}} = \sqrt{0.002013/11} \approx 0.01353$

②按式（2.4）计算最小显著极差值 $LSR_{0.05(k,df_e)}$ 和 $LSR_{0.01(k,df_e)}$。

这里以 $LSR_{0.05(3,30)}$ 为例：$LSR_{0.01(3,30)} = SSR_{0.01(2,30)} S_{\bar{x}} = 4.06 \times 0.01353 \approx 0.0549$

将最短显著极差值 $SSR_{0.05(k,df_e)}$ 和 $SSR_{0.01(k,df_e)}$ 和最小显著极差值 $LSR_{0.05(k,df_e)}$ 和 $LSR_{0.01(k,df_e)}$ 列于表 3.24。

表 3.24　SSR 值与 LSR 值

df_e	秩次距 k	$SSR_{0.05}$	$SSR_{0.01}$	$LSR_{0.05}$	$LSR_{0.01}$
30	2	2.89	3.89	0.03910	0.05263
	3	3.04	4.06	0.0411	0.0549

③进行平均数间比较。用表 3.25 表示表 3.18 资料的多重比较结果。

表 3.25　表 3.18 资料的多重比较表

组别	$\bar{x} \pm S$	5%	1%
对照	2.1855 ± 0.05447	a	A
B 制剂	2.1236 ± 0.03802	b	B
A 制剂	2.1036 ± 0.04032	b	B

统计结论：A 微生态制剂的平均料蛋比与 B 微生态制剂的平均料蛋比间差值为 $0.02 < LSR_{0.05(2,30)}$，差异不显著，标记相同小写字母。A 微生态制剂、B 微生态制剂的平均料蛋比分别与对照组的平均料蛋比间的差值分别为 0.08182 和 0.06182，分别大于 $LSR_{0.01(3,30)}$ 和

$LSR_{0.01(2,30)}$，差异均为极显著，标记不同大写字母。

专业解释：方差分析结果表明，三个组的平均料蛋比差异极显著，多重比较发现，A 微生态制剂的平均料蛋比与 B 微生态制剂的平均料蛋比间差异不显著，二者均极显著低于对照组的平均料蛋比。

3. 三个组软破壳蛋率的独立性 χ^2 检验

（1）整理资料为列联表。将软破壳蛋数整理成列联表，见表 3.26。

表 3.26　两种微生态制剂饲喂蛋鸡的
软破壳蛋统计表（单位：枚）

组别	正常蛋	软破壳蛋	合计
对　照	1561	34	1595
A 制剂	1603	18	1621
B 制剂	1625	19	1644
合计	4789	71	4860

（2）提出无效假设与备择假设。

H_0：软破壳蛋与添加微生态制剂无关，即二因子相互独立。

H_A：软破壳蛋与添加微生态制剂有关，即二因子彼此相关。

（3）计算理论次数 E。按式（3.9）计算每个实际观测次数 A_{ij} 对应的理论次数 E_{ij}，列于表 3.27。所有理论次数均不小于 5，可以进行独立性 χ^2 检验。

表 3.27　表 3.26 资料的理论次数（单位：枚）

组别	正常蛋	软破壳蛋	合计
对　照	1571.70	23.30	1595
A 制剂	1597.32	23.68	1621
B 制剂	1619.98	24.02	1644
合计	4789	71	4860

（4）计算 χ^2 值。自由度 $df = (3-1)(2-1) = 2$，可按式（3.10）或式（3.13）或式（3.14）计算 χ^2 值。也可采用 Excel 的 CHITEST 函数直接计算统计推断所需的概率 P。

方法一：按式（3.10）计算：

$$\chi^2 = \sum \frac{(A-E)^2}{E}$$

$$= \frac{(1561-1571.70)^2}{1571.70} + \frac{(34-23.30)^2}{23.30}$$

$$+ \frac{(1603-1597.32)^2}{1597.32} + \frac{(18-23.68)^2}{23.68}$$

$$+ \frac{(1625-1619.98)^2}{1619.98} + \frac{(19-24.02)^2}{24.02}$$

$$\approx 7.432$$

方法二：按式(3.13)计算：

$$\chi^2 = \frac{T^2}{T_{\cdot 1}T_{\cdot 2}}\Big[\sum \frac{A_{i1}^2}{T_{i\cdot}} - \frac{T_{\cdot 1}^2}{T}\Big]$$

$$= \frac{4860^2}{4789 \times 71}\Big(\frac{1561^2}{1595} + \frac{1603^2}{1621} + \frac{1625^2}{1644} - \frac{4789^2}{4860}\Big) \approx 7.432$$

方法三：按式(3.14)计算：

$$\chi^2 = \frac{T^2}{T_{\cdot 1}T_{\cdot 2}}\Big[\sum \frac{A_{i2}^2}{T_{i\cdot}} - \frac{T_{\cdot 2}^2}{T}\Big]$$

$$= \frac{4860^2}{4789 \times 71}\Big(\frac{34^2}{1595} + \frac{18^2}{1621} + \frac{19^2}{1644} - \frac{71^2}{4860}\Big) \approx 7.432$$

可见，式(3.10)、式(3.13)和式(3.14)计算出的 χ^2 值相等。

统计结论：$\chi^2 \approx 7.432$，根据 $df = (2-1)(c-1) = 2$，查临界值 χ^2 表得到 $\chi^2_{0.05(2)} = 5.99$、$\chi^2_{0.01(2)} = 9.21$，计算所得 $\chi^2_{0.05(2)} < \chi^2 < \chi^2_{0.01(2)}$，$0.01 < P < 0.05$，差异显著。

方法四：采用 Excel 的 CHITEST 函数直接计算统计推断所需的概率 P。经 CHITEST 函数计算得表 3.19 资料的 $P = 0.024$。$0.01 < P < 0.05$，差异显著。统计结论与计算 χ^2 值进行独立性 χ^2 检验相同。

专业解释：说明软破壳蛋与微生态制剂有关，即两个微生态制剂添加组与对照组的软破壳蛋率差异显著。

【例3.5】进行花青素(A)在不同蛋白质(B)水平下对肉鸡生长性能的比较试验，花青素添加量为0%、1%和2%，蛋白质水平为高、低两个水平，进行 3×2 析因试验，有 $3 \times 2 = 6$ 个处理，配成6种不同的饲料。每个处理重复4次，以10只肉鸡为1个试验单位。选择同品种、体况体重相近、健康的1日龄肉公鸡240只，在一个圈舍的24个笼位中进行试验。由于供试动物固有的初始条件如品种、性别、年龄、体况体重等基本一致，试验的环境条件也接近，所以可以采用完全随机设计。将240只肉公鸡随机分成6个组，各组肉鸡再随机饲喂6种不同的饲料。经过7周饲养试验，试验期间，对各组肉鸡腹泻情况进行了统计，结果见表3.28。试对这个资料进行统计分析。

表 3.28　高低蛋白水平日粮添加花青素对肉鸡腹泻影响统计表（单位：只）

水平组合	无腹泻	腹泻 1~3 次	腹泻 3 次以上	合计
A_1B_1	32	5	3	40
A_1B_2	35	3	2	40
A_2B_1	27	9	4	40
A_2B_2	26	8	6	40
A_3B_1	20	10	10	40
A_3B_2	22	12	6	40
合计	162	47	31	240

对表 3.28 资料进行独立性 χ^2 检验如下：

（1）整理资料为列联表。表 3.28 即是一张列联表。

（2）提出无效假设与备择假设。

H_0：腹泻次数与处理无关，即二因子相互独立。

H_A：腹泻次数与处理有关，即二因子彼此相关。

（3）计算理论次数 E。按式（3.9）计算每个实际观测次数 A_{ij} 对应的理论次数 E_{ij}，列于表 3.29。

（4）计算 χ^2 值 由于自由度 $df = (5-1)(3-1) = 10$，且理论次数大于 5，

可按式（3.10）或式（3.25）计算 χ^2 值。也可采用 Excel 的 CHITEST 函数直接计算统计推断所需的概率 P，进行统计推断，并作专业解释。

表 3.29　表 3.28 资料的理论次数（单位：只）

水平组合	无腹泻	腹泻 1~3 次	腹泻 3 次以上	合计
A_1B_1	27	7.83	5.17	40
A_1B_2	27	7.83	5.17	40
A_2B_1	27	7.83	5.17	40
A_2B_2	27	7.83	5.17	40
A_3B_1	27	7.83	5.17	40
A_3B_2	27	7.83	5.17	40
合计	162	47	31	240

方法一：按式（3.10）计算，将表 3.28 的实际次数与表 3.29 的理论次数代入式（3.10）

$$\chi^2 = \sum \frac{(A-E)^2}{E}$$

$$= \frac{(32-27)^2}{27} + \frac{(5-7.83)^2}{7.83}$$

$$+ \cdots + \frac{(6-5.17)^2}{5.17}$$

$$\approx 20.977$$

方法二：按式（3.25）计算：

$$\chi^2 = T_{..} \left[\sum \frac{A_{ij}^2}{T_{i.} \cdot T_{.j}} - 1 \right]$$

$$= 240 \times \left(\frac{32^2}{162 \times 40} + \frac{5^2}{47 \times 40} + \cdots + \frac{6^2}{31 \times 40} - 1 \right) \approx 20.977$$

可见，式（3.10）和式（3.25）计算出的 χ^2 值相等。

统计结论：$\chi^2 \approx 20.977$，根据 $df = (2-1)(c-1) = 2$，查临界值 χ^2 表得到 $\chi^2_{0.05(2)} = 18.307$，$\chi^2_{0.01(2)} = 23.209$，计算所得 $\chi^2_{0.05(2)} < \chi^2 < \chi^2_{0.01(2)}$，$0.01 < P < 0.05$，差异显著。

方法三：采用 Excel 的 CHITEST 函数直接计算统计推断所需的概率 P。经计算得表 3.28 资料的 $P = 0.021$。$0.01 < P < 0.05$，差异显著，说明腹泻次数与处理有关，即 6 个处理组的腹泻次数差异显著。统计结论与计算 χ^2 值进行独立性 χ^2 检验相同。

专业解释:腹泻次数与处理有关,即6个处理组的腹泻次数差异显著。

对于多因素完全随机试验数量性状资料的案例分析,参见第二章【例2.2】和【例2.4】。

【本章小结】

完全随机设计是根据试验处理数将试验单位随机分组,然后再将试验处理随机实施于各组的供试单位。其适用条件是供试动物的初始条件和试验的环境条件均比较一致。对于两个处理完全随机试验结果,如果是计量资料和计数资料,采用非配对 t 检验或单因素方差分析;如果是次数资料,可用 u 检验或 χ^2 检验进行统计分析。对于多个处理完全随机试验结果,如果是单因素试验的计量资料和计数资料,采用单因素方差分析;如果是两因素析因试验的计量资料和计数资料,则采用可重复双因素方差分析;如果是多因素析因试验的计量资料和计数资料,则采用可重复多因素方差分析;如果是次数资料,采用 χ^2 检验进行统计分析。当次数资料中有理论次数小于5时,需要采用确切概率法进行统计分析。

【思考与练习题】

1. 什么是完全随机设计? 什么情况下可以采用完全随机设计?

2. 进行网上平养和地面平养两种饲养方式的肉鸭生产性能的比较试验,100只1日龄肉鸭进行一周预试后,随机分成两组,每组50只,每5只一个试验单位。经过四周饲养试验,测定了肉鸭生产性能指标,其中的体增重见表3.30。试进行统计分析。

表3.30　饲养方式比较试验肉鸭体增重(单位:kg)

添加剂量(%)	观测值				
网上平养	2.42	2.14	2.26	2.18	2.37
	2.31	2.24	2.19	2.17	2.26
地面平养	2.10	2.13	2.08	2.09	2.17
	1.98	2.09	2.07	2.17	2.16

3. 进行某种添加剂对鸡蛋营养成分的影响,在蛋鸡日粮中分别添加该添加剂0.1%、0.2%和0.3%,以不添加为对照,选择同品种、体重、体况、周龄和产蛋期等基本一致的产蛋鸡40只,随机分成4个组,每组10只,每两只为一个试验单位。随机分组后再随机分配处理,经过一段时间的饲养试验,分别测定了蛋清和蛋黄中蛋白质、脂肪、氨基酸、胆固醇等营养指标,蛋黄中胆固醇含量列于表3.31。统计了整个试验期的破壳蛋和软壳蛋的数量,对照组、0.1%组、0.2%组和0.3%组分别产蛋2421、2442、2398、2437枚,软破壳蛋数分别为28、21、17、18枚。试进行统计分析。

表 3.31 蛋鸡添加剂试验鸡蛋黄胆固醇含量(单位:mg/g)

添加剂量(%)	观测值				
0.0	17.2	18.3	16.9	17.5	18.1
0.1	14.8	15.4	16.1	15.8	15.6
0.2	11.5	12.9	12.3	11.7	13.2
0.3	11.8	11.3	11.2	12.3	12.9

4. 进行动物免疫试验,考察免疫剂量(A 因素)和免疫程序(B 因素)对抗体产生的影响,设置 2 个免疫剂量分别为 0.25mL 和 0.5mL,3 个免疫程序,B_1 为首免 5 日龄、二免 12 日龄;B_2 为首免 10 日龄、二免 17 日龄;B_3 为首免 15 日龄,二免 22 日龄。进行 2×3 析因试验,将 36 只动物随机分成 6 个组,每组动物随机分配 6 个处理。第二次免疫一周后采血,用 ELISA 法测定血清抗体效价,测得 OD_{490} 见表 3.32。试进行统计分析。

表 3.32 动物免疫试验血清 ELISA 检测 OD_{490} 值

因素水平组合	观测值				
A_1B_1	0.39	0.36	0.48	0.37	0.34	0.41
A_1B_2	0.42	0.49	0.52	0.51	0.43	0.50
A_1B_3	0.50	0.46	0.51	0.43	0.44	0.49
A_2B_1	0.56	0.53	0.58	0.53	0.48	0.59
A_2B_2	0.78	0.73	0.82	0.76	0.69	0.71
A_2B_3	0.67	0.83	0.75	0.74	0.78	0.77

第 四 章　随机单位组设计

【本章导读】当试验动物或试验的其他初始条件存在差异时,可根据局部控制原则,将条件基本一致的试验单位或试验的其他条件组成一个单位组,在单位组内随机分配处理,这就是随机单位组设计。本章内容包括随机单位组设计方法和随机单位组试验结果的统计及分析,根据处理数将随机单位组设计分为两个处理的配对设计和多个处理的随机单位组设计。

第一节　随机单位组设计概述

当供试动物本身固有的初始条件如性别、年龄、体重、体况等比较一致,且进行试验的环境条件也基本相同时,可采用完全随机设计将全部供试动物随机分组后随机实施处理。这时,由于各处理组的试验误差基本相同,能通过处理的样本平均数无偏地估计处理效应。然而,当供试动物本身固有的初始条件存在差异,或者试验的环境条件存在差异时,进行完全随机试验就不能够保证各处理组的试验误差基本相同,就有可能使处理效应受到系统误差的影响而降低试验的准确性与精确性。为了消除试验单位或试验的环境条件的不一致对试验结果的影响,能正确地估计处理效应,减少系统误差,降低试验误差,提高试验的准确性与精确性,可以利用局部控制的原则,将局部的非试验因素控制为基本一致,这时需要采用随机单位组设计。

一、随机单位组设计的基本概念

随机单位组设计(Randomized Block Design)也称为随机区组设计。它是根据局部控制的原则,将条件基本一致的试验单位组成一个单位组,单位组内的试验单位数等于处理数,然后在单位组内随机分配处理,一个试验设多个这样的单位组。采用随机单位组设计进行的试验称为随机单位组试验。

对于一头动物为一个试验单位的,单位组内的供试动物数与处理数相等。对于多头动物为一个试验单位的,单位组内的供试动物数就不与处理数相等,而是单位组内的试验单位数等于处理数。试验需要重复几次,就需要设置几个单位组,也就是说,随机单位组试验的重复数与单位组数相同。

随机单位组设计要求同一单位组内各头(只)试验动物尽可能一致,不同单位组间的试验动物允许存在差异,但每一单位组内试验动物的随机分组要独立进行,每种处理在一个单位组内只能出现一次。例如,为了开发饲料资源,比较 5 种不同蛋白源饲料对 10 ~

20kg仔猪消化代谢的影响，一头仔猪为一个试验单位，要求重复数为4。那么，进行试验时，可从1头母猪1窝所产的仔猪中，选出性别相同、体重体况相近的仔猪5头，组成1个单位组，随机喂给这5种不同蛋白源的饲料。由于试验要求重复数为4，所以还需要有3个单位组进行本试验。再从另外的3头母猪所产的仔猪中，每窝分别选出性别相同、体重体况相近的仔猪各5头，组成3个单位组，每个单位组内的5头仔猪随机喂给这5种不同蛋白源的饲料。这里的20头仔猪，组成了4个单位组，每一单位组有仔猪5头，单位组内的每头仔猪随机实施不同处理，这是一个处理数为5，单位组数为4的随机单位组设计。

二、随机单位组设计的应用条件

当供试动物本身固有的初始条件如性别、年龄、体重等存在差异，或者试验的环境条件如场地、季节或时间等存在差异时，供试动物本身固有的初始条件差异和试验的环境条件差异造成系统误差，通过随机单位组设计试验，采用局部控制的方法将这类系统误差消除，从而降低试验误差，突出试验的处理间差异。对畜牧、兽医、水产的畜牧试验进行随机单位组设计，组成单位组的条件有以下几种情况：

（1）同窝、同性别、年龄和体重基本相同的动物可以组成1个单位组；

（2）在相同的试验场地或圈舍进行试验的供试动物可以组成1个单位组，在另一个场地或圈舍进行试验的供试动物则组成另1个单位组，这时是场地或圈舍作为单位组的条件；

（3）在相同的季节（或年份或时间）进行试验的供试动物可以组成1个单位组，在另一个季节（或年份或时间）进行试验的供试动物则组成另1个单位组，这时是季节（或年份或时间）作为单位组的条件；

（4）处于同一个生理时期的动物如处于同一个泌乳期的奶牛、处于同一个产蛋期的蛋鸡等，可以组成1个单位组，这时是生理时期作为单位组的条件；

（5）生产性能接近的动物可以组成1个单位组，如高产奶牛、中产奶牛、低产奶牛分别可组成3个单位组。这时是生产性能作为单位组的条件；

（6）在不同时期随机接受不同处理的同一头动物，可以看成是1个单位组。如进行五种饲料的蛋白质在山羊瘤胃的消化试验，可以给1头山羊在五个不同时期随机饲喂这五种饲料，收集样品进行分析。如果6头山羊分别在五个不同时期随机饲喂这五种饲料，那么，这就是1头动物为1个单位组的试验。又如，进行三种不同方法分析饲料样品的营养价值，用这三种方法分析的同一份饲料也可以看成是1个单位组，分析了几份饲料样品，试验就重复了几次。

这里仅列出了6种设置单位组的条件，生产实际中，可以根据不同的试验条件，灵活运用单位组的设置条件。总体原则是，除了处理条件不同外，试验的非处理条件如果不相同，都可以参照上述条件组建单位组。总之，随机单位组设计可以将试验中存在的系统误差通过单位组间差异的形式分离出来，从而降低统计分析的试验误差，无偏地估计处理效应。

第二节 两个处理随机单位组设计

两个处理的随机单位组设计一般都称为配对设计。也就是说,配对设计是处理数为2的随机单位组设计。配对设计是将初始条件基本一致的两个试验单位配成一对,然后将配成对子的两个试验单位随机地分配到两个处理组中,一个试验设多个对子。

配对设计要求对子内部的两个试验单位的初始条件尽量一致,不同对子间试验单位的初始条件允许有差异。试验单位的对子数与试验处理重复数相等。

在畜牧试验中,根据配对的条件不同,将配对的方式分为自身配对和同源配对两种。自身配对是指同一试验单位在两个不同时间上分别接受前后两次不同处理,或同一试验单位的不同部位接受两种不同处理,或同一样品同时用两种不同的处理方式处理。如患病动物接受某种治疗,对治疗前与治疗后的临床检查结果进行比较分析;用两种不同方法对畜产品中毒物或药物残留量进行测定;患皮肤病的动物,同一动物个体的两个部分皮肤分别用两种不同的药物进行比较等。同源配对是指将来源相同、性质相同的两个个体配成一对,如将品种(系)、家系、窝别、性别、年龄、体重等相同的两头供试动物配成一对,然后对配对的两个个体随机地实施不同处理。

一、两个处理随机单位组设计方法

首先需要将试验单位配成对子,再将两个处理随机实施于对子内部的两个试验单位。

(一)一头动物为一个试验单位的配对设计

对于一头动物为一个试验单位的情况,可以根据配对要求将两头动物配对后再随机接受两种不同的处理。具体步骤如下:

1. 动物配对并编号 按配对要求将动物配对,每头动物依次编号为1,2,3,…且每个对子也依次编号为1,2,3,…

2. 规定处理分配规则 通常规定随机数字为单数的对子,小编号的供试动物接受甲处理,随机数字为双数的对子,小编号的供试动物接受乙处理。

3. 抄录随机数字 每个对子编号对应抄录一个随机数字。可从随机数字表(附表1)中或从 Excel 的"RANDBETWEEN"函数产生的随机数字中连续抄录随机数字。抄录随机数字的方法与第三章相同。

4. 分配处理 按照第二步规定的处理分配规则,根据第三步抄录的随机数字将处理实施于各编号的动物。

(二)多头动物为一个试验单位的配对设计

多头动物为一个试验单位的配对设计,比上述方法步骤多了动物分小组的内容。具体步骤如下:

1. 动物分小组 按照试验重复数的要求,根据配对的要求,将初始条件基本一致的供试动物分在一个小组。小组数与重复数相等。

2. 小组内动物编号 每个小组内的动物依次编号。

3. 小组内动物随机分组　按照两个处理完全随机分组方法（参见第三章相关内容）对每个小组内的供试动物进行随机分组，组成两个试验单位，即配成一对试验单位。

　　4. 对子编号　对每个对子依次编号1,2,3,…。

　　5. 规定处理分配规则　与一头动物为一个试验单位的配对设计相同。

　　6. 抄录随机数字　与一头动物为一个试验单位的配对设计相同。

　　7. 分配处理　与一头动物为一个试验单位的配对设计相同。

> 　　【例4.1】进行甲、乙两种肉山羊精料补充料的对比试验，要求重复数为10，一头肉山羊为一个试验单位。选择60日龄左右、体重体况接近、健康的肉山羊20只。初始体重为14～18kg，请按体重接近原则，进行配对设计。

　　1. 动物配对并编号　将20只山羊按体重大小依次编号为1,2,…,20，将体重最接近的两头动物1号与2号、3号与4号、…、19号和20号分别配对并依次编号为1,2,…,10。将对子编号和动物编号分别列于表4.1的第一行和第二行以及第五行和第六行。

表4.1　甲、乙两种肉山羊育肥期精料补充料配对设计

对子编号	1		2		3		4		5	
动物编号	1	2	3	4	5	6	7	8	9	10
随机数字	67		40		67		14		64	
处理组别	甲	乙	乙	甲	甲	乙	乙	甲	乙	甲
对子编号	6		7		8		9		10	
动物编号	11	12	13	14	15	16	17	18	19	20
随机数字	05		71		95		86		11	
处理组别	甲	乙	甲	乙	甲	乙	甲	甲	甲	乙

　　2. 规定处理分配规则　随机数字为单数的对子，小编号的供试动物接受甲处理，随机数字为双数的对子，小编号的供试动物接受乙处理。

　　3. 抄录随机数字　由Excel"RANDBETWEEN（0,99）"产生的随机数字依次抄录10个随机数字，列于表4.1的第三行和第七行。

　　4. 分配处理　第一对，随机数字为单数，1号动物接受甲处理，则2号动物接受乙处理；第2对，随机数字为双数，3号动物接受乙处理，4号动物接受甲处理；其余对子内的两头供试动物照此安排处理。处理分配列于表4.1的第四行和第八行。

二、两个处理随机单位组试验结果的统计分析

　　对于数量性状资料和统计次数获得的质量性状资料，配对试验结果的统计分析方法不同。

（一）配对两处理平均数差异显著性的 t 检验法

　　两个处理随机单位组（配对）试验数量性状资料的 n 对观测值如表4.2所示，其统计分析方法为配对 t 检验法。

表 4.2　配对试验数量性状资料的 n 对观测值

处理	第 1 对	第 2 对	$\cdots$	第 n 对
1	x_{11}	x_{12}	$\cdots$	x_{1n}
2	x_{21}	x_{22}	$\cdots$	x_{2n}
$d_j = x_{1j} - x_{2j}$	d_1	d_2	$\cdots$	d_n

配对试验两处理平均数差异显著性检验的基本步骤如下：

1. 提出无效假设与备择假设 $H_0:\mu_d=0$，$H_A:\mu_d\neq 0$。

其中，μ_d 为配对试验两个处理观测值差数 d 的总体平均数。

2. 计算 t 值

方法一：采用 t 值计算公式计算。

$$t = \frac{\bar{d}}{S_{\bar{d}}} \tag{4.1}$$

式中，$S_{\bar{d}}$ 为差异标准误，计算公式为：

$$S_{\bar{d}} = \frac{S_d}{\sqrt{n}} = \sqrt{\frac{\sum (d-\bar{d})^2}{n(n-1)}} \tag{4.2}$$

d 为两样本各对数据之差：$d_j = x_{1j} - x_{2j}$，$(j=1,2,\cdots,n)$；$\bar{d}=\dfrac{\sum d_j}{n}$；$S_d$ 为 d 的标准差；n 为配对的对子数，即试验的重复数（样本含量）。

方法二：采用 Excel 的平均数成对二样本 t 检验计算 t 值。

3. 统计结论和专业解释

统计结论方法一：根据 $df=n-1$，查临界 t 值 $t_{0.05(n-1)}$ 和 $t_{0.01(n-1)}$，将计算所得 t 值的绝对值与其比较，作出统计推断。

统计结论方法二：采用 Excel 的平均数成对二样本 t 检验直接给出概率 P 值，将 P 值与显著水平 $\alpha=0.05$ 和 0.01 进行比较，作出统计推断。

最后根据统计结论作出专业解释。

（二）配对两处理百分率的 u 检验法

当配对两处理的试验结果用次数资料表示，并可计算百分率时，如果两个样本百分率服从二项分布，当两样本的 np、nq 均大于 5 时，可近似地采用 u 检验进行统计分析。方法步骤与两个处理完全随机试验百分率的 u 检验法相同。详细内容见第三章。

（三）配对两处理次数资料的独立性 χ^2 检验法

当两个处理所有实际观测次数的理论次数 E 均不小于 5 时，或当两个处理虽有理论次数 E 小于 5，但能够通过合并相邻组使理论次数不小于 5 时，配对两处理次数资料的独立性 χ^2 检验法与两个处理完全随机试验获得的次数资料的独立性 χ^2 检验法相同。详细内容见第三章。

（四）配对两处理次数资料的确切概率检验法

如果两个处理的任何一个理论次数 E 小于 5，又不能够通过合并相邻组使理论次数不小于5，那么，就不能够采用独立性χ^2检验，需采用确切概率检验法进行统计分析。详细内容见第三章。

三、案列分析

【例4.2】表4.3为例4.1的甲、乙两种肉山羊育肥期精料补充料的配对试验胴体重资料，请做统计分析。

表4.3　甲、乙两种肉山羊育肥期精料补充料的配对试验胴体重（单位：kg）

处理	1	2	3	4	5	6	7	8	9	10
甲	22.52	21.65	25.96	25.51	30.45	31.98	32.78	30.96	33.21	33.76
乙	23.40	23.67	26.72	25.16	31.09	32.45	34.67	32.98	34.12	35.91
$d_j = x_{2j} - x_{1j}$	0.88	2.02	0.76	-0.35	0.64	0.47	1.89	2.02	0.91	2.15

1. 提出无效假设与备择假设　$H_0 : \mu_d = 0, H_A : \mu_d \neq 0$。

其中，μ_d 为配对试验两个处理观测值差数 d 的总体平均数。

2. 计算 t 值

方法一：采用计算公式计算 t 值。

（1）计算两处理各对观测值之差 $d_j：d_j = x_{2j} - x_{1j}$，列于表4.3第四行；

（2）计算差值 d 的平均数 $\bar{d}：\bar{d} = \dfrac{\sum d_j}{n} = 11.39/10 = 1.139(\text{kg})$；

（3）计算差值 d 的标准误 $S_{\bar{d}}$：

$$S_{\bar{d}} = \frac{S_d}{\sqrt{n}} = \sqrt{\frac{\sum (d - \bar{d})^2}{n(n-1)}}$$

$$= \sqrt{\frac{(0.88 - 1.139)^2 + \cdots + (2.15 - 1.139)^2}{10(10 - 1)}} \approx 0.2649$$

（4）计算 t 值：$t = \dfrac{\bar{d}}{S_{\bar{d}}} = 1.139/0.2649 \approx 4.2998$

方法二：采用 Excel 的平均数成对二样本 t 检验计算 t 值。$t \approx 4.2998$，与上述公式计算的结果相同。

3. 统计结论和专业解释

统计结论方法一：根据 $df = n - 1 = 10 - 1 = 9$，查临界 t 值得：$t_{0.05(9)} = 2.262$ 和 $t_{0.01(9)} = 3.25$，$|t| > t_{0.01(9)}$，$P < 0.01$，差异极显著，否定 H_0。

统计结论方法二：采用 Excel 的平均数成对二样本 t 检验，直接给出的概率 $P = 0.0020$，$P < 0.01$，差异极显著，否定 H_0。

专业解释：育肥期肉山羊饲喂甲、乙两种精料补充料的胴体重存在极显著差异。

【例4.3】进行 A、B 两种处理方法对仔猪腹泻进行预防控制,将猪场两个月内所产的10窝仔猪用于进行试验,每窝仔猪在1日龄时随机分成2个小组,每窝仔猪的每个小组随机采用 A、B 两种处理方法进行预防控制,除预防控制方法不同外,其余的条件如哺乳、饲养管理等均相同,经过4周试验,统计得到表4.4资料。请做统计分析。

表4.4 A、B 两种处理方法的仔猪腹泻统计表（单位:头）

处理	正常仔猪	腹泻仔猪	合计
A	45	5	50
B	42	8	50
合计	87	13	100

对于这个资料,可以计算服从二项分布的腹泻率,且最小的 np 为5,不小于5,近似地用 u 检验进行比较;由于理论次数均大于5,所以,也可以对次数资料进行独立性 χ^2 检验。

1. 腹泻率的 u 检验

由于两种预防控制方法的腹泻动物数小于30,即两个 np 均小于30,凡是 np 或 nq 不大于30,需作连续性矫正。这里需要通过计算 u_c 值进行 u 检验。检验的步骤如下:

(1)提出无效假设与备择假设 $H_0:P_1 = P_2,H_A:P_1 \neq P_2$

(2)计算 u_c 值。两个样本百分率分别为:

$\hat{p}_1 = x_1/n_1 = 5/50 = 0.10,\hat{p}_2 = x_2/n_2 = 8/50 \approx 0.16$。

按式(3.8)计算合并样本百分率 $\bar{p}$ 为:

$$\bar{p} = \frac{n_1\hat{p}_1 + n_2\hat{p}_2}{n_1 + n_2} = \frac{x_1 + x_2}{n_1 + n_2} = \frac{5 + 8}{50 + 50} \approx 0.13$$

按式(3.7)计算样本百分率差异标准误为:

$$S_{\hat{p}_1 - \hat{p}_2} = \sqrt{\bar{p}(1 - \bar{p})\left(\frac{1}{n_1} + \frac{1}{n_2}\right)} = \sqrt{0.13 \times (1 - 0.13) \times \left(\frac{1}{50} + \frac{1}{50}\right)} \approx 0.06726$$

按式(3.6)计算 u_c 值为:

$$u_c = \frac{|\hat{p}_1 - \hat{p}_2| - 0.5/n_1 - 0.5/n_2}{S_{\hat{p}_1 - \hat{p}_2}} = \frac{|0.1 - 0.16| - 0.5/50 - 0.5/50}{0.06726} \approx 0.446$$

(3)统计结论和专业解释。

统计结论: $|u_c| < 1.96,P > 0.05$,不能否定 $H_0:P_1 = P_2$,表明两个样本百分数 $\hat{p}_1$、$\hat{p}_2$ 差异不显著。

专业解释:两种预防控制方法的仔猪腹泻率差异不显著。

2. 表4.4资料的独立性 χ^2 检验

(1)整理资料为列联表。表4.4即是整理好的 2×2 列联表。

(2)提出无效假设与备择假设。

H_0:腹泻与方法无关,即二因子相互独立。

H_A:腹泻与方法有关,即二因子彼此相关。

（3）计算理论次数 E。理论次数 E 列于表4.5。

表4.5　表4.4资料的理论次数（单位：头）

处理	正常仔猪	腹泻仔猪	合计
A	43.5	6.5	50
B	43.5	6.5	50
合计	87	13	100

（4）计算 χ_c^2 值　表4.4为 2×2 列联表，需要按式（3.11）计算 χ_c^2 值

$$\chi_c^2 = \sum \frac{(|A-E|-0.5)^2}{E}$$

$$= \frac{(|45-43.5|-0.5)^2}{43.5} + \frac{(|42-43.5|-0.5)^2}{43.5} + \frac{(|5-6.5|-0.5)^2}{6.5} + \frac{(|8-6.5|-0.5)^2}{6.5}$$

$$\approx 0.354$$

或直接用式（3.12）计算：

$$\chi_c^2 = \frac{(|A_{11}A_{22}-A_{12}A_{21}|-T../2)^2 T..}{T._1 T._2 T_1. T_2.} \approx 0.354$$

与式（3.11）计算结果相同。

（5）做统计结论和专业解释。

统计结论：根据 $df = (2-1)(c-1) = 1$，查临界值 χ^2 表得到 $\chi_{0.05(1)}^2 = 3.84$，$\chi_{0.01(1)}^2 = 6.63$，计算所得 $\chi_c^2 < \chi_{0.05(1)}^2$，$P > 0.05$，差异不显著，不能否定 H_0，即腹泻与方法无关，二因子相互独立。

专业解释：两种预防控制仔猪腹泻方法的效果差异不显著。

第三节　多个处理随机单位组设计

一、多个处理随机单位组设计方法

多个处理的试验包括单因素多处理试验、多因素试验的全面试验和部分试验。有几个处理，一个单位组就需要几个试验单位。进行多个处理随机单位组的设计，首先需要组建单位组，然后将处理随机实施于单位组内的试验单位。进行畜牧试验，可以将初始条件基本相同的供试动物如同窝、体重年龄接近、生理时期相近、生产性能基本一致的动物组成一个单位组，也可以同一个试验场地或圈舍、同一个季节（或年份或时间）的供试动物组建为单位组。有一头动物为一个试验单位和多头动物为一个试验单位两种情况，不管哪种情况，单位组内的试验单位数需等于处理数，单位组数与重复数相同。

（一）一头动物为一个试验单位的随机单位组设计

对于一头动物为一个试验单位的情况，根据单位组的要求将动物组建单位组后再随机接受不同的处理。具体步骤如下：

1. 处理排序　将所有处理依次排序为 $1, 2, \cdots, k$。

2. 将动物组建单位组并编号　按单位组的要求将动物组成若干个单位组,每头动物依次编号为 $1, 2, 3, \cdots$,每个单位组依次编号为 Ⅰ, Ⅱ, Ⅲ, $\cdots$。

3. 抄录随机数字　每个单位组内,除最大编号的动物不用抄录随机数字外,其余的每头动物对应抄录一个随机数字。即抄录 $k-1$ 个随机数字对应每个单位组内的 $k-1$ 个试验单位。可从随机数字表(附表 1)中或从 Excel "RANDBETWEEN" 函数产生的随机数字中连续抄录随机数字。抄录随机数字的方法与第三章相同。

4. 计算随机数字的余数　每个单位组内,分别用 $k, k-1, k-2, \cdots, 2$ 去除随机数字得到第一个随机数字的余数,第二个随机数字的余数,$\cdots$,第 $k-1$ 个随机数字的余数。把余数为 0 的当成余数为除数值对待。

5. 分配处理　抄录的随机数字的余数将处理实施于各编号的动物。每个单位组内,第一个随机数字的余数为几,对第一个试验单位(单位组内编号最小的供试动物)实施排序为几的处理;第二个随机数字的余数为几,对第二个试验单位的供试动物实施余下处理中排序为几的处理,以此类推安排完所有的处理。余下的试验单位则实施余下的那个处理。

（二）多头动物为一个试验单位的随机单位组设计

多头动物为一个试验单位的随机单位组设计,比上述方法步骤多了试验单位的组建内容。具体步骤如下:

1. 动物分小组　按照试验重复数的要求,根据单位组的设置条件,将初始条件基本一致的供试动物分在一个小组。小组数与重复数相等。

2. 小组内动物编号　每个小组内的动物依次编号。

3. 小组内动物随机分组　按照多个处理完全随机分组方法(参见第三章相关内容)对每个小组内的供试动物进行随机分组,组成 k 个试验单位,这 k 个试验单位即构成一个单位组。

4. 单位组编号　对每个单位组依次编号为 Ⅰ, Ⅱ, Ⅲ, $\cdots$。

5. 抄录随机数字　与一头动物为一个试验单位的随机单位组设计相同。

6. 计算随机数字的余数　与一头动物为一个试验单位的随机单位组设计相同。

7. 分配处理　与一头动物为一个试验单位的随机单位组设计相同。

【例 4.4】为了比较大麦和燕麦以及菜籽粕饲喂奶公牛的效果,采用 3×2 析因设计,A 因素 3 个水平分别为:只添加大麦(A_1)、只添加燕麦(A_2)、大麦和燕麦混合添加(A_3);B 因素两个水平分别为不添加菜籽粕(B_1)、添加菜籽粕(B_2)。以奶牛场 1 个季度内出生的 1 日龄小公牛为备选供试动物,常规饲养至 6 月龄左右,选择 30 头进行育肥试验,初始体重 223.1kg ± 26.6kg,请按体重接近原则,进行随机单位组设计。

1. 处理排序　将处理 A_1B_1、A_1B_2、A_2B_1、A_2B_2、A_3B_1、A_3B_2 依次排序为 1、2、3、4、5、6,列于表 4.6。

表 4.6　麦类与菜籽粕的 3×2 析因设计的六个处理排序表

处理排序	1	2	3	4	5	6
水平组合	A_1B_1	A_1B_2	A_2B_1	A_2B_2	A_3B_1	A_3B_2

2. 将动物组建单位组并编号　将30头奶公牛按月龄和体重顺序依次编号为1,2,…,30,并将体重最接近的6头动物组建单位组,即将1~6号、7~12号、13~18号、19~24号、25~30号分别组成单位组,依次编号为Ⅰ,Ⅱ,Ⅲ,Ⅳ,Ⅴ。将单位组编号和动物编号分别列于表4.7的第一行和第二行。

表4.7　麦类与菜籽粕的 3×2 析因试验的随机单位组设计

单位组号			Ⅰ						Ⅱ			
动物编号	1	2	3	4	5	6	7	8	9	10	11	12
随机数字	44	84	82	50	43	—	40	96	88	33	50	—
除数	6	5	4	3	2	—	6	5	4	3	2	—
余数	2	4	2	2	1	—	4	1	0	0	0	—
处理	A_1B_2	A_3B_1	A_2B_1	A_2B_2	A_1B_1	A_3B_2	A_2B_2	A_1B_1	A_3B_2	A_3B_1	A_2B_1	A_1B_2

单位组号			Ⅲ						Ⅳ			
动物编号	13	14	15	16	17	18	19	20	21	22	23	24
随机数字	55	59	48	66	68	—	83	06	33	42	96	—
除数	6	5	4	3	2	—	6	5	4	3	2	—
余数	1	4	0	0	0	—	5	1	1	0	0	—
处理	A_1B_1	A_3B_1	A_3B_2	A_2B_2	A_2B_1	A_1B_2	A_3B_1	A_1B_1	A_1B_2	A_3B_2	A_2B_2	A_2B_1

单位组号				Ⅴ		
动物编号	25	26	27	28	29	30
随机数字	64	75	33	97	15	—
除数	6	5	4	3	2	—
余数	4	0	1	1	1	—
处理	A_2B_2	A_3B_2	A_1B_1	A_1B_2	A_2B_1	A_3B_1

3. 抄录随机数字　这里从Excel"RANDBETWEEN(0,99)"产生的随机数字抄录。每个单位组内,除最大编号的动物不用抄录随机数字外,其余的每头动物对应抄录一个随机数字。即每个单位组内抄录 $k-1=6-1=5$ 个随机数字对应5头奶公牛。列于表4.7的第三行。

4. 计算随机数字的余数　每个单位组内,分别用6、5、4、3、2去除抄录的五个随机数字得到各余数。把余数为0当成余数以除数值对待。列于表4.7的第四行。

5. 分配处理　根据随机数字的余数将处理实施于各编号的动物。这里以第一个单位组为例说明。第一个随机数字的余数为2,1号供试动物实施排序为2的处理,即表4.6的水平组合 A_1B_2;第二个随机数字的余数为4,2号供试动物实施余下5个处理中排序为4的处理,即表4.6的水平组合 A_3B_1;第三个随机数字的余数为2,3号供试动物实施余下4个处理中排序为2的处理,即表4.6的水平组合 A_2B_1;第四个随机数字的余数为2,4号供试动物实施余下3个处理中排序为2的处理,即表4.6的水平组合 A_2B_2;第五个随机数字的余数为 1,5 号供试动物实施余下 2 个处理中排序为 1 的处理,即表 4.6 的水平组合 A_1B_1;余下的 6 号供试动物则实施余下的处理,即表 4.6 的水平组合 A_3B_2。照此安排其余各单位组的处理。列于表 4.7 的第五行。

将大麦和燕麦以及菜籽粕饲喂牛的比较试验的随机单位组设计结果列于表 4.8。

表 4.8　谷物及菜籽粕的 3×2 析因试验的随机单位组设计结果

处理	单位组				
	Ⅰ	Ⅱ	Ⅲ	Ⅳ	Ⅴ
A_1B_1	5	8	13	20	27
A_1B_2	1	12	18	21	28
A_2B_1	3	11	17	24	29
A_2B_2	4	7	16	23	25
A_3B_1	2	10	14	19	30
A_3B_2	6	9	15	22	26

注:表中数字为动物编号

二、多个处理随机单位组试验结果的统计分析方法

多个处理随机单位组试验结果包括单因素随机单位组试验,多因素完全析因设计随机单位组试验,以及多因素部分因子设计如正交设计和均匀设计的随机单位组试验的数量性状资料和次数资料。多因素正交设计和均匀设计的随机单位组试验结果将在第七章和第八章介绍。下面介绍单因素随机单位组试验和多因素完全析因设计随机单位组试验结果的统计分析。

(一)单因素随机单位组数量性状资料的统计分析

采用方差分析法进行单因素随机单位组试验数量性状资料的统计分析。分析时将单位组也看成一个因素,连同试验因素一起,按无重复双因素方差分析法进行。假定单位组因素与试验因素不存在交互作用。关于无重复双因素方差分析法,相关生物统计学书中有详细阐述,这里仅概要介绍。

1. 单因素随机单位组试验数量性状资料的数学模型　　试验处理因素为 A, A 因素的水平数为 a;单位组因素为 B,单位组数为 b。单因素随机单位组试验数量性状资料每个处理的处理效应为 A 因素第 i 水平的效应,用符号 α_i 表示 A 因素第 i 水平的效应,用符号 γ_j 表示单位组效应,用 ε_{ij} 表示随机误差,μ 表示总体均数,那么,每一个观测值 x_{ij} 与总体平均数 μ 的差值,由 A 因素第 i 水平的效应、第 j 单位组的效应及试验误差 ε_{ij} 组成。即 $x_{ij} - \mu = \alpha_i + \gamma_j + \varepsilon_{ij}$,由此可以得到单因素随机单位组试验数量性状资料的数学模型为:

$$x_{ij} = \mu + \alpha_i + \gamma_j + \varepsilon_{ij} \tag{4.3}$$

其中,$i = 1, 2, \cdots, a$;$j = 1, 2, \cdots, b$。处理效应 α_i 通常是固定的,单位组效应 γ_j 通常是随机的。ε_{ij} 相互独立,且都服从 $N(0, \sigma^2)$。

2. 单因素随机单位组试验　数量性状资料的变异来源、平方和及自由度的剖分单因素随机单位组试验数量性状资料的总变异，来源于每个处理产生的变异、每个单位组产生的变异以及试验误差产生的变异，即单因素资料的变异来源包括处理间变异、单位组间和误差变异三个部分。

单因素随机单位组试验数量性状资料的平方和及自由度的剖分式为：

$$SS_T = SS_A + SS_B + SS_e$$
$$df_T = df_A + df_B + df_e \tag{4.4}$$

3. 方差分析基本步骤

（1）计算各项平方和、自由度

①通过公式计算平方和 SS_A、SS_B、SS_e，自由度 df_A、df_B、df_e。

$$SS_T = \sum\sum (x_{ij} - \bar{x})^2, SS_A = b\sum (\bar{x}_{Ai} - \bar{x})^2$$

$$SS_B = a\sum (\bar{x}_{Bj} - \bar{x})^2, SS_e = SS_T - SS_A - SS_B$$

$$df_T = ab - 1, df_A = a - 1, df_B = b - 1,$$

$$df_e = df_T - df_A - df_B$$

其中，$i = 1,2,\cdots,a$；$j = 1,2,\cdots,b$。x_{ij} 为观测值；$\bar{x} = \dfrac{\sum\sum x_{ij}}{ab}$，为资料全部观测值的平均数；$\bar{x}_{Ai} = \dfrac{\sum x_{ij}}{b}$，为第 i 处理的平均数；$\bar{x}_{Bj} = \dfrac{\sum x_{ij}}{a}$，为第 j 单位组的平均数。

②采用 Excel 无重复双因素方差分析计算平方和 SS_A、SS_B、SS_e，自由度 df_A、df_B、df_e。Excel 的无重复因素方差分析的具体方法步骤见第十一章相关内容。

（2）计算各项均方和 F 值，进行 F 检验

方法一：采用公式计算均方和 F 值，进行 F 检验。用平方和除以相应的自由度可得均方。$MS_A = SS_A/df_A$；$MS_B = SS_B/df_B$；$MS_e = SS_e/df_e$。以误差均方作分母计算 F_A 和 F_B。$F_A = MS_A/MS_e$；$F_B = MS_B/MS_e$。

分别由 df_1、df_2 查临界 F 值表，得 $F_{0.05}$ 和 $F_{0.01}$，将计算出的 F_A、F_B 值与 $F_{0.05}$ 和 $F_{0.01}$ 比较，$F < F_{0.05}$，$P > 0.05$，差异不显著；$F_{0.05} \leqslant F < F_{0.01}$，$0.01 < P \leqslant 0.05$，差异显著；$F \geqslant F_{0.01}$，$P \leqslant 0.01$，差异极显著。

方法二：采用 Excel 计算均方和 F 值，进行 F 检验。Excel 无重复双因素方差分析可直接给出 MS_A、MS_B、MS_e、F_A 和 F_B，并给出了概率 P（P_A 和 P_B），可直接应用 P 值进行统计推断。可将给出的概率 P 与小概率标准 0.05 和 0.01 比较，做统计结论。当给出的概率 $P > 0.05$ 时，统计结论为差异不显著；$0.01 < P \leqslant 0.05$，差异显著；$P \leqslant 0.01$，差异极显著。

（3）多重比较。单位组间的变异即使显著或极显著，一般也不作单位组间的多重比较。如果 A 因素（处理因素）F 检验差异显著或极显著，则需要对 A 因素各水平平均数进行多重比较。其方法与单因素完全随机试验数量性状资料多重比较相同。

如选择 LSR 法，包括 q 法和 SSR 法，进行多重比较的步骤为：

①计算样本标准误　样本标准误的计算公式为 $S_{\bar{x}} = \sqrt{MS_e/b}$

②按式（3.21）（q 法）或式（3.22）（SSR 法）计算最小显著极差值 $LSR_{0.05(k, df_e)}$ 和 $LSR_{0.01(k, df_e)}$

③进行平均数间比较　将各对平均数差数的绝对值与 $LSR_{0.05(k,df_e)}$ 和 $LSR_{0.01(k,df_e)}$ 比较，$|\bar{x}_i - \bar{x}_j| < LSR_{0.05}$，$P > 0.05$，差异不显著；$LSR_{0.05} < |\bar{x}_i - \bar{x}_j| \leqslant LSR_{0.01}$，$0.01 < P \leqslant 0.05$，差异显著；$|\bar{x}_i - \bar{x}_j| \geqslant LSR_{0.05}$，$P \leqslant 0.01$，差异极显著。

如选择 LSD 法，则步骤为：

①计算差数样本标准误　差数样本标准误的计算公式为 $S_{\bar{x}_1 - \bar{x}_2} = \sqrt{2MS_e/b}$

②按式(3.24)计算最小显著差数值 $LSD_{0.05(df_e)}$ 和 $LSD_{0.01(df_e)}$

③进行平均数间比较　将各对平均数差数的绝对值与 $LSD_{0.05(df_e)}$ 和 $LSD_{0.01(df_e)}$ 比较，$|\bar{x}_i - \bar{x}_j| < LSD_{0.05}$，$P > 0.05$，差异不显著；$LSD_{0.05} \leqslant |\bar{x}_i - \bar{x}_j| < LSD_{0.01}$，$0.01 < P \leqslant 0.05$，差异显著；$|\bar{x}_i - \bar{x}_j| \geqslant LSD_{0.01}$，$P \leqslant 0.01$，差异极显著。

采用字母标记表示各对平均数间的差异显著性。平均数标记不同大写字母，表示差异极显著；标记不同小写字母表示差异显著，标记相同小写字母表示差异不显著。

（二）两因素析因设计随机单位组试验数量性状资料的统计分析

A 因素试验有 a 个水平，B 因素有 b 个水平，共有 ab 个水平组合（处理），有 n 个单位组进行随机单位组试验，每个处理有 n 次重复，共有 abn 个观测值。将单位组看成一个因素，用 C 表示单位组。两因素析因设计随机单位组试验数量性状资料的比较，采用方差分析法进行统计分析。假定单位组因素与各试验因素不存在交互作用。

1. 两因素析因设计随机单位组试验数量性状资料的数学模型　两因素析因设计每个水平组合的处理效应包括 A 因素第 i 水平的效应、B 因素第 j 水平的效应以及 A 因素第 i 水平与 B 因素第 j 水平的交互效应三个部分。用符号 α_i 表示 A 因素第 i 水平的效应，用符号 β_j 表示 B 因素第 j 水平的效应，用符号 $(\alpha\beta)_{ij}$ 表示 A 因素第 i 水平与 B 因素第 j 水平的交互效应。用符号 γ_l 表示单位组效应，那么，每一个观测值 x_{ijl} 与总体平均数 μ 的差值，由 A 因素第 i 水平的效应 α_i、B 因素第 j 水平的效应 β_j、A 因素第 i 水平与 B 因素第 j 水平的交互效应 $(\alpha\beta)_{ij}$、第 l 单位组的效应以及试验误差 ε_{ijl} 组成。即 $x_{ijl} - \mu = \alpha_i + \beta_j + (\alpha\beta)_{ij} + \gamma_l + \varepsilon_{ijl}$，由此可以得到两因素析因设计随机单位组试验资料的数学模型为：

$$x_{ijl} = \mu + \alpha_i + \beta_j + (\alpha\beta)_{ij} + \gamma_l + \varepsilon_{ijl} \tag{4.5}$$

其中，$i = 1, 2, \cdots, a$；$j = 1, 2, \cdots, b$；$l = 1, 2, \cdots, n$。α_i、β_j、$(\alpha\beta)_{ij}$ 通常是固定的，γ_l 通常是随机的。试验误差 ε_{ijl} 相互独立，且服从正态分布 $N(0, \sigma^2)$。

2. 两因素析因设计随机单位组试验数量性状资料的平方和及自由度的剖分　两因素析因设计随机试验数量性状资料的总变异，来源于每个处理产生的变异、每个单位组产生的变异和试验误差产生的变异，而每个处理的变异由 A 因素水平间变异、B 因素水平间变异、A 因素与 B 因素的交互变异三个部分组成，所以两因素析因设计随机单位组试验数量性状资料的总变异剖分为 A 因素水平间变异、B 因素水平间变异、A 因素与 B 因素的交互变异、单位组间变异以及试验误差，共五个部分，其中前三部分来源于试验因素，后两部分来源于非试验因素。

两因素析因设计随机单位组试验数量性状资料的平方和及自由度的剖分式为：

$$SS_T = SS_A + SS_B + SS_{A \times B} + SS_C + SS_e$$
$$df_T = df_A + df_B + df_{A \times B} + df_C + df_e \tag{4.6}$$

其中,SS_T、SS_A、SS_B、$SS_{A\times B}$、SS_C、SS_e 分别为总平方和、A 处理间平方和、B 处理间平方和、AB 互作平方和、单位组间平方和、误差平方和。df_T、df_A、df_B、$df_{A\times B}$、df_C、df_e 分别为总自由度、A 处理间自由度、B 处理间自由度、AB 互作自由度、单位组间自由度、误差自由度。

3. 两因素析因设计随机单位组试验数量性状资料方差分析基本步骤

(1)计算各项平方和、自由度。

方法一:通过公式计算平方和 SS_A、SS_B、$SS_{A\times B}$、SS_C、SS_e,自由度 df_A、df_B、$df_{A\times B}$、df_C、df_e。

$$SS_T = \sum\sum\sum (x_{ijl} - \bar{x})^2, SS_t = n\sum\sum(\bar{x}_{ij} - \bar{x})^2, SS_A = bn\sum(\bar{x}_{Ai} - \bar{x})^2$$

$$SS_B = an\sum(\bar{x}_{Bj} - \bar{x})^2, SS_{A\times B} = SS_t - SS_A - SS_B,$$

$$SS_C = ab\sum(\bar{x}_{Cl} - \bar{x})^2$$

$$SS_e = SS_T - SS_t - SS_C$$

$$df_T = abn - 1, df_t = ab - 1, df_A = a - 1$$

$$df_B = b - 1, df_{A\times B} = df_t - df_A - df_B$$

$$df_C = n - 1, df_e = df_T - df_t - df_C$$

其中,$i = 1,2,\cdots,a$;$j = 1,2,\cdots,b$;$l = 1,2,\cdots,n$。x_{ijl} 为观测值;$\bar{x} = \dfrac{\sum\sum\sum x_{ijl}}{abn}$,为资料全部观测值的平均数;$\bar{x}_{ij} = \dfrac{\sum x_{ijl}}{n}$,为 A 因素第 i 水平和 B 因素第 j 水平的水平组合平均数;

$\bar{x}_{Ai} = \dfrac{\sum\sum x_{ijl}}{bn}$,为 A 因素第 i 水平的平均数;$\bar{x}_{Bj} = \dfrac{\sum\sum x_{ijl}}{an}$,为 B 因素第 j 水平的平均数;

$\bar{x}_{Cl} = \dfrac{\sum\sum x_{ijl}}{ab}$,为第 l 单位组的平均数。

方法二:采用 Excel 计算各项平方和及自由度。需进行两次运算。可重复双因素方差分析计算 SS_A、SS_B、$SS_{A\times B}$、df_A、df_B、$df_{A\times B}$;采用 Excel 无重复双因素方差分析计算 SS_C、SS_e、df_C、df_e。

(2)计算各项均方和 F 值,进行 F 检验。

方法一:通过公式计算 MS_A、MS_B、$MS_{A\times B}$、MS_C、MS_e。将上述计算出的各项平方和除以各项自由度得到均方。

方法二:采用 Excel 两次运算得到 MS_A、MS_B、$MS_{A\times B}$、MS_C、MS_e。值得注意的是,采用 Excel 两次运算得到的 F 值和 P 值都不能够用于统计推断,这是因为,Excel 软件并没有按照三因素试验资料进行分析。所以,不管是公式计算的均方还是 Excel 计算的均方,都需要计算出 F 值来进行 F 检验。

将上述计算结果整理列出方差分析表,进行 F 检验。计算 F 值时,根据两因素析因设计的处理效应的类别不同,各项变异的 F 值的计算公式中,其分母有所不同。具体为:

处理效应为固定效应时,$F_A = MS_A/MS_e$;$F_B = MS_B/MS_e$;$F_{A\times B} = MS_{A\times B}/MS_e$;$F_C = MS_C/MS_e$。

处理效应为随机效应时,$F_A = MS_A/MS_{A\times B}$;$F_B = MS_B/MS_{A\times B}$;$F_{A\times B} = MS_{A\times B}/MS_e$;$F_C = MS_C/MS_e$。

处理效应为混合效应时，若 A 固定，B 随机，则 $F_A = MS_A/MS_e$；$F_B = MS_B/MS_{A \times B}$；$F_{A \times B} = MS_{A \times B}/MS_e$；$F_C = MS_C/MS_e$；若 A 随机，B 固定，则 $F_A = MS_A/MS_{A \times B}$；$F_B = MS_B/MS_e$；$F_{A \times B} = MS_{A \times B}/MS_e$；$F_C = MS_C/MS_e$。

F 检验：分别由 df_1、df_2 查临界 F 值表，得 $F_{0.05}$ 和 $F_{0.01}$，将计算出的 F_A、F_B、$F_{A \times B}$ 值与 $F_{0.05}$ 和 $F_{0.01}$ 比较，$F < F_{0.05}$，$P > 0.05$，差异不显著；$F_{0.05} \leqslant F < F_{0.01}$，$0.01 < P \leqslant 0.05$，差异显著；$F \geqslant F_{0.01}$，$P \leqslant 0.01$，差异极显著。

（3）多重比较。单位组 F 检验差异显著或极显著都不需要进行多重比较。如果单位组 F 检验差异不显著，可将其并入误差项。当处理效应为固定效应时，如果 A 因素水平间变异 F 测验显著或极显著，需要进行 A 因素各水平平均数的多重比较；如果 B 因素水平间变异 F 测验显著或极显著，需要进行 B 因素各水平平均数的多重比较；如果 A 因素与 B 因素的交互变异 F 测验显著或极显著，需要进行 A 与 B 各水平组合平均数的多重比较。各多重比较的方法步骤与第二章两因素析因设计的相同，请参阅第二章相关内容。

（三）三因素析因设计随机单位组试验数量性状资料的统计分析

A 因素试验有 a 个水平，B 因素有 b 个水平，C 有 c 个水平，共有 abc 个水平组合（处理），有 n 个单位组进行随机单位组试验，每个处理有 n 次重复，共有 $abcn$ 个观测值。将单位组看成一个因素，用 D 表示单位组。三因素析因设计随机单位组试验数量性状资料的比较采用方差分析法进行统计分析。假定单位组因素与各试验因素不存在交互作用。

1. 三因素析因设计随机单位组试验数量性状资料的数学模型

三因素析因设计每个水平组合的处理效应包括 A 因素第 i 水平的效应 α_i、B 因素第 j 水平的效应 β_j、C 因素第 l 水平的效应 δ_l、A 因素第 i 水平与 B 因素第 j 水平的交互效应 $(\alpha\beta)_{ij}$、A 因素第 i 水平与 C 因素第 l 水平的交互效应 $(\alpha\delta)_{il}$、B 因素第 j 水平与 C 因素第 l 水平的交互效应 $(\beta\delta)_{jl}$、A 因素第 i 水平、B 因素第 j 水平与 C 因素第 l 水平的交互效应 $(\alpha\beta\delta)_{ijl}$ 七个部分。单位组效应用 γ_m 表示，试验误差用 ε_{ijlm} 表示，三因素析因设计随机单位组试验资料的数学模型为：

$$x_{ijlm} = \mu + \alpha_i + \beta_j + \delta_l + (\alpha\beta)_{ij} + (\alpha\delta)_{il} + (\beta\delta)_{jl} + (\alpha\beta\delta)_{ijl} + \gamma_m + \varepsilon_{ijlm} \quad (4.7)$$

其中，$i = 1, 2, \cdots, a$；$j = 1, 2, \cdots, b$；$l = 1, 2, \cdots, c$；$m = 1, 2, \cdots, n$。由于畜牧试验的三因素交互效应 $(\alpha\beta\delta)_{ijl}$ 通常是不存在的，即使存在也很小，所以一般情况下不考虑这部分效应，通常归入试验误差中。试验误差 ε_{ijlm} 相互独立，且服从正态分布 $N(0, \sigma^2)$。

2. 三因素析因设计随机单位组试验数量性状资料的变异来源、平方和及自由度的剖分

三因素析因设计随机单位组试验数量性状资料的总变异，来源于每个处理产生的变异、每个单位组产生的变异和试验误差产生的变异。对于畜牧试验，只考虑两个因素间的交互效应，一般不考虑三个因素间的交互效应，将其归入误差项变异。那么，这里的每个处理的变异，就由 A 因素水平间变异、B 因素水平间变异、C 因素水平间变异、A 因素与 B 因素的交互变异、A 因素与 C 因素的交互变异、B 因素与 C 因素的交互变异六个部分组成。所以三因素析因设计随机单位组试验数量性状资料的总变异剖分为 A 因素水平间变异、B 因素水平间变异、C 因素水平间变异、A 因素与 B 因素的交互变异、A 因素与 C 因素的交互变异、B 因素与 C 因素的交互变异、单位组间变异以及试验误差，共八个部分，其中前六个部分来源于试验因素，后两部分来源于非试验因素。

三因素析因设计随机单位组试验数量性状资料的平方和及自由度的剖分式为：

$$SS_T = SS_A + SS_B + SS_C + SS_{A \times B} + SS_{A \times C} + SS_{B \times C} + SS_D + SS_e$$

$$df_T = df_A + df_B + df_C + df_{A \times B} + df_{A \times C} + df_{B \times C} + df_D + df_e \tag{4.8}$$

其中，SS_T、SS_A、SS_B、SS_C、$SS_{A \times B}$、$SS_{A \times C}$、$SS_{B \times C}$、SS_D、SS_e 分别为总平方和、A 处理间平方和、B 处理间平方和、C 处理间平方和、AB 互作平方和、AC 互作平方和、BC 互作平方和、单位组间平方和、误差平方和。df_T、df_A、df_B、df_C、$df_{A \times B}$、$df_{A \times C}$、$df_{B \times C}$、df_D、df_e 分别为总自由度、A 处理间自由度、B 处理间自由度、C 处理间自由度、AB 互作自由度、AC 互作自由度、BC 互作自由度、单位组间自由度、误差自由度。

3. 三因素析因设计随机单位组试验数量性状资料方差分析基本步骤

（1）计算各项平方和、自由度。

①通过公式计算平方和 SS_T、SS_A、SS_B、SS_C、$SS_{A \times B}$、$SS_{A \times C}$、$SS_{B \times C}$、SS_D、SS_e，自由度 df_T、df_A、df_B、df_C、$df_{A \times B}$、$df_{A \times C}$、$df_{B \times C}$、df_D、df_e。

$$SS_T = \sum \sum \sum \sum (x_{ijlm} - \bar{x})^2, SS_{AB} = cn \sum (\bar{x}_{AiBj} - \bar{x})^2$$

$$SS_A = bcn \sum (\bar{x}_{Ai} - \bar{x})^2, SS_B = acn \sum (\bar{x}_{Bj} - \bar{x})^2$$

$$SS_{A \times B} = SS_{AB} - SS_A - SS_B,$$

$$SS_C = abn \sum (\bar{x}_{Cl} - \bar{x})^2$$

$$SS_{AC} = bn \sum (\bar{x}_{AiCl} - \bar{x})^2, SS_{BC} = an \sum (\bar{x}_{BjCl} - \bar{x})^2$$

$$SS_{A \times C} = SS_{AC} - SS_A - SS_C$$

$$SS_{B \times C} = SS_{BC} - SS_B - SS_C$$

$$SS_D = abc \sum (\bar{x}_{Dm} - \bar{x})^2$$

$$SS_e = SS_T - SS_A - SS_B - SS_C - SS_{A \times B} - SS_{A \times C} - SS_{B \times C} - SS_D$$

$$df_T = abcn - 1, df_A = a - 1, df_B = b - 1$$

$$df_C = c - 1, df_{A \times B} = (a - 1)(b - 1)$$

$$df_{A \times C} = (a - 1)(c - 1)$$

$$df_{B \times C} = (b - 1)(c - 1)$$

$$df_D = n - 1$$

$$df_e = df_T - df_A - df_B - df_C - df_{A \times B} - df_{A \times C} - df_{B \times C} - df_D$$

其中，$i = 1, 2, \cdots, a; j = 1, 2, \cdots, b; l = 1, 2, \cdots, c; m = 1, 2, \cdots, n$。$x_{ijlm}$ 为观测值；$\bar{x} = \dfrac{\sum \sum \sum \sum x_{ijlm}}{abcn}$，为资料全部观测值的平均数；$\bar{x}_{AiBj} = \dfrac{\sum x_{ijlm}}{cn}$，为 A 因素第 i 水平和 B 因素第 j 水平的水平组合平均数；$\bar{x}_{AiCl} = \dfrac{\sum x_{ijlm}}{bn}$，为 A 因素第 i 水平和 C 因素第 l 水平的水平组合平均数；$\bar{x}_{BjCl} = \dfrac{\sum x_{ijlm}}{an}$，为 B 因素第 j 水平和 C 因素第 l 水平的水平组合平均数；$\bar{x}_{Ai} = \dfrac{\sum \sum x_{ijlm}}{bcn}$，为 A 因素第 i 水平的平均数；$\bar{x}_{Bj} = \dfrac{\sum \sum x_{ijlm}}{acn}$，为 B 因素第 j 水平的平均数；$\bar{x}_{Cl} = \dfrac{\sum \sum x_{ijlm}}{abn}$，为 C 因素第 l 水平的平均数；$\bar{x}_{Dm} = \dfrac{\sum \sum x_{ijlm}}{abc}$，为第 m 单位组的平均数。

②采用 Excel 计算各项平方和及自由度。需进行四次运算。三次 Excel 可重复双因素方差分析计算 SS_A、SS_B、SS_C、$SS_{A \times B}$、$SS_{A \times C}$、$SS_{B \times C}$、df_A、df_B、df_C、$df_{A \times B}$、$df_{A \times C}$、$df_{B \times C}$；采用一次 Excel 无重复双因素方差分析计算 SS_D、SS_e、df_D、df_e。

（2）计算各项均方和 F 值，进行 F 检验。

通过公式计算 MS_A、MS_B、MS_C、$MS_{A \times B}$、$MS_{A \times C}$、$MS_{B \times C}$、MS_D、MS_e。将上述计算出的各项平方和除以各项自由度得到均方。或采用 Excel 四次运算得到 MS_A、MS_B、MS_C、$MS_{A \times B}$、$MS_{A \times C}$、$MS_{B \times C}$、MS_D、MS_e。注意，这里采用 Excel 四次运算得到的 F 值和 P 值也都不能够用于统计推断。

将上述计算结果整理列出方差分析表，进行 F 检验。对于处理效应为随机效应和混合效应资料的 F 检验，请参阅生物统计学相关内容。这里仅介绍处理效应为固定效应资料的 F 检验。对于处理效应为固定效应时，以误差均方为分母计算出各项变异的 F 值，F_A、F_B、F_C、$F_{A \times B}$、$F_{A \times C}$、$F_{B \times C}$、F_D，将算出的 F 值与 $F_{0.05}$ 和 $F_{0.01}$ 进行比较，作出统计推断和专业解释。

（3）多重比较。如果 F 检验差异显著或极显著，则需要进行多重比较。如果 A 因素、B 因素、C 因素各水平间变异的 F 测验显著或极显著，需要进行 A 因素、B 因素、C 因素各水平平均数的多重比较；如果 AB 交互变异、AC 交互变异、BC 交互变异的 F 测验显著或极显著，需要进行 AB、AC、BC 各水平组合平均数的多重比较。各多重比较的标准误计算参见第二章相关内容，基本方法步骤与单因素的多重比较基本相同，限于篇幅，这里不赘述。

（四）多个处理随机单位组试验次数资料的统计分析

当所有实际观测次数的理论次数 E 均不小于 5 时，或虽有理论次数 E 小于 5，但能够通过合并相邻组使理论次数不小于 5，多个样本次数资料可采用独立性 χ^2 检验进行统计分析，其中，R 因子为处理，有 r 个类别（r 个处理），C 因子为处理的结果，有 $c = 2$ 个类别或有 $c > 2$ 个类别，其列联表就有 $r \times 2$ 和 $r \times c$ 两类。其检验方法步骤与多个处理完全随机试验次数资料的独立性 χ^2 检验相同。包括整理资料为列联表、建立假设、计算理论次数、计算 χ^2 值、作统计结论和专业解释。当理论次数小于 5 时，则需要采用精确概率检验法进行多个处理随机单位组试验次数资料的统计分析。

三、案列分析

【例 4.5】为了开发泡桐树叶作为肉鹅新饲料资源，在育成鹅基础日粮中添加 3%（乙处理）和 6%（丙处理）的泡桐树叶进行饲喂，设不添加泡桐树叶为对照组（甲处理），配制成三种全价颗粒料。要求重复次数为 7，10 只鹅为 1 个试验单位。选择体重接近、健康的 40 日龄肉公鹅 210 只进行试验，肉鹅初始体重 2.1kg ± 0.19kg，先将 210 只肉鹅按体重接近原则分成 7 个小组，每小组内肉鹅体重基本一致，小组与小组之间的肉鹅体重有差异，再将每小组内的 30 只肉鹅随机分成三群，分别组成三个试验单位，进行随机单位组试验。经过 1 个月的饲养试验，测定了增重、料重比、屠宰率、胴体品质等指标。现以平均日增重（表 4.9）为例，介绍单因素随机单位组试验数量性状资料的方差分析法。

表4.9 泡桐树叶饲喂肉鹅的平均日增重(单位:g)

处理	单位组						
	I	II	III	IV	V	VI	VII
甲	54.3	52.4	53.6	52.9	53.4	54.7	53.8
乙	49.4	48.2	50.3	50.7	50.1	50.5	50.3
丙	50.8	46.3	48.7	49.6	49.8	49.6	49.6

(1)计算各项平方和、自由度。这里采用 Excel 无重复双因素方差分析计算 SS_A、df_A、SS_B、df_B、SS_e、df_e。表4.10 为 Excel 无重复双因素方差分析的输出结果。Excel 无重复双因素方差分析的具体方法见第十一章相关内容。表4.10 第二行即行变异来源的 SS、df 即为处理间的平方和 SS_A、自由度 df_A；第三行即列变异来源的 SS、df 即为单位组间的平方和 SS_B、自由度 df_B；第四行的 SS、df 为误差的平方和 SS_e、自由度 df_e。

表4.10 表4.9 资料的 Excel 无重复双因素方差分析输出结果

差异源	SS	df	MS	F	$P-value$
行	77.3267	2	38.6633	77.846	$1.34E-07$
列	14.3029	6	2.3838	4.800	0.0102
误差	5.96	12	0.4967		
总计	97.5895	20			

(2)计算各项均方和 F 值,进行 F 检验。从 Excel 无重复双因素方差分析的输出结果(表4.10)可以得到处理间均方 MS_A,单位组间均方 MS_B,误差均方 MS_e,以及处理间 F 值(F_A)和单位组间 F 值(F_B)。

将表4.10 的 Excel 输出结果整理为表4.11 的方差分析表。

表4.11 表4.9 资料的方差分析表

变异来源	SS	df	MS	F	$F_{0.05}$	$F_{0.01}$
处理间	77.3267	2	38.6633	77.846	3.885	6.927
单位组间	14.3029	6	2.3838	4.800	2.996	4.826
误差	5.96	12	0.4967			
总的	97.5895	20				

统计结论方法一:由 $df_1=2$,$df_2=12$,查临界 F 值得到 $F_{0.05(2,12)}=3.885$,$F_{0.01(2,12)}=6.927$。$F_A=77.846>F_{0.01(2,12)}$,$P<0.01$,差异极显著。说明添加泡桐树叶对肉鹅的平均日增重有极显著影响;由 $df_1=6$,$df_2=12$,查临界 F 值得到 $F_{0.05(6,12)}=2.996$,$F_{0.01(6,12)}=4.826$。$F_B=4.800$,$F_{0.05(6,12)}<F_B<F_{0.01(6,12)}$,$0.01<P<0.05$,差异显著。

统计结论方法二:直接将表4.10 给出的统计推断所需的 P_A 值和 P_B 值与小概率标准

0.05 和 0.01 比较,做统计结论。这里 $P_A = 1.34 \times 10^{-7}$,$P_B = 0.0102$,$P_A < 0.01$,差异极显著。$0.01 < P_B < 0.05$,差异显著。

专业解释:各单位组的平均日增重间差异显著,也即是说,以肉鹅初始重为单位组的设置条件,将初始体重这个系统误差从误差中分离出来,降低了试验误差,从而减少了统计分析的误差估计值。

(3)多重比较。虽然 F 检验结论为各单位组间的平均日增重差异显著,但不需要做多重比较。A 因素(处理因素)F 检验差异极显著,需要对泡桐树叶不同添加水平的肉鹅平均日增重进行多重比较。选择 q 法进行多重比较。

①计算标准误

$$S_{\bar{x}A} = \sqrt{MS_e/b} = \sqrt{0.4967/7} \approx 0.2664$$

②按式(3.22)计算最小显著极差值 $LSR_{0.05(k,df_e)}$ 和 $LSR_{0.01(k,df_e)}$

将 $q_{0.05(k,df_e)}$ 和 $q_{0.01(k,df_e)}$、最小显著极差值 $LSR_{0.05(k,df_e)}$ 和 $LSR_{0.01(k,df_e)}$ 列于表4.12。

表4.12 q 值与 LSR 值

df_e	秩次距 k	$q_{0.05}$	$q_{0.01}$	$LSR_{0.05}$	$LSR_{0.01}$
12	2	3.08	4.32	0.8204	1.1507
	3	3.77	5.05	1.0042	1.3452

③进行平均数间比较 用表4.13表示表4.9资料的多重比较结果。

表4.13 表4.9资料的多重比较表

处理	$\bar{x} \pm S$	5%	1%
甲	53.59 ± 0.7862	a	A
乙	49.93 ± 0.8654	b	B
丙	49.20 ± 1.4177	b	B

统计结论:甲处理的平均日增重与乙处理、丙处理的平均日增重间差值分别为 3.6571kg 和 4.3857kg,分别大于 $LSR_{0.01(2,12)}$ 和 $LSR_{0.01(3,12)}$,差异均达到极显著,标记不同大写字母。乙处理与丙处理的平均日增重间差值为 0.7286kg < $LSR_{0.05(2,30)}$,差异不显著,标记相同小写字母。

专业解释:方差分析结果表明,三个组的平均日增重差异极显著。多重比较发现,添加3%泡桐树叶的平均日增重与添加6%泡桐树叶的平均日增重间差异不显著,二者均极显著低于对照组的平均日增重。从本试验可以看出,添加泡桐树叶在3%以上会显著降低肉鹅的平均日增重,进一步试验可以探索添加更少量的泡桐树叶的效果。同时,也应与料重比、屠宰率、胴体品质、经济效益等指标结合,综合考察是否可将泡桐树叶开发为肉鹅的饲料资源。

【例4.6】例4.4的谷物和菜籽粕饲喂奶公牛的效果比较试验，只添加大麦(A_1)、只添加燕麦(A_2)、大麦和燕麦混合添加(A_3)，不添加菜籽粕(B_1)、添加菜籽粕(B_2)，按3×2析因设计配制成六种精料补充料，选择30头6月龄左右的奶公牛，按月龄和体重接近的原则进行随机单位组试验，奶公牛饲喂青贮料加补精料充料，经过12个月的饲养试验，测定了日增重、料重比、屠宰率、胴体重、腿肉率等指标，表4.14为6个处理的屠宰率指标，试进行统计分析。

表4.14　麦类和菜籽粕饲喂奶公牛的屠宰率

处理	单位组				
	I	II	III	IV	V
A_1B_1	0.545	0.526	0.538	0.521	0.498
A_1B_2	0.495	0.507	0.505	0.512	0.500
A_2B_1	0.526	0.550	0.54	0.536	0.505
A_2B_2	0.502	0.495	0.505	0.514	0.514
A_3B_1	0.510	0.519	0.514	0.517	0.524
A_3B_2	0.502	0.498	0.498	0.510	0.521

（1）计算各项平方和、自由度。这里采用Excel进行两次运算。

①计算单位组间和误差的平方和、自由度。虽然表4.14这个资料不属于无重复双因素方差分析的资料，但可用此法计算出单位组间和误差的平方和、自由度。按表4.14的数据资料形式录入Excel工作表，用Excel无重复双因素方差分析进行运算，得到表4.15。表4.15为表4.14的Excel无重复双因素分析输出结果。

表4.15第三行即列变异来源的SS、df即为单位组间的平方和SS_C、自由度df_C。第四行即误差变异来源的SS、df即为本试验的误差平方和SS_e、自由度df_e。即：

$SS_C = 0.000235$，$df_C = 4$；$SS_e = 0.003178$，$df_e = 20$。

表4.15　表4.14的Excel无重复双因素方差分析输出结果

差异源	SS	df	MS
行	0.003378	5	0.000676
列	0.000235	4	$5.86E-05$
误差	0.003178	20	0.000159
总计	0.006791	29	

表4.15第二行即行变异来源的SS、df即为本试验资料的处理间平方和SS_t、自由度df_t，由于两因素析因试验的处理效应即是水平组合效应，包括A的主效应、B的主效应和AB交互效应，所以，两因素析因试验的处理间平方和SS_t包括A因素的平方和SS_A、B因素的平方和SS_B及AB交互的平方和$SS_{A×B}$；处理间自由度df_t包括A因素的自由度df_A、B因素的自由度df_B及AB交互的自由度$df_{A×B}$。这三个变异来源的平方和、自由度需将各处理

即水平组合的观测值按 A、B 的各水平列出来进行计算。

②计算 A 因素、B 因素及 AB 交互的平方和、自由度。虽然表 4.14 的资料并不是可重复双因素的数据资料,但可将表 4.14 整理为 A 和 B 两个因素的因素水平数据资料表,见表 4.16,通过对表 4.16 采用 Excel 可重复双因素方差分析,计算 A 因素、B 因素及 AB 交互的平方和、自由度。表 4.17 为表 4.16 的 Excel 可重复双因素分析输出结果。

表 4.16 表 4.14 资料的因素水平数据表

因素水平	B_1	B_2
A_1	0.545	0.495
	0.526	0.507
	0.538	0.505
	0.521	0.512
	0.498	0.5
A_2	0.526	0.502
	0.55	0.495
	0.54	0.505
	0.536	0.514
	0.505	0.514
A_3	0.51	0.502
	0.519	0.498
	0.514	0.498
	0.517	0.51
	0.524	0.521

表 4.17 表 4.16 的 Excel 可重复双因素方差分析输出结果

差异源	SS	df	MS
样本	0.000274	2	0.000137
列	0.002823	1	0.002823
交互	0.000281	2	0.00014
内部	0.003413	24	0.000142
总计			

表 4.17 第二行即样本变异来源的 SS、df 为 A 因素的平方和 SS_A、自由度 df_A;第三行即列变异来源的 SS、df 为 B 因素的平方和 SS_B、自由度 df_B;第四行的 SS、df 为 AB 交互作用的平方和 $SS_{A×B}$、自由度 $df_{A×B}$;第五行的内部变异来源的 SS、df 则包括本试验的单位组间、误差的平方和 SS_C 及 SS_e、自由度 df_C 及 df_e。即:

$SS_A = 0.000274$,$df_A = 2$;$SS_B = 0.002823$,$df_B = 1$;

$SS_{A \times B} = 0.000281, df_{A \times B} = 2; SS_C + SS_e = 0.003413, df_C + df_e = 24$。

综上，如果采用 Excel 软件计算两因素析因设计的随机单位组试验资料的各项平方和及自由度，需要将 Excel 的无重复双因素分析法和可重复双因素方差分析法结合应用，这两种方法的具体操作见第十一章相关内容。

（2）计算各项均方、F 值，进行 F 检验。将表 4.15 和表 4.17 整理即可得到谷物和菜籽粕饲喂奶公牛的屠宰率的方差分析表，见表 4.18。

表 4.18　谷物和菜籽粕饲喂奶公牛屠的宰率的方差分析表

变异来源	SS	df	MS	F	$F_{0.05}$	$F_{0.01}$
单位组	0.000235	4	5.86×10^{-5}			
A 因素间	0.000274	2	0.000137	0.863[NS]	3.49	5.85
B 因素间	0.002823	1	0.002823	17.763[**]	4.35	8.10
AB 交互	0.000281	2	0.00014	0.884[NS]	3.49	5.85
误差	0.003178	20	0.000159			
总计	0.006791	29				

由 $df_1 = 2$、$df_2 = 20$ 和 $df_1 = 1$、$df_2 = 20$ 查临界 F 值表，得 $F_{0.05(2,20)} = 3.49$，$F_{0.01(2,20)} = 5.85$；$F_{0.05(1,20)} = 4.35$，$F_{0.01(1,20)} = 8.10$。$F_A < F_{0.05(2,20)}$，$P > 0.05$，差异不显著，表明 A 因素各水平平均数间差异不显著；$F_B > F_{0.01(1,20)}$，$P < 0.01$，差异极显著，表明 B 因素各水平平均数间差异极显著；$F_{A \times B} < F_{0.05(2,20)}$，$P > 0.05$，差异不显著，表明 AB 交互效应不显著。对于单位组这个非试验因素，可以不进行 F 检验，只需要通过随机单位组试验将单位组这个非试验因素从试验误差中分离出来，以降低试验误差，减小统计分析时的误差估计值，提高试验的精确性。

（3）多重比较。由于 A 因素各水平平均数间差异不显著，不用进行多重比较；由于 AB 交互效应不显著，也无需对水平组合平均数进行多重比较；由于 B 因素各水平平均数间差异极显著，需要进行多重比较。但这里的 B 因素只有两个水平，即不添加菜籽粕为 B_1 水平，添加菜籽粕为 B_2 水平。仅两个水平的平均数经过 F 检验结论为差异显著或极显著的，就无需进行多重比较了。

【例 4.7】考察复方中草药添加剂在夏季高温时对奶牛生产性能的效果。用 A、B、C 三种中草药，中草药 A（A 因素）设 2 个水平，10g（A_1）和 20g（A_2）；中草药 B（B 因素）设 2 个水平，15g（B_1）和 30g（B_2）；中草药 C（C 因素）设 3 个水平，6g（C_1）、12g，（C_2）和 18g（C_3）。按 $2 \times 2 \times 3$ 析因设计配制成 12 种复方中草药，分别在 3 个牛场选择产奶期和产奶量均接近的奶牛 12 头进行试验，每个牛场的 12 头奶牛随机饲喂这 12 种复方中草药。经过 1 个月的试验，统计得到产奶量见表 4.19，试进行统计分析。

表 4.19　饲喂复方中草药添加剂的奶牛产奶量（单位：g）

处 理	牛场		
	I	II	III
$A_1B_1C_1$	25.4	25.2	25.5
$A_1B_1C_2$	26.2	27.6	24.8
$A_1B_1C_3$	28.7	28.4	28.3
$A_1B_2C_1$	29.9	30.4	30.2
$A_1B_2C_2$	32.3	32.5	31.6
$A_1B_2C_3$	33.7	32.9	31.1
$A_2B_1C_1$	29.8	28.1	26.8
$A_2B_1C_2$	30.2	29.8	28.6
$A_2B_1C_3$	33.7	32.3	31.8
$A_2B_2C_1$	34.2	33.2	32.7
$A_2B_2C_2$	36.4	35.6	33.4
$A_2B_2C_3$	38.8	37.1	36.9

（1）计算各项平方和、自由度。采用 Excel 进行四次运算。

①计算单位组间和误差的平方和、自由度。虽然这个资料不属于无重复双因素方差分析的资料，但可用 Excel 无重复双因素方差分析计算出单位组间和误差的平方和、自由度。将表 4.19 资料用 Excel 无重复双因素方差分析得到表 4.20。

表 4.20　表 4.19 的 Excel 无重复双因素方差分析输出结果

差异源	SS	df	MS
行	435.623	11	39.602
列	14.096	2	7.0478
误差	11.344	22	0.5157
总计	461.063	35	

表 4.20 第三行即列变异来源的 SS、df 即为单位组间的平方和 SS_C、自由度 df_C；第四行即误差变异来源的 SS、df 即为本试验的误差平方和 SS_e、自由度 df_e。即：

$SS_C = 435.623$，$df_C = 11$；$SS_e = 11.344$，$df_e = 22$。

表 4.20 第二行即行变异来源的 SS、df 即为本试验资料的处理间平方和 SS_t、自由度 df_t，由于三因素析因试验的处理效应即是水平组合效应，包括 A 的主效应、B 的主效应、C 的主效应、AB 交互效应、AC 交互效应、BC 交互效应，注意，这里的三个因素的交互效应可归入误差项。所以，三因素析因试验的处理间平方和 SS_t 包括 A 因素的平方和 SS_A、B 因素的平方和 SS_B、C 因素的平方和 SS_C、AB 交互的平方和 $SS_{A \times B}$、AC 交互的平方和 $SS_{A \times C}$ 及 BC

交互的平方和 $SS_{B \times C}$；处理间自由度 df_t 包括 A 因素的自由度 df_A、B 因素的自由度 df_B、C 因素的自由度 df_C、AB 交互的自由度 $df_{A \times B}$、AC 交互的自由度 $df_{A \times C}$ 及 BC 交互的自由度 $df_{B \times C}$。这六个变异来源的平方和、自由度需将各处理（水平组合）的观测值按 A 与 B、A 与 C、B 与 C 三个两因素各水平列出来进行计算。

表 4.21　表 4.19 资料的 AB 两因素各水平资料表（单位：g）

因素水平	B_1	B_2
A_1	25.4	29.9
	26.2	32.3
	28.7	33.7
	25.2	30.4
	27.6	32.5
	28.4	32.9
	25.5	30.2
	24.8	31.6
	28.3	31.1
A_2	29.8	34.8
	30.2	36.4
	33.7	38.8
	28.1	33.2
	29.8	35.6
	32.3	37.1
	26.8	32.7
	28.6	33.4
	31.8	36.9

②计算 A 因素、B 因素及 AB 交互的平方和、自由度。将表 4.19 整理为 A 和 B 两个因素的因素水平数据资料表，见表 4.21。虽然表 4.19 的资料并不是可重复双因素的数据资料，但可将表 4.21 资料采用 Excel 进行可重复双因素方差分析，计算 A 因素、B 因素及 AB 交互的平方和、自由度。表 4.22 为表 4.21 的 Excel 可重复双因素分析输出结果。

表 4.22　表 4.21 资料的 Excel 可重复双因素分析输出结果

差异源	SS	df	MS
样本	118.447	1	118.447
列	236.647	1	236.647
交互	0.302	1	0.302
内部	105.667	32	3.302
总计	461.063	35	

表 4.22 第二行即样本变异来源的 SS、df 为 A 因素的平方和 SS_A、自由度 df_A；第三行即列变异来源的 SS、df 为 B 因素的平方和 SS_B、自由度 df_B；第四行的 SS、df 为 AB 交互作用的平方和 $SS_{A\times B}$、自由度 $df_{A\times B}$；第五行的内部变异来源的 SS、df 则包括 C 因素、AC 互作、BC 互作、单位组间以及误差等五个部分的平方和、自由度。

$$SS_A = 118.447, df_A = 1; SS_B = 236.647, df_B = 1;$$

$$SS_{A\times B} = 0.302, df_{A\times B} = 1。$$

采用同样方式可计算出 SS_C、df_C、$SS_{A\times C}$、$df_{A\times C}$、$SS_{B\times C}$ 和 $df_{B\times C}$。下面分别计算。

③计算 C 因素、AC 交互的平方和、自由度。将表 4.19 整理为 A 和 C 两个因素的因素水平资料表，见表 4.23。将表 4.23 的资料用 Excel 进行可重复双因素方差分析，计算 C 因素及 AC 交互的平方和、自由度。

表 4.23　表 4.19 资料的 AC 两因素各水平资料表（单位:g）

	C_1	C_2	C_3
A_1	25.4	26.2	28.7
	25.2	27.6	28.4
	25.5	24.8	28.3
	29.9	32.3	33.7
	30.4	32.5	32.9
	30.2	31.6	31.1
A_2	29.8	30.2	33.7
	28.1	29.8	32.3
	26.8	28.6	31.8
	34.8	36.4	38.8
	33.2	35.6	37.1
	32.7	33.4	36.9

表 4.24 为表 4.23 的 Excel 可重复双因素分析输出结果。

表 4.24　表 4.23 资料的 Excel 可重复双因素分析输出结果

差异源	SS	df	MS
样本	118.447	1	118.447
列	73.277	2	36.639
交互	4.111	2	2.055
内部	265.228	30	8.841
总计	461.063	35	

表 4.24 第三行即列变异来源的 SS、df 为 C 因素的平方和 SS_C、自由度 df_C；第四行的 SS、df 为 AC 交互作用的平方和 $SS_{A\times C}$、自由度 $df_{A\times C}$；第五行的内部变异来源的 SS、df 则包

括 B 因素、AB 互作、BC 互作、单位组间以及误差等五个部分的平方和、自由度。不难发现，表 4. 24 的第二行和表 4. 22 的第二行的 SS、df 数据相同，均为 A 因素的平方和 SS_A、自由度 df_A。即：

$SS_C = 73.277$；$df_C = 2$

$SS_{A \times C} = 4.111$；$df_{A \times C} = 2$

④计算 BC 交互的平方和、自由度。将表 4. 19 整理为 B 和 C 两个因素的因素水平资料表，见表 4. 25。将表 4. 25 的资料用 Excel 进行可重复双因素方差分析，计算 BC 交互的平方和、自由度。表 4. 26 为表 4. 25 的 Excel 可重复双因素分析输出结果。

表 4.25　表 4.19 资料的 BC 两因素各水平资料表

	C_1	C_2	C_3
B_1	25. 4	26. 2	28. 7
	25. 2	27. 6	28. 4
	25. 5	24. 8	28. 3
	29. 8	30. 2	33. 7
	28. 1	29. 8	32. 3
	26. 8	28. 6	31. 8
B_2	29. 9	32. 3	33. 7
	30. 4	32. 5	32. 9
	30. 2	31. 6	31. 1
	34. 8	36. 4	38. 8
	33. 2	35. 6	37. 1
	32. 7	33. 4	36. 9

表 4. 26 第四行的 SS、df 为 BC 交互作用的平方和 $SS_{B \times C}$、自由度 $df_{B \times C}$；第五行的内部变异来源的 SS、df 则包括 A 因素、AB 互作、AC 互作、单位组间以及误差等五个部分的平方和、自由度。不难发现，表 4. 26 的第二行和表 4. 22 的第三行的 SS、df 数据相同，均为 B 因素的平方和 SS_B、自由度 df_B。表 4. 26 的第三行和表 4. 24 的第三行的 SS、df 数据相同，均为 C 因素的平方和 SS_C、自由度 df_C。即：

$SS_{B \times C} = 2.237$，$df_{B \times C} = 2$。

表 4.26　表 4.25 资料的 Excel 可重复双因素分析输出结果

差异源	SS	df	MS
样本	236. 647	1	236. 647
列	73. 277	2	36. 639
交互	2. 237	2	1. 119
内部	148. 902	30	4. 963
总计	461. 063	35	

⑤计算 ABC 交互的平方和、自由度。畜牧试验的三因素交互作用很小，一般不存在，但需计算出来并列入误差中。

$$SS_{A \times B \times C} = SS_t - SS_A - SS_B - SS_C - SS_{A \times B} - SS_{A \times C} - SS_{B \times C} = 0.602$$

$$df_{A \times B \times C} = df_t - df_A - df_B - df_C - df_{A \times B} - df_{A \times C} - df_{B \times C} = 2$$

或 $df_{A \times B \times C} = (a-1)(b-1)(c-1) = 2$

那么，进行 F 检验时，误差平方和 SS_e 及自由度 df_e 加上这部分，可增大误差自由度，从而增加检验的灵敏度。本例将 ABC 交互的平方和、自由度并入误差得到：

$$SS_{e(合并)} = 11.344 + 0.602 = 11.946$$

$$df_{e(合并)} = 22 + 2 = 24$$

综上，如果采用 Excel 软件计算三因素析因设计的随机单位组试验资料的各项平方和及自由度，需要将 Excel 的无重复双因素分析法和可重复双因素方差分析法结合应用，进行一次无重复双因素分析，进行三次可重复双因素方差分析。

（2）计算各项均方、F 值，进行 F 检验。将上述运算及表 4.20、表 4.22、表 4.24、表 4.26 整理即可得到 $2 \times 2 \times 3$ 析因设计配制成 12 种复方中草药添加剂饲喂奶牛的产奶量方差分析表，见表 4.27。

表 4.27　复方中草药添加剂饲喂奶牛的产奶量的方差分析表

变异来源	SS	df	MS	F	$F_{0.05}$	$F_{0.01}$
单位组	14.096	2	7.0478			
A 因素间	118.447	1	118.447	237.965**	4.26	7.82
B 因素间	236.647	1	236.647	475.43**	4.26	7.82
C 因素间	73.277	2	36.639	73.609**	3.40	5.61
AB 交互	0.302	1	0.302	0.6067^{NS}	4.26	7.82
AC 交互	4.111	2	2.055	4.1286*	3.40	5.61
BC 交互	2.237	2	1.119	2.2481^{NS}	3.40	5.61
合并误差	11.946	24	0.4978			
总计	461.063	35				

统计结论：由 $df_1 = 2$、$df_2 = 24$ 和 $df_1 = 1$、$df_2 = 24$ 查临界 F 值表，得 $F_{0.05(2,24)} = 3.40$，$F_{0.01(2,24)} = 5.61$；$F_{0.05(1,24)} = 4.26$，$F_{0.01(1,24)} = 7.82$。$F_A > F_{0.01(1,24)}$，$P < 0.01$，差异极显著，表明 A 因素各水平平均数间差异极显著；$F_B > F_{0.01(1,24)}$，$P < 0.01$，差异极显著，表明 B 因素各水平平均数间差异极显著；$F_C > F_{0.01(2,24)}$，$P < 0.01$，差异极显著，表明 C 因素各水平平均数间差异极显著；$F_{A \times B} < F_{0.05(1,24)}$，$P > 0.05$，差异不显著，表明 AB 交互效应不显著；$F_{B \times C} < F_{0.05(2,24)}$，$P > 0.05$，差异不显著，表明 BC 交互效应不显著；$F_{0.01(2,24)} < F_{A \times C} < F_{0.01(2,24)}$，$0.01 < P < 0.05$，差异显著，表明 AC 交互效应显著。

虽然 A 因素、B 因素各水平平均数间差异极显著，但 A 因素、B 因素均只有两个水平，不用进行多重比较；C 因素各水平平均数间差异极显著，需要对 C 因素进行多重比较；由于 AB 交互效应不显著、BC 交互效应不显著，也无需对 AB 和 BC 水平组合平均数进行多重比较；AC 交互效应显著，需对 AC 水平组合平均数进行多重比较。

（3）C 因素各水平平均数多重比较。选择 SSR 法进行 C 因素各水平平均数的多重比较。

①计算标准误

$$S_{\bar{x}C} = \sqrt{MS_e/abn} = \sqrt{0.4978/(2 \times 2 \times 3)} \approx 0.2037$$

表 4.28　SSR 值与 LSR 值

df_e	秩次距 k	$SSR_{0.05}$	$SSR_{0.01}$	$LSR_{0.05}$	$LSR_{0.01}$
24	2	2.92	3.96	0.5947	0.8066
	3	3.07	4.14	0.6253	0.8432

②按式（3.22）计算最小显著极差值 $LSR_{0.05(k,df_e)}$ 和 $LSR_{0.01(k,df_e)}$。将最短显著极差值 $SSR_{0.05(k,df_e)}$、$SSR_{0.01(k,df_e)}$ 和最小显著极差值 $LSR_{0.05(k,df_e)}$、$LSR_{0.01(k,df_e)}$ 列于表 4.28。

③进行平均数间比较　用表 4.29 表示表 4.19 资料中 C 因素的多重比较结果。

表 4.29　表 4.19 资料 C 因素的多重比较表

处理	$\bar{x} \pm S$	5%	1%
C_3	32.81 ± 3.4836	a	A
C_2	30.75 ± 3.5740	b	B
C_1	29.33 ± 3.2163	c	C

统计结论：C_1 与 C_2、C_1 与 C_3、C_2 与 C_3 平均数间差值分别为 1.42kg、2.06kg 和 3.48kg，分别大于 $LSR_{0.01(2,24)}$、$LSR_{0.01(3,24)}$ 和 $LSR_{0.01(2,24)}$，P 均小于 0.01，差异均达到极显著，标记不同大写字母。

专业解释：方差分析结果表明，中草药 C 的三个水平的平均产奶量间差异极显著。多重比较发现，6g 中草药 C（C_1）与 12g 中草药 C（C_2）、6g 中草药 C（C_1）与 18g 中草药 C（C_3）、12g 中草药 C（C_2）与 18g 中草药 C（C_3）的平均产奶量间差异极显著。说明 18g 中草药 C 组的平均产奶量显著高于其余两个组。

（4）AC 水平组合平均数多重比较。选择 q 法进行 AC 水平组合平均数的多重比较。

①计算标准误

$$S_{\bar{x}AC} = \sqrt{MS_e/bn} = \sqrt{0.4978/(2 \times 3)} \approx 0.2880$$

②按式（3.22）计算最小显著极差值 $LSR_{0.05(k,df_e)}$ 和 $LSR_{0.01(k,df_e)}$。将 $q_{0.05(k,df_e)}$、$q_{0.01(k,df_e)}$、最小显著极差值 $LSR_{0.05(k,df_e)}$、$LSR_{0.01(k,df_e)}$ 列于表 4.30。

表 4.30　q 值与 LSR 值

df_e	秩次距 k	$q_{0.05}$	$q_{0.01}$	$LSR_{0.05}$	$LSR_{0.01}$
	2	2.92	3.96	0.8411	1.1406
	3	3.53	4.55	1.0168	1.3106
24	4	3.90	4.91	1.1234	1.4143
	5	4.17	5.17	1.2011	1.4892
	6	4.37	5.37	1.2587	1.5468

③进行平均数间比较。用表 4.31 表示表 4.19 资料 AC 水平组合的多重比较结果。

统计结论: A_1C_1 与 A_1C_2、A_1C_3、A_2C_1、A_2C_2、A_2C_3 平均数差值分别为 1.4kg、2.75kg、3.13kg、4.56kg、7.33kg,均大于 $LSR_{0.01(k,24)}$,$P < 0.01$,差异极显著;A_1C_2 与 A_1C_3、A_2C_1、A_2C_2、A_2C_3 平均数差值分别为 1.35kg、1.73kg、3.16kg、5.93kg,均大于 $LSR_{0.01(k,24)}$,$P < 0.01$,差异极显著;A_1C_3 与 A_2C_1 平均数差值为 0.38kg,小于 $LSR_{0.05(2,24)}$,$P > 0.05$,差异不显著;A_1C_3、A_2C_1 与 A_2C_2、A_2C_3 平均数差值分别为 1.81kg、1.43kg、4.58kg、4.2kg,均大于 $LSR_{0.01(k,24)}$,$P < 0.01$,差异极显著;A_2C_2 与 A_2C_3 平均数差值为 2.77kg,大于 $LSR_{0.01(2,24)}$,$P < 0.01$,差异极显著。

表 4.31　表 4.19 资料 AC 水平组合的多重比较表

处理	$\bar{x} \pm S$	5%	1%
A_2C_3	35.1 ± 2.8851	a	A
A_2C_2	32.33 ± 3.2635	b	B
A_2C_1	30.9 ± 3.1496	c	C
A_1C_3	30.52 ± 2.4020	c	C
A_1C_2	29.17 ± 3.3815	d	D
A_1C_1	27.77 ± 2.6357	e	E

专业解释:水平组合 A_2C_3 的平均产奶量极显著高于其余各 AC 水平组合。由于 B_1、B_2 的平均产奶量分别为 28.4kg 和 33.53kg,F 检验结果为 B_1 与 B_2 平均产奶量间差异极显著,且 AB 交互效应和 BC 交互效应差异不显著,由此说明,本试验水平组合 $A_2B_2C_3$ 有增加奶牛产奶量的作用。

【例 4.8】进行小鹅瘟的免疫试验,四个处理分别为未注射(空白对照)、注射 0.5 mL 生理盐水(注射对照)、注射 0.1 mL 疫苗、注射 0.25 mL 疫苗和注射 0.5 mL 疫苗。分 3 批进行试验,每批均将 100 只 1 日龄健康雏鹅随机分成五组,每组 20 只,饲喂至 7 日龄时分别随机实施五个不同的处理。3 批试验的免疫效果见表 4.32。问:免疫注射是否有效?

表 4.32　三批小鹅瘟的免疫试验结果(单位:只)

处理	第一批		第二批		第三批	
	发病	未发病	发病	未发病	发病	未发病
空白对照	16	4	17	3	15	5
生理盐水	17	3	17	3	15	5
0.1 mL 疫苗	8	12	9	11	6	14
0.25 mL 疫苗	3	17	2	18	2	18
0.5 mL 疫苗	2	18	1	19	2	18

这是一个以批次为单位组的单因素多处理的随机单位组次数资料。进行这类资料的分析,首先需将各处理的所有单位组按属性性状的类别进行合并整理为列联表的形式。

1. 整理资料为列联表　将表 4.32 整理为表 4.33。表 4.33 是多个处理次数资料的 $r \times 2$ 列联表。

表 4.33　三批小鹅瘟的免疫试验结果合并统计表(单位:只)

处　理	发病	未发病	合计
空白对照	48	12	60
生理盐水	49	11	60
0.1 mL 疫苗	23	37	60
0.25 mL 疫苗	7	53	60
0.5 mL 疫苗	5	55	60
合　计	132	168	300

2. 提出无效假设与备择假设

H_0:处理结果与处理无关,即二因子相互独立。

H_A:处理结果与处理有关,即二因子彼此相关。

3. 计算理论次数 E　按式(3.9)计算每个实际观测次数 A_{ij} 对应的理论次数 E_{ij}。

$$E_{11} = \frac{T_1 T_1}{T} = \frac{60 \times 132}{300} = 26.4$$

$$E_{21} = E_{31} = E_{41} = E_{51} = 26.4$$

$$E_{12} = E_{22} = E_{32} = E_{42} = E_{52} = \frac{60 \times 168}{300} = 33.6$$

全部 E 均大于 5,说明可以采用独立性 χ^2 检验对表 4.33 资料进行分析。

4. 计算 χ^2 值

$df = (r-1)(c-1) = (5-1)(2-1) = 4$,按式(3.10)计算 χ^2 值。

$$\chi^2 = \sum \frac{(A-E)^2}{E}$$

$$= \frac{(48-26.4)^2}{26.4} + \frac{(12-33.6)^2}{33.6}$$

$$+ \cdots + \frac{(55-33.6)^2}{33.6}$$

$$\approx 123.32$$

5. 作统计结论和专业解释　根据 $df = 4$,查临界值 χ^2 表,得到 $\chi^2_{0.01(4)} = 13.277$, $\chi^2 > \chi^2_{0.01(4)}$, $P < 0.01$,差异极显著。

专业解释,说明发病与免疫有关,即:五个组的发病率间存在极显著差异。

6. 进行 χ^2 再分割。

(1)进行空白对照和生理盐水两个组的独立性 χ^2 检验。资料见表 4.34。

表4.34 空白对照和生理盐水两个组的免疫试验结果统计表(单位:只)

处 理	发病	未发病	合计
空白对照	48	12	60
生理盐水	49	11	60
合 计	97	23	120

$$\chi_1^2 = \frac{(A_{11}A_{22} - A_{12}A_{21})^2 T_{..}}{T_{.1}T_{.2}T_{1.}T_{2.}} = \frac{(7 \times 55 - 5 \times 53)^2 \times 120}{12 \times 108 \times 60 \times 60} = 0.05379$$

由 $df = 2 - 1 = 1$,查临界值 χ^2 表,得到 $\chi_{0.05(1)}^2 = 3.84$,$\chi^2 < \chi_{0.05(1)}^2$,$P > 0.05$,差异不显著。可以合并空白对照和生理盐水两个组,与各免疫组进行独立性 χ^2 检验。

(2)将合并组与免疫组进行独立性 χ^2 检验。资料见表4.35。

表4.35 三批小鹅瘟的免疫试验结果合并统计表(单位:只)

处 理	发病	未发病	合计
空白对照与生理盐水	97	23	120
0.1 mL 疫苗	23	37	60
0.25 mL 疫苗	7	53	60
0.5 mL 疫苗	5	55	60
合 计	132	168	300

利用公式 $\chi^2 = \frac{T^2}{T_{.1}T_{.2}}\left[\sum \frac{A_{i1}^2}{T_{i.}} - \frac{T_{.1}^2}{T}\right]$ 计算 χ^2 值,代入数据得到:

$$\chi_2^2 = \frac{300^2}{132 \times 168}\left(\frac{97^2}{120} + \frac{23^2}{60} + \frac{7^2}{60} + \frac{5^2}{60} - \frac{132^2}{300}\right) = 123.289$$

由 $df = (4-1)(2-1) = 3$,查临界值 χ^2 表,得到 $\chi_{0.01(3)}^2 = 11.34$,$\chi^2 > \chi_{0.01(3)}^2$,$P < 0.01$,差异极显著。说明发病与各免疫有关,即:各免疫组与非免疫组的发病率存在极显著差异。从本试验可以得出,注射 0.25mL 和 0.5mL 疫苗的免疫组的发病率极显著低于非免疫组。

【本章小结】

随机单位组设计也称为随机区组设计,是将条件基本一致的试验单位或其他试验条件组成一个单位组,单位组内的试验单位数等于处理数,单位组内随机分配处理。两个处理的随机单位组设计称为配对设计,配对试验的计量资料和计数资料采用配对 t 检验进行统计分析;配对试验的次数资料可采用 u 检验进行统计分析,也可采用独立性 χ^2 检验进行统计分析。多个处理随机单位组试验的计量资料和计数资料采用方差分析进行统计分析;多个处理随机单位组试验的次数资料采用独立性 χ^2 检验进行统计分析。

【思考与练习题】

1. 什么是配对试验？什么是随机单位组设计？什么情况下需要用随机单位组设计？

2. 进行两种动物饲料的对比试验，将18只动物按体重接近原则配成9对，随机饲喂两种饲料，试验结束，测得动物增重和饲料报酬，其中，动物每增重1kg所需饲料量见表4.36。试进行统计分析。

表4.36　两种饲料对比试验动物料重比数据（单位：kg）

饲料	对子编号								
	1	2	3	4	5	6	7	8	9
甲	2.6	2.4	2.7	2.3	2.6	2.4	2.6	2.7	2.6
乙	2.2	2.1	1.9	2.0	2.4	2.3	2.3	2.3	2.0

3. 进行弱毒疫苗、灭活疫苗和基因工程疫苗的比较试验，以生理盐水为对照，分4批次进行，每批次30只动物随机分成三组，再随机接受免疫，得到发病与不发病动物数见表4.37。试验期结束，对存活动物进行称重，得到每个疫苗组各批次的体增重数据见表4.38。试进行统计分析。

表4.37　三种疫苗四批次免疫比较试验结果（单位：只）

疫苗组别	第一批		第二批		第三批		第四批	
	发病	未发病	发病	未发病	发病	未发病	发病	未发病
生理盐水	8	2	9	1	7	3	7	3
弱毒疫苗	2	8	3	7	1	9	2	8
灭活疫苗	4	6	5	5	6	4	4	6
基因工程疫苗	4	6	3	7	3	7	4	6

表4.38　三种疫苗四批次免疫比较试验动物增重数据（单位：kg）

疫苗组别	第一批	第二批	第三批	第四批
生理盐水	2.6	2.4	2.7	2.6
弱毒疫苗	2.2	2.1	1.9	2.0
灭活疫苗	2.3	2.6	2.4	2.6
基因工程疫苗	2.5	2.4	2.3	2.3

4. 进行中草药添加剂和维生素搭配减缓动物热应激的比较试验，添加一种中草药（A_1）、添加两种中草药组成的复方（A_2）、添加三种中草药组成的复方（A_3），不添加维生素（B_1）、添加维生素（B_2），进行3×2析因试验。分别从五窝仔猪中各选出6头仔猪，每窝仔猪的6头仔猪随机接受六个处理中的一个，在夏季高温下进行为期一个月的试验，进行了

血液生理生化指标测定,其中的尿素氮含量见表4.39。试进行统计分析。

表 4.39　中草药添加剂和维生素比较试验的尿素氮含量(mmol/L)

处理	窝别				
	I	II	III	IV	V
A_1B_1	5.45	5.26	5.38	5.21	4.98
A_1B_2	3.75	3.87	3.85	3.92	3.80
A_2B_1	4.26	4.50	4.40	4.36	4.05
A_2B_2	4.12	4.05	4.15	4.24	4.24
A_3B_1	3.80	3.89	3.84	3.87	3.94
A_3B_2	5.02	4.98	4.98	5.10	5.21

第 五 章 拉丁方设计

【本章导读】拉丁方设计是采用拉丁方控制试验误差和安排试验处理的一种试验设计方法。本章介绍拉丁方设计的方法步骤和拉丁方试验结果的统计分析,包括单因素拉丁方试验、两因素拉丁方试验和两个拉丁方试验结果的统计分析方法。

第一节 拉丁方设计概述

一、拉丁方简介

(一)拉丁方

以 n 个拉丁字母排成 n 行、n 列,每个字母在每一行、每一列都出现且只出现一次,这样的方阵称为 $n \times n$ 拉丁方,简称拉丁方(Latin Square)。如 3 个拉丁字母 A、B、C 排成 3 行、3 列,每个字母在每一行、每一列都出现且只出现一次,这样的方阵就称为 3×3 拉丁方。n 个拉丁字母不同的排列顺序,就组成不同的 $n \times n$ 拉丁方。第一行和第一列的拉丁字母均按字母顺序 $A,B,C\cdots$ 排列的拉丁方,叫标准型拉丁方。第一行和(或)第一列的拉丁字母未按字母顺序 $A,B,C\cdots$ 排列的拉丁方,叫非标准型拉丁方。3×3 标准型拉丁方只有 1 种,4×4 标准型拉丁方有 4 种,5×5 标准型拉丁方有 56 种。变换标准型拉丁方字母的排列顺序,可得到非标准型拉丁方。

(二)常用拉丁方

在畜牧试验中,最常用的有 $3 \times 3,4 \times 4,5 \times 5,6 \times 6$ 拉丁方。下面列出部分标准型拉丁方,供进行拉丁方设计时选用。其余拉丁方可查阅数理统计表及有关参考书,也可根据拉丁方的定义自己列出所需要的 $n \times n$ 拉丁方。

3×3 拉丁方		4×4 拉丁方			
	(1)	(2)	(3)	(4)	
A B C	A B C D	A B C D	A B C D	A B C D	
B C D	B A D C	B C D A	B D A C	B A D C	
C A B	C D B A	C D A B	C A D B	C D A B	
	D C A B	D A B C	D C B A	D C B A	

5×5 拉丁方

(1)

A B C D E
B A E C D
C D E A B
D E B A C
E C D B A

(2)

A B C D E
B A D E C
C E B A D
D C E B A
E D A C B

(3)

A B C D E
B A E C D
C E D A B
D C B E A
E D A B C

(4)

A B C D E
B A D E C
C D E A B
D E B C A
E C A B D

6×6 拉丁方

(1)

A B C D E F
B A D C F E
C D E F A B
D C F E B A
E F A B C D
F E B A D C

(2)

A B C D E F
B F D C A E
C D E F B A
D A F E C B
E C A B F D
F E B A D C

(3)

A B C D E F
B C D F A E
C F E A B D
D E F B C A
E D A C F B
F A B E D C

二、拉丁方设计的基本概念

拉丁方设计(Latin Square Design)是采用拉丁方的横行和直列分别安排两个非试验因素,拉丁方的字母随机安排处理的一种试验设计方法。是从横行和直列两个方向进行双重局部控制,使得横行和直列两向皆成单位组,比随机单位组设计多一个方向的单位组设计。在拉丁方设计中,每一行或每一列都成为一个完全单位组,而每一处理在每一行或每一列都只出现一次,也就是说,在拉丁方设计中,试验处理数 = 横行单位组数 = 直列单位组数 = 试验处理的重复数。在对拉丁方设计试验结果进行统计分析时,由于能将横行单位组间变异、直列单位组间变异从试验误差中分离出来,因而拉丁方设计的试验误差比随机单位组设计小,试验精确性比随机单位组设计高。

三、拉丁方设计的应用条件

在畜牧试验中,当供试动物本身固有的初始条件存在差异,进行试验的供试动物所处的环境条件接近时,如同一栋圈舍,由于非试验因素供试动物的差异会影响试验结果,所以,可以根据局部控制的原则,将条件基本一致的试验单位组成一个单位组,然后在单位组内随机分配处理,进行随机单位组设计。当供试动物本身固有的初始条件基本一致,但供试动物所处的环境存在差异时,如不同的圈舍,也可以根据局部控制的原则,将处于相同环境条件的试验单位组成一个单位组,然后在单位组内随机分配处理,进行随机单位组设计。也就是说,当影响试验结果的非试验因素为一个时,可以进行随机单位组设计,将该非试验因素引起的变异从试验误差中分离出来。如果影响试验结果的非试验因素有两个,如供试动物体重有差异,且需要在不同圈舍中进行试验,供试动物体重差异和不同圈舍都会引起系统误差,进行试验时,需要将来自这两个方面的系统误差从试验误差中分离出来,以突出处理效应,可以采用拉丁方设计。

拉丁方的横行单位组和直列单位组的设置条件与第四章随机单位组设计的单位组设置条件相同,如年龄和体重接近的动物、同一试验场地或圈舍、相同的季节(或年份或时间)、同一个生理时期的动物、生产性能接近的动物、不同时期随机接受不同处理的同一头动物等均可作为拉丁方的横行单位组或直列单位组。

进行拉丁方试验,可以控制来自两个方面的系统误差,试验的精确性高。但是,拉丁方设计要求横行单位组数、直列单位组数、试验处理数与试验处理的重复数必须相等,若处理数少,则重复数也少,估计试验误差的自由度就小,影响检验的灵敏度;若处理数多,则重复数也多,横行、直列单位组数也多,导致试验工作量大,且同一单位组内试验动物的初始条件亦难控制一致。因此,拉丁方设计一般用于 5 ~ 8 个处理的试验。在采用 4 个以下处理的拉丁方设计时,为了使估计误差的自由度不少于12,可重复进行拉丁方试验,即同一个拉丁方试验重复进行数次,并将试验数据合并分析,以增加误差项的自由度。另外,如果横行单位组的非试验因素或直列单位组的非试验因素与试验因素间存在交互作用,则不能采用拉丁方设计。

第二节 拉丁方设计方法

一、选择拉丁方,横行和直列编号

在进行拉丁方设计时,根据试验的处理数选择拉丁方,处理数为 n,从所有 $n \times n$ 拉丁方中随机选择一种,如处理数为 6,则选择 6×6 拉丁方。标准型拉丁方和非标准型拉丁方都可,一般选择标准型拉丁方。对横行和直列进行编号。

二、拉丁方的随机

如果选择的是标准型拉丁方,就需要将其随机化才能用来安排试验,即对拉丁方的字母排列顺序进行随机化处理,也即是随机排列拉丁方的横行和直列。如果是非标准型拉丁方,则不需要进行拉丁方的随机化处理。

(一)直列随机排列

1. 抄录随机数字 处理数为 n,选择 $n \times n$ 拉丁方,从随机数字表(附表 1)中或从 Excel 随机数字函数"RANDBETWEEN"抄录 n 个一位随机数字 $1, 2, 3, \cdots, n$。抄录时舍去"0"、"n 以上的数"和重复出现的数。

2. 直列重排 按照抄录的随机数字 $1, 2, 3, \cdots, n$ 的顺序,将拉丁方的直列进行重新排列。

（二）横行随机排列

1. 抄录随机数字　按上述方法另外抄录 n 个一位随机数字。

2. 横行重排　按照抄录的随机数字 $1,2,3,\cdots,n$ 的顺序，将直列已随机排列的拉丁方的横行进行重新排列。

对于 3×3 标准型拉丁方，直列随机排列后，可将第二和第三横行随机排列即可。对于 4×4 及更高阶标准型拉丁方，直列随机排列后，需将所有横行随机排列。

三、处理随机分配

1. 处理排序　将处理排序为 $1,2,3,\cdots,n$。

2. 抄录随机数字　按上述方法另外抄录 n 个一位随机数字。

3. 处理分配　按照抄录的随机数字 $1,2,3,\cdots,n$ 的顺序，将已经随机化的拉丁方中的字母安排处理。

【例 5.1】为了将麻竹笋加工后的剩余物（以下简称笋剩余物）开发为肉牛饲料资源，将笋剩余物青贮后添加在肉牛日粮中饲喂肉牛，按 4%、8%、12%、16% 添加，以不添加为对照。购置了 25 头 6～9 月龄的肉牛，体重为 200kg±50kg。请做试验设计。

这是个单因素试验，由于 25 头肉牛的月龄和体重都存在较大差异，如果应用完全随机设计，试验误差会特别大，如果仅采用随机单位组设计，则只能控制一个方面的试验误差。鉴于此，分别以月龄和体重作为单位组对试验误差进行控制，采用拉丁方设计。将月龄接近的 5 头肉牛分在一个小组，共组成五个小组，每个小组内的肉牛，按体重大小依次编号，肉牛分组结果见表 5.1。每头肉牛日粮中青贮笋剩余物的添加量需随机分配，拉丁方设计的随机分配处理包括拉丁方的选择、拉丁方的随机化和处理的随机分配。

表 5.1　青贮笋剩余物饲喂肉牛试验的肉牛分组

体重组别	月龄组别				
	一	二	三	四	五
I	1	6	11	16	21
II	2	7	12	17	22
III	3	8	13	18	23
IV	4	9	14	19	24
V	5	10	15	20	25

1. 选择拉丁方

处理数为 5，从所有 5×5 拉丁方中随机选择一种，列出拉丁方的行编号、列编号。这里选择下列标准型拉丁方。

	1	2	3	4	5
1	A	B	C	D	E
2	B	A	E	C	D
3	C	E	D	A	B
4	D	C	B	E	A
5	E	D	A	B	C

2. 拉丁方的随机

（1）直列随机排列

①抄录随机数字　抄录 5 个一位随机数字,舍去"0"、"5 以上的数"和重复出现的数,这里抄录的为 42135。

②直列重排　按照 42135 的顺序,将选定的 5×5 拉丁方的直列进行重新排列。

	4	2	1	3	5
1	D	B	A	C	E
2	C	A	B	E	D
3	A	E	C	D	B
4	E	C	D	B	A
5	B	D	E	A	C

（2）横行随机排列

①抄录随机数字　抄录 5 个一位随机数字,舍去"0"、"5 以上的数"和重复出现的数,这里抄录的为 54312。

②横行重排　按照 54312 的顺序,将直列已随机排列的 5×5 拉丁方的横行进行重新排列。

	4	2	1	3	5
5	B	D	E	A	C
4	E	C	D	B	A
3	A	E	C	D	B
1	D	B	A	C	E
2	C	A	B	E	D

3. 处理随机分配

①处理排序　将青贮笋剩余物添加量 0%、4%、8%、12%、16% 分别用 A_1、A_2、A_3、A_4、A_5 表示,五个处理排序为 1,2,3,4,5。

②抄录随机数字　抄录 5 个一位随机数字,舍去"0"、"5 以上的数"和重复出现的数,这里抄录的为 34521。

③处理分配　按照 34521 的顺序,将已经随机化的拉丁方中的字母安排处理,即拉丁方中的字母 A、B、C、D、E 分别安排排序为 34521 的处理,如字母 A 安排 A_3 处理,字母 B 安排 A_4 处理,字母 C 安排 A_5 处理,字母 D 安排 A_2 处理,字母 E 安排 A_1 处理。

④将拉丁方中的字母用处理名称替代,得到:

$$B(A_4) \quad D(A_2) \quad E(A_1) \quad A(A_3) \quad C(A_5)$$
$$E(A_1) \quad C(A_5) \quad D(A_2) \quad B(A_4) \quad A(A_3)$$
$$A(A_3) \quad E(A_1) \quad C(A_5) \quad D(A_2) \quad B(A_4)$$
$$D(A_2) \quad B(A_4) \quad A(A_3) \quad C(A_5) \quad E(A_1)$$
$$C(A_5) \quad A(A_3) \quad B(A_4) \quad E(A_1) \quad D(A_2)$$

⑤将拉丁方中的处理代入肉牛分组结果表中,得表 5.2 的拉丁方设计结果。为了方便实施处理,可将表 5.2 用表 5.3 表示。

表 5.2　青贮笋剩余物饲喂肉牛试验的拉丁方设计结果

体重组别	月龄组别				
	一	二	三	四	五
I	$1(A_4)$	$6(A_2)$	$11(A_1)$	$16(A_3)$	$21(A_5)$
II	$2(A_1)$	$7(A_5)$	$12(A_2)$	$17(A_4)$	$22(A_3)$
III	$3(A_3)$	$8(A_1)$	$13(A_5)$	$18(A_2)$	$23(A_4)$
IV	$4(A_2)$	$9(A_4)$	$14(A_3)$	$19(A_5)$	$24(A_1)$
V	$5(A_5)$	$10(A_3)$	$15(A_4)$	$20(A_1)$	$25(A_2)$

注:表中数字为动物编号。带下标的字母表示处理。

表 5.3　青贮笋剩余物饲喂肉牛拉丁方试验的处理实施表

处理	青贮笋剩余物添加量（％）	肉牛编号				
A_1	0	2	8	11	20	24
A_2	4	4	6	12	18	25
A_3	8	3	10	14	16	22
A_4	12	1	9	15	17	23
A_5	16	5	7	13	19	21

第三节　拉丁方试验结果的统计分析方法

一、单个拉丁方试验结果的统计分析方法

（一）单因素单个拉丁方试验资料的统计分析方法

1. 单因素单个拉丁方试验资料的数学模型　采用方差分析法对单因素单个拉丁方设计试验资料进行统计分析。将横行单位组因素记为 A,直列单位组因素记为 B,处理因素记为 C,假定 3 个因素之间不存在交互作用,横行单位组数、直列单位组数与处理数记为 n。

用符号 α_i 表示第 i 横行单位组效应，β_j 表示第 j 直列单位组效应，$\gamma_{(l)}$ 表示第 l 处理效应。单位组效应 α_i、β_j 通常是随机的，处理效应 $\gamma_{(l)}$ 通常是固定的；$\varepsilon_{ij(l)}$ 为随机误差，相互独立，且都服从 $N(0,\sigma^2)$。那么，每一个观测值 $x_{ij(l)}$ 与总体平均数 μ 的差值，由处理效应 $\gamma_{(l)}$、单位组效应 α_i、β_j 及试验误差 $\varepsilon_{ij(l)}$ 组成，即 $x_{ij(l)} - \mu = \alpha_i + \beta_j + \gamma_{(l)} + \varepsilon_{ij(l)}$，由此可以得到单因素单个拉丁方试验资料的数学模型为：

$$x_{ij(l)} = \mu + \alpha_i + \beta_j + \gamma_{(l)} + \varepsilon_{ij(l)} \tag{5.1}$$

其中，$i = j = k = 1,2,\cdots,n$。l 不是独立的下标，因为 i、j 一经确定，l 亦随之确定。

2. 单因素单个拉丁方试验资料的变异来源、平方和与自由度剖分　单因素单个拉丁方试验资料的变异来源包括横行单位组间变异、直列单位组间变异、处理间变异和试验误差四个部分。

$$SS_T = SS_A + SS_B + SS_C + SS_e$$
$$df_T = df_A + df_B + df_C + df_e \tag{5.2}$$

其中，SS_T、SS_A、SS_B、SS_C、SS_e 分别为总平方和、横行单位组间平方和、直列单位组间平方和、处理间平方和、误差平方和。df_T、df_A、df_B、df_C、df_e 分别为总自由度、横行单位组间自由度、直列单位组间自由度、处理间自由度、误差自由度。

3. 单因素单个拉丁方试验资料方差分析基本步骤

(1)计算各项平方和、自由度。

方法一：通过公式计算平方和 SS_A、SS_B、SS_C、SS_e，自由度 df_A、df_B、df_C、df_e。

$$SS_T = \sum\sum(x_{ij(l)} - \bar{x})^2, \quad SS_A = n\sum(\bar{x}_{Ai} - \bar{x})^2$$
$$SS_B = n\sum(\bar{x}_{Bj} - \bar{x})^2, SS_C = n\sum(\bar{x}_{C(l)} - \bar{x})^2,$$
$$SS_e = SS_T - SS_A - SS_B - SS_C$$
$$df_T = n^2 - 1, df_A = df_B = df_C = n - 1$$
$$df_e = df_T - df_A - df_B - df_C$$

其中，$i = j = l = 1,2,\cdots,n$。$x_{ij(l)}$ 为观测值；$\bar{x} = \dfrac{\sum\sum x_{ij(l)}}{n^2}$，为资料全部观测值的平均数；$\bar{x}_{Ai} = \dfrac{\sum x_{ij(l)}}{n}$，为第 i 横行单位组的平均数；$\bar{x}_{Bj} = \dfrac{\sum x_{ij(l)}}{n}$，为第 j 直列单位组的平均数；$\bar{x}_{C(k)} = \dfrac{\sum x_{ij(l)}}{n}$，为第 k 处理的平均数。

方法二：采用 Excel 计算平方和 SS_A、SS_B、SS_C、SS_e，自由度 df_A、df_B、df_C、df_e。可采用 Excel 无重复双因素方差分析法计算出 SS_T、SS_A、SS_B、SS_C、df_T、df_A、df_B、df_C，然后再计算 SS_e、df_e。也可采用 Excel 单因素方差分析法计算出 SS_T、SS_A、SS_B、SS_C、df_T、df_A、df_B、df_C，然后再计算 SS_e、df_e。具体方法步骤见第十一章相关内容。

(2)计算各项均方和 F 值，进行 F 检验。将上述计算出的平方和 SS_A、SS_B、SS_C、SS_e 分别除以自由度 df_A、df_B、df_C、df_e 可得均方，以误差均方作分母计算 F 值，与 $F_{0.05}$ 和 $F_{0.01}$ 进行比较，做出统计推断和专业解释。

(3)多重比较。如果处理间变异的 F 检验差异显著或极显著，则需要进行处理间平均数的多重比较。无需进行横行单位组平均数和直列单位组平均数的多重比较。

LSR 法进行多重比较的样本标准误为：$S_{\bar{x}} = \sqrt{\dfrac{MS_e}{n}}$

LSD 法进行多重比较的样本差数标准误为：$S_{\bar{x}_1 - \bar{x}_2} = \sqrt{\dfrac{2MS_e}{n}}$

（二）两因素析因设计单个拉丁方试验资料的统计分析方法

如果两因素析因设计的处理数较少，如 2×3 析因设计，可采用拉丁方设计进行试验获得数据资料。

1. 两因素析因设计单个拉丁方试验资料的数学模型　采用方差分析法对两因素析因设计单个拉丁方设计试验资料进行统计分析。将横行单位组因素记为 A，直列单位组因素记为 B，两个处理因素分别记为 C、D，假定横行单位组与直列单位组之间、单位组与处理因素间不存在交互作用，C 因素 c 个水平，D 因素 d 个水平，$cd = n$ 与横行单位组数、直列单位组数相等。用符号 α_i 表示第 i 横行单位组效应，β_j 表示第 j 直列单位组效应，$\gamma_{(l)}$ 表示 C 因素第 l 水平的处理效应，$\delta_{(m)}$ 表示 D 因素第 m 水平的处理效应，$(\gamma\delta)_{(lm)}$ 表示 C 因素第 l 水平、D 因素第 m 水平的交互效应。单位组效应 α_i、β_j 通常是随机的，处理效应 $\gamma_{(l)}$、$\delta_{(m)}$、$(\gamma\delta)_{(lm)}$ 通常是固定的；$\varepsilon_{ij(lm)}$ 为随机误差，相互独立，且都服从 $N(0, \sigma^2)$。那么，每一个观测值 $x_{ij(lm)}$ 与总体平均数 μ 的差值，由处理效应 $\gamma_{(l)}$、$\delta_{(m)}$、$(\gamma\delta)_{(lm)}$ 和单位组效应 α_i、β_j 以及试验误差 $\varepsilon_{ij(lm)}$ 组成。即 $x_{ij(lm)} - \mu = \alpha_i + \beta_j + \gamma_{(l)} + \delta_{(m)} + (\gamma\delta)_{(lm)} + \varepsilon_{ij(lm)}$，由此可以得到两因素析因设计单个拉丁方试验资料的数学模型为：

$$x_{ij(lm)} = \mu + \alpha_i + \beta_j + \gamma_{(l)} + \delta_{(m)} + (\gamma\delta)_{(lm)} + \varepsilon_{ij(lm)} \tag{5.3}$$

其中，$i = j = 1, 2, \cdots, n$；$l = 1, 2, \cdots, c$；$m = 1, 2, \cdots, d$。l 和 m 不是独立的下标，因为 i、j 一经确定，l 和 m 亦随之确定。

2. 两因素析因设计单个拉丁方试验资料的变异来源、平方和与自由度剖分　两因素析因设计单个拉丁方试验资料的变异来源包括横行单位组间变异、直列单位组间变异、C 因素间变异、D 因素间变异、CD 交互变异和试验误差六个部分。

$$SS_T = SS_A + SS_B + SS_C + SS_D + SS_{C \times D} + SS_e$$

$$df_T = df_A + df_B + df_C + df_D + df_{C \times D} + df_e \tag{5.4}$$

其中，SS_T、SS_A、SS_B、SS_C、SS_D、$SS_{C \times D}$、SS_e 分别为总平方和、横行单位组间平方和、直列单位组间平方和、C 因素间平方和、D 因素间平方和、CD 交互平方和、误差平方和。df_T、df_A、df_B、df_C、df_D、$df_{C \times D}$、df_e 分别为总自由度、横行单位组间自由度、直列单位组间自由度、C 因素间自由度、D 因素间自由度、CD 交互自由度、误差自由度。

3. 两因素析因设计单个拉丁方试验资料方差分析基本步骤

（1）计算各项平方和、自由度

方法一：通过公式计算平方和 SS_A、SS_B、SS_C、SS_D、$SS_{C \times D}$、SS_e，自由度 df_A、df_B、df_C、df_D、$df_{C \times D}$、df_e。

$$SS_T = \sum \sum (x_{ij(lm)} - \bar{x})^2, \quad SS_A = n \sum (\bar{x}_{Ai} - \bar{x})^2$$

$$SS_B = n \sum (\bar{x}_{Bj} - \bar{x})^2, SS_C = dn \sum (\bar{x}_{C(l)} - \bar{x})^2,$$

$$SS_D = cn \sum (\bar{x}_{D(m)} - \bar{x})^2, SS_{C \times D} = n \sum (\bar{x}_{CD(lm)} - \bar{x})^2 - SS_C - SS_D,$$

$$SS_e = SS_T - SS_A - SS_B - SS_C - SS_D - SS_{C \times D}$$

$$df_T = n^2 - 1, df_A = df_B = n - 1$$

$$df_C = c - 1, df_D = d - 1,$$

$$df_{C \times D} = (c - 1)(d - 1) \text{ 或 } df_{C \times D} = n - 1 - df_C - df_D,$$

$$df_e = df_T - df_A - df_B - df_C - df_D - df_{C \times D}$$

其中，$i = j = 1, 2, \cdots, n$；$l = 1, 2, \cdots, c$；$m = 1, 2, \cdots, d$。$x_{ij(lm)}$ 为观测值；$\bar{x} = \dfrac{\sum \sum x_{ij(lm)}}{n^2}$，为

资料全部观测值的平均数；$\bar{x}_{Ai} = \dfrac{\sum x_{ij(lm)}}{n}$，为第 i 横行单位组的平均数；$\bar{x}_{Bj} = \dfrac{\sum x_{ij(lm)}}{n}$，为第

j 直列单位组的平均数；$\bar{x}_{C(l)} = \dfrac{\sum x_{ij(lm)}}{dn}$，为 C 因素第 l 水平的平均数；$\bar{x}_{D(m)} = \dfrac{\sum x_{ij(lm)}}{cn}$，为 D

因素第 m 水平的平均数；$\bar{x}_{CD(lm)} = \dfrac{\sum x_{ij(lm)}}{n}$，为 C 因素第 l 水平和 D 因素第 m 水平的水平组

合平均数。

方法二：采用 Excel 计算平方和 SS_A、SS_B、SS_C、SS_D、$SS_{C \times D}$、SS_e，自由度 df_A、df_B、df_C、df_D、$df_{C \times D}$、df_e，可采用 Excel 无重复双因素方差分析法计算出 SS_T、SS_A、SS_B、df_T、df_A、df_B，采用 Excel 可重复双因素方差分析法计算出 SS_C、SS_D、$SS_{C \times D}$、df_C、df_D、$df_{C \times D}$，然后再用减法计算 SS_e、df_e。具体方法步骤见第十一章相关内容。

（2）计算各项均方和 F 值，进行 F 检验。将上述计算出的平方和 SS_A、SS_B、SS_C、SS_D、$SS_{C \times D}$、SS_e，分别除以自由度 df_A、df_B、df_C、df_D、$df_{C \times D}$、df_e，可得均方，若两因素的处理效应为固定效应，则以误差均方作分母计算 F 值，与 $F_{0.05}$ 和 $F_{0.01}$ 进行比较，做出统计推断和专业解释。

（3）多重比较。如果 C 因素变异、D 因素间变异、CD 互作变异的 F 检验差异显著或极显著，则需要进行 C 因素各水平平均数间、D 因素各水平平均数间、CD 水平组合平均数间的多重比较。无需进行横行单位组平均数和直列单位组平均数的多重比较。

LSR 法进行 C 因素平均数多重比较的样本标准误为：$S_{\bar{x}_C} = \sqrt{\dfrac{MS_e}{dn}}$

LSR 法进行 D 因素平均数多重比较的样本标准误为：$S_{\bar{x}_D} = \sqrt{\dfrac{MS_e}{cn}}$

LSR 法进行 CD 水平组合平均数多重比较的样本标准误为：$S_{\bar{x}_{CD}} = \sqrt{\dfrac{MS_e}{n}}$

LSD 法进行 C 因素平均数多重比较的样本差数标准误为：$S_{\bar{x}_{C1} - \bar{x}_{C2}} = \sqrt{\dfrac{2MS_e}{dn}}$

LSD 法进行 D 因素平均数多重比较的样本差数标准误为：$S_{\bar{x}_{D1} - \bar{x}_{D2}} = \sqrt{\dfrac{2MS_e}{cn}}$

LSD 法进行 CD 水平组合平均数多重比较的样本差数标准误为：$S_{\bar{x}_{CD1}-\bar{x}_{CD2}} = \sqrt{\dfrac{2MS_e}{n}}$

二、多个拉丁方试验结果的统计分析方法

如果在两个或两个以上地点，或者两个或两个以上时间进行同样一组处理的拉丁方试验，就会获得同一组处理的多个拉丁方试验资料。这里以两个拉丁方资料为例介绍。

1. 两个拉丁方试验资料的数学模型　采用方差分析法对两个拉丁方设计试验资料进行统计分析。将拉丁方也作为一个因素对待。将拉丁方内横行单位组因素记为 A，拉丁方内直列单位组因素记为 B，处理因素记为 C，拉丁方因素记为 U。假定横行单位组与直列单位组之间、单位组与处理因素间不存在交互作用。横行单位组数、直列单位组数与处理数记为 n，拉丁方数用 u 表示，$u=2$。用符号 α_i 表示拉丁方内第 i 横行单位组效应，β_j 表示拉丁方内第 j 直列单位组效应，$\gamma_{(l)}$ 表示第 l 处理的效应，ν_m 表示第 m 拉丁方的效应，$(\gamma\nu)_{(l)m}$ 表示 C 因素第 l 水平、D 因素第 m 水平的交互效应。单位组效应 α_i、β_j、ν_m 通常是随机的，处理效应 $\gamma_{(l)}$ 通常是固定的；$\varepsilon_{ij(l)m}$ 为随机误差，相互独立，且都服从 $N(0,\sigma^2)$。那么，每一个观测值 $x_{ij(l)m}$ 与总体平均数 μ 的差值，由处理效应 $\gamma_{(l)}$、拉丁方效应 ν_m、处理与拉丁方交互效应 $(\gamma\nu)_{(l)m}$、拉丁方内单位组效应 α_i、β_j 以及试验误差 $\varepsilon_{ij(l)m}$ 组成，即 $x_{ij(l)m}-\mu = \alpha_i+\beta_j+\gamma_{(l)}+\nu_m+(\gamma\nu)_{(l)m}+\varepsilon_{ij(l)m}$，由此可以得到两个拉丁方试验资料的数学模型为：

$$x_{ij(l)m} = \mu+\alpha_i+\beta_j+\gamma_{(l)}+\nu_m+(\gamma\nu)_{(l)m}+\varepsilon_{ij(l)m} \tag{5.5}$$

其中，$i=j=l=1,2,\cdots,n; m=1,2; l$ 不是独立的下标，因为 i、j 一经确定，l 亦随之确定。

2. 两个拉丁方试验资料的变异来源、平方和与自由度剖分　两个拉丁方试验资料的变异来源包括拉丁方内横行单位组间变异、拉丁方内直列单位组间变异、处理间变异、拉丁方间变异、处理与拉丁方交互变异和试验误差六个部分。

$$SS_T = SS_A+SS_B+SS_C+SS_U+SS_{C\times U}+SS_e$$
$$df_T = df_A+df_B+df_C+df_U+df_{C\times U}+df_e \tag{5.6}$$

其中，SS_T、SS_A、SS_B、SS_C、SS_U、$SS_{C\times U}$、SS_e 分别为总平方和、拉丁方内横行单位组间平方和、拉丁方内直列单位组间平方和、处理间平方和、拉丁方间平方和、处理与拉丁方交互平方和、误差平方和。df_T、df_A、df_B、df_C、df_U、$df_{C\times U}$、df_e 分别为总自由度、拉丁方内横行单位组间自由度、拉丁方内直列单位组间自由度、处理间自由度、拉丁方间自由度、处理与拉丁方交互自由度、误差自由度。

3. 两个拉丁方试验资料方差分析基本步骤

（1）计算各项平方和、自由度。

方法一：通过公式计算平方和 SS_A、SS_B、SS_C、SS_U、$SS_{C\times U}$、SS_e，自由度 df_A、df_B、df_C、df_U、$df_{C\times U}$、df_e。

$$SS_T = \sum\sum\sum(x_{ij(l)m}-\bar{x})^2, \quad SS_A = n\sum\sum(\bar{x}_{Ai}-\bar{x}_{Um})^2$$

$$SS_B = n\sum\sum(\bar{x}_{Bj}-\bar{x}_{Um})^2, \quad SS_C = un\sum(\bar{x}_{C(l)}-\bar{x})^2,$$

$$SS_U = n^2\sum(\bar{x}_{um}-\bar{x})^2, \quad SS_{C\times U} = n\sum\sum(\bar{x}_{CU(l)m}-\bar{x})^2-SS_C-SS_U,$$

$$SS_e = SS_T-SS_A-SS_B-SS_C-SS_U-SS_{C\times U}$$

$$df_T = un^2 - 1, df_A = df_B = u(n-1)$$

$$df_C = n - 1, df_U = u - 1,$$

$$df_{C \times U} = (n-1)(u-1)$$

$$df_e = df_T - df_A - df_B - df_C - df_U - df_{C \times U}$$

其中，$i = j = 1, 2, \cdots, n$；$l = 1, 2, \cdots, c$；$m = 1, 2, \cdots, d$。$x_{ij(lm)}$ 为观测值；$\bar{x} = \dfrac{\sum \sum x_{ij(lm)}}{n^2}$，为资料全部观测值的平均数；$\bar{x}_{Ai} = \dfrac{\sum x_{ij(lm)}}{n}$，为第 i 横行单位组的平均数；$\bar{x}_{Bj} = \dfrac{\sum x_{ij(lm)}}{n}$，为第 j 直列单位组的平均数；$\bar{x}_{C(l)} = \dfrac{\sum x_{ij(lm)}}{dn}$，为 C 因素第 l 水平的平均数；$\bar{x}_{D(m)} = \dfrac{\sum x_{ij(lm)}}{cn}$，为 D 因素第 m 水平的平均数；$\bar{x}_{CD(lm)} = \dfrac{\sum x_{ij(lm)}}{n}$，为 C 因素第 l 水平和 D 因素第 m 水平的水平组合平均数。

方法二：采用 Excel 计算平方和 SS_A、SS_B、SS_C、SS_U、$SS_{C \times U}$、SS_e，自由度 df_A、df_B、df_C、df_U、$df_{C \times U}$、df_e。可采用 Excel 无重复双因素方差分析法分别计算出两个拉丁方的横行单位组平方和及自由度、直列单位组平方和及自由度，将其分别相加得到 SS_A、df_A、SS_B 和 df_B。将两个拉丁方的处理合为一个可重复两因素资料，处理为一个因素，拉丁方为另一个因素，采用 Excel 可重复双因素方差分析法计算 SS_T、SS_C、SS_U、$SS_{C \times U}$、df_T、df_C、df_U、$df_{C \times U}$，然后再计算 SS_e、df_e。具体方法步骤见第十一章相关内容。

（2）计算各项均方和 F 值，进行 F 检验。将上述计算出的平方和 SS_A、SS_B、SS_C、SS_U、$SS_{C \times U}$、SS_e，分别除以自由度 df_A、df_B、df_C、df_U、$df_{C \times U}$、df_e，可得均方。根据处理和拉丁方的效应类别不同，各项变异的 F 值的计算公式中，其分母也有所不同。

处理和拉丁方均为固定效应，$F_C = MS_C / MS_e$；$F_U = MS_U / MS_e$；$F_{C \times U} = MS_{C \times U} / MS_e$；

处理为固定效应，拉丁方为随机效应，$F_C = MS_C / MS_{C \times U}$；$F_U = MS_U / MS_e$；$F_{C \times U} = MS_{C \times U} / MS_e$；

处理为随机效应，拉丁方为固定效应，$F_C = MS_C / MS_e$；$F_U = MS_U / MS_{C \times U}$；$F_{C \times U} = MS_{C \times U} / MS_e$。

分别由 df_1、df_2 查临界 F 值表，得 $F_{0.05}$ 和 $F_{0.01}$，将计算出的 F_C、F_U、$F_{C \times U}$ 值与 $F_{0.05}$ 和 $F_{0.01}$ 比较，$F < F_{0.05}$，$P > 0.05$，差异不显著；$F_{0.05} \leq F < F_{0.01}$，$0.01 < P \leq 0.05$，差异显著；$F \geq F_{0.01}$，$P \leq 0.01$，差异极显著。然后作出专业解释。

（3）多重比较。如果处理间变异的 F 检验差异显著或极显著，则需要进行处理各平均数间的多重比较。无需进行横行单位组平均数、直列单位组平均数、拉丁方平均数间的多重比较。

LSR 法进行处理平均数多重比较的样本标准误为：$S_{\bar{x}} = \sqrt{\dfrac{MS_e}{un}}$

LSD 法进行处理平均数多重比较的样本差数标准误为：$S_{\bar{x}_1 - \bar{x}_2} = \sqrt{\dfrac{2MS_e}{un}}$

三、案列分析

【例5.2】例5.1的拉丁方试验数据资料见表5.4，请做统计分析。

表5.4　青贮笋剩余物饲喂肉牛拉丁方试验的日增重（单位：g）

体重组别	月龄组别				
	一	二	三	四	五
Ⅰ	958(A_4)	1006(A_2)	1105(A_1)	1084(A_3)	966(A_5)
Ⅱ	968(A_1)	928(A_5)	1052(A_2)	1005(A_4)	1032(A_3)
Ⅲ	926(A_3)	1003(A_1)	937(A_5)	1023(A_2)	1023(A_4)
Ⅳ	935(A_2)	983(A_4)	1001(A_3)	948(A_5)	1012(A_1)
Ⅴ	860(A_5)	935(A_3)	956(A_4)	947(A_1)	959(A_2)

（一）计算各项平方和、自由度

1. 方法一　通过公式计算平方和 SS_A、SS_B、SS_C、SS_e，自由度 df_A、df_B、df_C、df_e。

（1）计算横行、直列和处理平均数和总平均数。用表5.5表示横行、直列和处理平均数。

表5.5　表5.4资料的横行、直列和处理平均数表

组号	横行	直列	处理
1	1023.8	929.4	1007
2	993	967	995
3	978.4	1006.2	995.6
4	971.8	997.4	985
5	931.4	998.4	915.8

$$\bar{x} = \frac{\sum\sum x_{ij(k)}}{n^2} = \frac{24492}{5^2} = 979.68$$

（2）计算总平方和

$$SS_T = \sum\sum(x_{ij(k)} - \bar{x})^2$$
$$= (958 - 979.68)^2$$
$$+ (1006 - 979.68)^2$$
$$+ \cdots + (959 - 979.68)^2 = 77481.44$$

（3）计算横行、直列和处理平方和

$$SS_A = n\sum(\bar{x}_{Ai} - \bar{x})^2$$

$$= 5 \times [(1023.8 - 979.68)^2$$
$$+ (993 - 979.68)^2$$
$$+ \cdots + (931.4 - 979.68)^2] = 22593.44$$
$$SS_B = n \sum (\bar{x}_{Bj} - \bar{x})^2$$
$$= 5 \times [(929.4 - 979.68)^2$$
$$+ (967 - 979.68)^2$$
$$+ \cdots + (998.4 - 979.68)^2] = 20283.04$$
$$SS_C = n \sum (\bar{x}_{C(k)} - \bar{x})^2$$
$$= 5 \times [(1007 - 979.68)^2$$
$$+ (995 - 979.68)^2$$
$$+ \cdots + (915.8 - 979.68)^2] = 26717.44$$

（4）计算误差平方和
$$SS_e = SS_T - SS_A - SS_B - SS_C$$
$$= 77481.44 - 22593.44 - 20283.04 - 26717.44 = 7887.52$$

（5）计算各项自由度
$$df_T = n^2 - 1 = 25 - 1 = 24, df_A = df_B = df_C = n - 1 = 5 - 1 = 4$$
$$df_e = df_T - df_A - df_B - df_C = 24 - 4 - 4 - 4 = 12$$

2. 方法二　采用 Excel 计算平方和 SS_A、SS_B、SS_C、SS_e，自由度 df_A、df_B、df_C、df_e。

（1）计算总平方和、横行平方和、直列平方和。采用 Excel 无重复双因素方差分析法分析表 5.4 资料，可得表 5.6。

表 5.6　表 5.4 资料的 Excel 无重复双因素方差分析结果

差异源	SS	df	MS
行	22593.44	4	5648.36
列	20283.04	4	5070.76
误差	34604.96	16	2162.81
总计	77481.44	24	

表 5.6 第二行行的平方和、自由度即为 SS_A、df_A，第三行列的平方和、自由度即为 SS_B、df_B，第四行误差的平方和、自由度包括处理和误差的平方和、自由度，第五行总计的平方和、自由度即为 SS_T、df_T。即：
$$SS_T = 77481.44, df_T = 24; SS_A = 22593.44, df_A = 4;$$
$$SS_B = 20283.04, df_B = 4; SS_C + SS_e = 34604.96, df_C + df_e = 16。$$

（2）计算处理平方和。先将数据以处理组的形式表示，见表 5.7。然后采用 Excel 无重复双因素方差分析法分析表 5.7 资料，可得表 5.8。

表 5.7　青贮笋剩余物饲喂肉牛拉丁方试验各处理组的日增重（单位：g）

处理	月龄组别				
	一	二	三	四	五
A_1	968	1003	1105	947	1012
A_2	935	1006	1052	1023	959
A_3	926	935	1001	1084	1032
A_4	958	983	956	1005	1023
A_5	860	908	917	928	966

表 5.8　表 5.7 资料的 Excel 无重复双因素方差分析结果

差异源	SS	df	MS
行	26717.44	4	6679.36
列	20283.04	4	5070.76
误差	30480.96	16	1905.06
总计	77481.44	24	

表 5.8 第二行行的平方和、自由度即为 SS_C、df_C，第三行列的平方和、自由度即为 SS_B、df_B，第四行误差的平方和、自由度包括横行单位组和误差的平方和、自由度，第五行总计的平方和、自由度即为 SS_T、df_T，即：

$SS_C = 26717.44$，$df_C = 4$；$SS_A + SS_e = 30480.96$，$df_A + df_e = 16$。

（3）计算误差平方和、自由度

$SS_e = SS_T - SS_A - SS_B - SS_C$

$\qquad = 77481.44 - 22593.44 - 20283.04 - 26717.44 = 7887.52$

$df_e = df_T - df_A - df_B - df_C = 24 - 4 - 4 - 4 = 12$

或：$SS_e = 30480.96 - 22593.44 = 7887.52$

或：$SS_e = 34604.96 - 26717.44 = 7887.52$

$df_e = 16 - 4 = 12$

（二）计算各项均方和 F 值，进行 F 检验

将上述计算出的平方和 SS_A、SS_B、SS_C、SS_e 分别除以自由度 df_A、df_B、df_C、df_e 可得均方，以误差均方作分母计算 F 值，将计算结果用方差分析表表示，见表 5.9。

表 5.9　表 5.4 资料的方差分析表

变异来源	SS	df	MS	F	$F_{0.05}$	$F_{0.01}$
处理间	26717.44	4	6679.36	10.162 **	3.26	5.41
横行单位组	22593.44	4	5648.36	8.593 **		

续表

变异来源	SS	df	MS	F	$F_{0.05}$	$F_{0.01}$
直列单位组	20283.04	4	5070.76	7.715**		
误差	7887.52	12	657.2933			
总计	77481.44	24				

从表 5.9 可知,三个 F 均大于 $F_{0.01(4,12)}$,$P < 0.01$,差异极显著。说明横行单位组和直列单位组以及处理变异均为极显著,无需对单位组的平均数进行多重比较,需对处理的平均数进行多重比较。

（三）多重比较

选择 SSR 法进行各处理平均数的多重比较。

1. 计算样本标准误。

$$S_{\bar{x}} = \sqrt{\frac{MS_e}{n}} = \sqrt{\frac{657.2933}{5}} \approx 11.465542$$

2. 按式（2.4）计算最小显著极差值 $LSR_{0.05(k,df_e)}$ 和 $LSR_{0.01(k,df_e)}$。将 $SSR_{0.05(k,df_e)}$ 和 $SSR_{0.01(k,df_e)}$ 和 $LSR_{0.05(k,df_e)}$、$LSR_{0.01(k,df_e)}$ 列于表 5.10。

表 5.10　SSR 值与 LSR 值

df_e	秩次距 k	$SSR_{0.05}$	$SSR_{0.01}$	$LSR_{0.05}$	$LSR_{0.01}$
12	2	3.08	4.32	35.3139	49.5311
	3	3.23	4.55	37.0337	52.1682
	4	3.33	4.68	38.1803	53.6587
	5	3.36	4.76	38.5242	54.5760

3. 进行平均数间比较　用表 5.11 表示表 5.4 资料各处理平均数的多重比较结果。

表 5.11　表 5.4 资料各处理平均数的多重比较表

处理	$\bar{x} \pm S$	5%	1%
A_1	1007 ± 60.7577	a	A
A_3	995.6 ± 66.4929	a	A
A_2	995 ± 47.5657	a	A
A_4	985 ± 29.2318	a	A
A_5	915.8 ± 38.2257	b	B

统计结论:A_1、A_2、A_3、A_4 处理的肉牛平均增重之间差异不显著,它们与 A_5 处理的肉牛平均增重之间差异均达到极显著。

专业解释:F 检验表明,日粮中添加不同比例的青贮笋剩余物的肉牛平均增重间差异极显著。多重比较发现,日粮中添加 4%、8% 和 12% 青贮笋剩余物的肉牛平均增重与对照组的肉牛平均增重差异不显著,而日粮中添加16%青贮笋剩余物的肉牛平均增重极显著低于对照组和添加比例为4%、8%和12%组。说明肉牛日粮中添加青贮笋剩余物的比例以不超过12%为宜。

【例5.3】进行能量(因素 C)和蛋白质(因素 D)对奶牛产奶量的影响试验,能量设2个水平,蛋白质设3个水平,配置成六种不同的饲料。将36头奶牛按泌乳期接近原则分成6个组,组成纵列单位组,每组的6头奶牛再按产奶量从高至低编号,组成横行单位组,进行拉丁方试验,试验结果见表5.12,请做统计分析。

表5.12　不同能量和蛋白质水平饲料的奶牛产奶量(单位:kg)

产量	泌乳期					
	一	二	三	四	五	六
I	32.8(④)	32.7(③)	34.3(⑤)	29.3(②)	27.9(①)	32.2(⑥)
II	35.8(⑥)	33.3(⑤)	28.5(①)	30.1(④)	28.7(③)	25.3(②)
III	34.5(⑤)	30.4(②)	30.5(③)	26.5(①)	31.1(⑥)	26.6(④)
IV	32.1(③)	32.1(⑥)	29.8(②)	30.7(④)	26.1(④)	23.9(②)
V	27.6(①)	27.8(④)	32.3(⑥)	28.6(③)	25.2(②)	29.0(⑤)
VI	27.7(②)	24.7(①)	26.5(④)	29.2(⑥)	28.6(⑤)	26.5(③)

注:表中括号内编号①~⑥分别代表水平组合 C_1D_1、C_1D_2、C_1D_3、C_2D_1、C_2D_2、C_2D_3。

（一）计算各项平方和、自由度

这是两因素析因设计拉丁方试验资料,其变异来源包括 A 因素间变异、B 因素间变异、AB 交互变异、横行单位组变异、纵列单位组变异以及误差变异。

可以将相关数据带入前面介绍的平方和、自由度的计算公式,通过公式计算平方和 SS_A、SS_B、SS_C、SS_D、$SS_{C×D}$、SS_e,自由度 df_A、df_B、df_C、df_D、$df_{C×D}$、df_e。这里采用 Excel 计算 SS_A、SS_B、SS_C、SS_D、$SS_{C×D}$、SS_e,自由度 df_A、df_B、df_C、df_D、$df_{C×D}$、df_e。

1. 计算 SS_T、SS_A、SS_B、df_T、df_A、df_B　采用 Excel 无重复双因素方差分析法分析表5.12资料,可得表5.13。

表5.13　表5.12资料的 Excel 无重复双因素方差分析结果

差异源	SS	df	MS
行	69.0114	5	13.8023
列	83.0047	5	16.6009
误差	159.3669	25	6.3747
总计	311.3831	35	

表5.13第二行行的平方和、自由度即为 SS_A、df_A,第三行列的平方和、自由度即为 SS_B、df_B,第四行误差的平方和、自由度包括处理和误差的平方和、自由度,第五行总计的平方

和、自由度即为 SS_T、df_T，即：

$SS_A = 69.0114$，$df_A = 5$；$SS_B = 83.0047$，$df_B = 5$；

$SS_t + SS_e = 159.3669$，$df_t + df_e = 25$；

$SS_T = 311.3831$，$df_T = 35$。

2. 计算 SS_C、SS_D、$SS_{C \times D}$、df_C、df_D、$df_{C \times D}$ 采用 Excel 可重复双因素方差分析法计算。

（1）将表 5.12 整理为表 5.14 的 C 和 D 两因素各水平数据资料表。

表 5.14　表 5.12 资料的因素水平数据资料（单位:kg）

	D_1	D_2	D_3
C_1	27.6	27.7	32.1
	24.7	30.4	32.7
	28.5	29.8	30.5
	26.5	29.3	28.6
	27.9	25.2	28.7
	23.9	25.3	26.5
C_2	32.8	34.5	35.8
	27.8	33.3	32.1
	26.5	34.3	32.3
	30.1	30.7	29.2
	26.1	28.6	31.1
	26.6	29.0	32.2

（2）Excel 可重复双因素方差分析法计算 SS_C、SS_D、$SS_{C \times D}$、df_C、df_D、$df_{C \times D}$。表 5.15 为表 5.14 的 Excel 可重复双因素方差分析输出结果。

表 5.15　表 5.14 的 Excel 可重复双因素方差分析输出结果

差异源	SS	df	MS
样本	61.6225	1	61.6225
列	79.6206	2	39.8103
交互	6.4517	2	3.2258
内部	163.6883	30	5.4563
总计	311.3831	35	

表 5.15 第二行样本的平方和、自由度即为 SS_C、df_C，第三行列的平方和、自由度即为 SS_D、df_D。第四行交互平方和、自由度即为 $SS_{C \times D}$、$df_{C \times D}$。第五行内部的平方和、自由度包括横行单位组、纵列单位组和误差的平方和、自由度。第六行总计的平方和、自由度即为 SS_T、df_T，与表 5.13 的总计的平方和、自由度相同，即：

$SS_C = 61.6225$，$df_C = 1$；$SS_D = 79.6206$，$df_D = 2$；

$SS_{C \times D} = 6.4517, df_{C \times D} = 2$。

$SS_T = 311.3831, df_T = 35$。

3. 计算 SS_e、df_e

$$SS_e = SS_T - SS_A - SS_B - SS_C - SS_D - SS_{C \times D}$$
$$= 311.3831 - 69.0114 - 83.0047 - 61.6225 - 79.6206 - 6.4517 = 11.6722$$

$$df_e = df_T - df_A - df_B - df_C = 35 - 5 - 5 - 1 - 2 - 2 = 20$$

（二）计算各项均方和 F 值，进行 F 检验

将上述计算出的平方和 SS_A、SS_B、SS_C、SS_D、$SS_{C \times D}$、SS_e 分别除以自由度 df_A、df_B、df_C、df_D、$df_{C \times D}$、df_e 可得均方，以误差均方作分母计算 F 值，将计算结果用方差分析表表示，见表5.16。

表5.16 表5.12资料的方差分析表

变异来源	SS	df	MS	F	$F_{0.05}$	$F_{0.01}$
C 因素	61.6225	1	61.6225	105.588**	4.351	8.096
D 因素	79.6206	2	39.8103	68.214**	3.493	5.849
$C \times D$	6.4517	2	3.2258	5.527*	3.493	5.849
横行单位组	69.0114	5	13.8023	23.650**	2.711	4.103
直列单位组	83.0047	5	16.6009	28.445**	2.711	4.103
误差	11.6722	20	0.5836			
总计	311.3831	35				

从表5.16可知，C 因素、D 因素、横行单位组、直列单位组的 F 值均大于 $F_{0.01}$，$P < 0.01$，差异极显著，C 因素和 D 因素交互效应的 F 值大于 $F_{0.05}$，$P < 0.05$，差异显著。无需对横行单位组和直列单位组的平均数进行多重比较。由于 C 因素只有两个水平，也不用进行多重比较。这里对 D 因素和 CD 水平组合的平均数进行多重比较。

（三）多重比较

1. D 因素各水平平均数的多重比较 选择 SSR 法进行。

（1）计算样本标准误

$$S_{\bar{x}_D} = \sqrt{\frac{MS_e}{cn}} = \sqrt{\frac{0.5836}{2 \times 6}} \approx 0.220532$$

（2）按式（2.4）计算最小显著极差值 $LSR_{0.05(k, df_e)}$ 和 $LSR_{0.01(k, df_e)}$。将 $SSR_{0.05(k, df_e)}$、$SSR_{0.01(k, df_e)}$、$LSR_{0.05(k, df_e)}$、$LSR_{0.01(k, df_e)}$ 列于表5.17。

表5.17 SSR 值与 LSR 值

df_e	秩次距 k	$SSR_{0.05}$	$SSR_{0.01}$	$LSR_{0.05}$	$LSR_{0.01}$
20	2	2.95	4.02	0.6506	0.8865
	3	3.10	4.22	0.6836	0.9306

（3）进行平均数间比较 用表5.18表示表5.12资料 D 因素各水平平均数的多重比较结果。

表 5.18　表 5.12 资料 D 因素各水平平均数的多重比较表

D 因素水平	$\bar{x} \pm S$	5%	1%
D_3	30.9833 ± 2.4546	a	A
D_2	29.8417 ± 3.0732	b	B
D_1	27.4167 ± 2.3664	c	C

统计结论：三种蛋白质水平的奶牛产奶量，两两之间均存在极显著差异。

专业解释：F 检验表明，蛋白质因素各水平产奶量间差异极显著。与多重比较发现，D_3 水平产奶量极显著高于 D_2 水平和 D_1 水平，而 D_2 水平产奶量极显著高于 D_1 水平。以 D_3 蛋白水平为最好，能提高产奶量。

2. CD 各水平组合平均数的多重比较　选择 SSR 法进行。

（1）计算样本标准误

$$S_{\bar{x}_{CD}} = \sqrt{\frac{MS_e}{n}} = \sqrt{\frac{0.5836}{6}} \approx 0.311879$$

（2）按式（2.4）计算最小显著极差值 $LSR_{0.05(k,df_e)}$ 和 $LSR_{0.01(k,df_e)}$。将 $SSR_{0.05(k,df_e)}$、$SSR_{0.01(k,df_e)}$、$LSR_{0.05(k,df_e)}$ 和 $LSR_{0.01(k,df_e)}$ 列于表 5.19。

表 5.19　SSR 值与 LSR 值

df_e	秩次距 k	$SSR_{0.05}$	$SSR_{0.01}$	$LSR_{0.05}$	$LSR_{0.01}$
	2	2.95	4.02	0.9200	1.2538
	3	3.10	4.22	0.9668	1.3161
20	4	3.18	4.33	0.9918	1.3504
	5	3.25	4.40	1.0136	1.3722
	6	3.30	4.47	1.0292	1.3941

（3）进行平均数间比较。用表 5.20 表示表 5.12 资料 CD 各水平组合平均数的多重比较结果。

表 5.20　表 5.12 资料 CD 各水平组合平均数的多重比较表

水平组合	$\bar{x} \pm S$	5%	1%
C_2D_3	32.1167 ± 2.1517	a	A
C_2D_2	31.7333 ± 2.6478	a	A
C_1D_3	29.85 ± 2.3544	b	B
C_2D_1	28.3167 ± 2.6347	c	C
C_1D_2	27.95 ± 2.2757	c	C
C_1D_1	26.5167 ± 1.8530	d	D

统计结论：水平组合 C_3D_3 和水平组合 C_2D_2 产奶量间差异不显著，它们的产奶量均极显著高于其余水平组合。水平组合 C_1D_3 产奶量显著高于水平组合 C_2D_1、C_1D_2、C_1D_1。水平组合 C_2D_1 和水平组合 C_1D_2 产奶量间差异不显著，它们均极显著高于水平组合 C_1D_1。

专业解释：F 检验表明，能量和蛋白质因素交互效应差异显著。以水平组合 C_3D_3 和水平组合 C_2D_2 产奶量为最高，它们之间差异不显著，均极显著高于其余各水平组合。以水平组合 C_1D_1 产奶量为最低，极显著低于其余各水平组合。

【例5.4】比较四种饲料原料（因素 D）在山羊瘤胃中的消化率，用 4 只山羊，分四个时期进行试验，各时期之间间隔半个月。为了提高试验的精确性和假设检验的灵敏度，试验重复了一次。试验结果见表 5.21 和表 5.22。

表 5.21　四种饲料原料瘤胃消化率第一次拉丁方试验结果（单位：%）

山羊编号	时期			
	一	二	三	四
1	$0.49(A_3)$	$0.39(A_2)$	$0.51(A_1)$	$0.66(A_4)$
2	$0.69(A_4)$	$0.56(A_3)$	$0.48(A_2)$	$0.68(A_1)$
3	$0.40(A_2)$	$0.66(A_1)$	$0.72(A_4)$	$0.55(A_3)$
4	$0.63(A_1)$	$0.62(A_4)$	$0.50(A_3)$	$0.39(A_2)$

表 5.22　四种饲料原料瘤胃消化率第二次拉丁方试验结果（单位：%）

山羊编号	时期			
	一	二	三	四
1	$0.52(A_1)$	$0.46(A_3)$	$0.46(A_2)$	$0.58(A_4)$
2	$0.50(A_2)$	$0.60(A_4)$	$0.54(A_3)$	$0.49(A_1)$
3	$0.46(A_4)$	$0.30(A_2)$	$0.36(A_1)$	$0.45(A_3)$
4	$0.44(A_3)$	$0.51(A_1)$	$0.54(A_4)$	$0.41(A_2)$

（一）计算各项平方和、自由度

可以将相关数据带入前面介绍的计算公式，通过公式计算平方和 SS_A、SS_B、SS_C、SS_U、$SS_{C×U}$、SS_e，自由度 df_A、df_B、df_C、df_U、$df_{C×U}$、df_e。这里采用 Excel 计算平方和 SS_A、SS_B、SS_C、SS_U、$SS_{C×U}$、SS_e，自由度 df_A、df_B、df_C、df_U、$df_{C×U}$、df_e。

1. 计算 SS_A、SS_B、df_A、df_B 采用 Excel 无重复双因素方差分析法分别计算出两个拉丁方的横行单位组平方和及自由度、直列单位组平方和及自由度，计算结果见表 5.23。

表 5.23　表 5.21 和表 5.22 资料的 Excel 无重复双因素方差分析结果

差异源	第一个拉丁方		第二个拉丁方	
	SS	df	SS	df
行	0.0207188	3	0.044025	3
列	0.0008188	3	0.000525	3
误差	0.1647063	9	0.045225	9
总计	0.1862438	15	0.089775	15

　　将两个拉丁方的行平方和、自由度和列平方和、自由度分别相加得到 SS_A、df_A、SS_B 和 df_B。

$SS_A = 0.0207188 + 0.044025 = 0.0647438$

$SS_B = 0.0008188 + 0.000525 = 0.0013438$

$df_A = 3 + 3 = 6, df_B = 3 + 3 = 6$

　　2. 计算 SS_T、SS_C、SS_U、$SS_{C \times U}$、df_T、df_C、df_U、$df_{C \times U}$，将两个拉丁方的处理合为一个可重复两因素资料，见表 5.24。采用 Excel 可重复双因素方差分析法分析表 5.24，得到表 5.25。

表 5.24　表 5.21 和表 5.22 资料的各处理数据表（单位:%）

饲料 原料	拉丁方	
	1	2
A_1	0.63	0.52
	0.66	0.51
	0.51	0.36
	0.68	0.49
A_2	0.40	0.50
	0.39	0.30
	0.48	0.46
	0.39	0.41
A_3	0.49	0.44
	0.56	0.46
	0.50	0.54
	0.55	0.45
A_4	0.69	0.46
	0.62	0.60
	0.72	0.54
	0.66	0.58

表5.25　表5.24资料的 Excel 可重复双因素方差分析结果

差异源	SS	df	MS
样本	0.1574844	3	0.0524948
列	0.0536281	1	0.0536281
交互	0.0294094	3	0.0098031
内部	0.089125	24	0.0037135
总计	0.329647	31	

表5.25的第二行样本的平方和、自由度即为 SS_C、df_C；第三行列的平方和、自由度即为 SS_U、df_U；第四行交互的平方和、自由度即为 $SS_{C \times U}$、$df_{C \times U}$；第六行总计的平方和、自由度即为 SS_T、df_T。第五行内部的平方和包括 SS_A、SS_B、SS_e，内部的自由度包括 df_A、df_B、df_e，即：

$SS_C = 0.1574844$，$df_C = 3$；$SS_U = 0.0536281$，$df_U = 1$；

$SS_{C \times U} = 0.0294094$，$df_{C \times U} = 3$；$SS_T = 0.329647$，$df_T = 31$。

3. 计算 SS_e、df_e。

$$SS_e = SS_T - SS_A - SS_B - SS_C - SS_U - SS_{C \times U}$$
$$= 0.329647 - 0.0647438 - 0.0013438 - 0.157484 - 0.0536281 - 0.0294094$$
$$= 0.023038$$

$$df_e = df_T - df_A - df_B - df_C - df_U - df_{C \times U} = 31 - 6 - 6 - 3 - 1 - 3 = 12$$

（二）计算各项均方和 F 值，进行 F 检验

1. 计算均方　将上述计算出的平方和 SS_A、SS_B、SS_C、SS_U、$SS_{C \times U}$、SS_e，分别除以自由度 df_A、df_B、df_C、df_U、$df_{C \times U}$、df_e，可得均方，计算结果见表5.26。

2. 计算 F 值　这里的四种原料比较，是固定效应，用四只山羊进行重复拉丁方试验，拉丁方也为固定效应，所以

$F_C = MS_C / MS_e = 0.052495/0.0019198 = 27.344$；

$F_U = MS_U / MS_e = 0.053628/0.0019198 = 27.934$；

$F_{C \times U} = MS_{C \times U}/MS_e = 0.009803/0.0019198 = 5.106$。

对于拉丁方的行和列，可以不用进行 F 检验。

3. 列方差分析表，进行 F 检验，方差分析表见表5.26

方差分析表明，4种原料在山羊瘤胃中的消化率差异极显著，需要进行多重比较。虽然拉丁方平均数间差异显著，但一般不用进行多重比较。

表5.26　表5.21和表5.22资料的方差分析表

变异来源	SS	df	MS	F	$F_{0.05}$	$F_{0.01}$
处理（C）间	0.157484	3	0.052495	27.344 **	3.49	5.95
方（U）间	0.053628	1	0.053628	27.934 **	4.75	9.33
C × U	0.029409	3	0.009803	5.106 *	3.49	5.95
方内行间	0.064744	6	0.010791			
方内列间	0.001344	6	0.000224			
误差	0.023038	12	0.0019198			
总计	0.329647	31				

（三）多重比较

需要进行处理各平均数间的多重比较。选择 SSR 法进行。

1. 计算样本标准误

$$S_{\bar{x}} = \sqrt{\frac{MS_e}{un}} = \sqrt{\frac{0.0019198}{2 \times 4}} \approx 0.0154911$$

2. 按式（2.4）计算最小显著极差值 $LSR_{0.05(k, df_e)}$ 和 $LSR_{0.01(k, df_e)}$。将 $SSR_{0.05(k, df_e)}$、$SSR_{0.01(k, df_e)}$、$LSR_{0.05(k, df_e)}$ 和 $LSR_{0.01(k, df_e)}$ 列于表 5.27。

表 5.27　SSR 值与 LSR 值

df_e	秩次距 k	$SSR_{0.05}$	$SSR_{0.01}$	$LSR_{0.05}$	$LSR_{0.01}$
12	2	3.08	4.32	0.04771	0.06692
	3	3.23	4.55	0.05004	0.07049
	4	3.33	4.68	0.05159	0.07250

3. 进行平均数间比较　用表 5.28 表示表 5.21 和表 5.22 资料各处理平均数的多重比较结果。

表 5.28　表 5.21 和表 5.22 资料各处理平均数的多重比较表

饲　料	$\bar{x} \pm S$	5%	1%
A_4	0.6088 ± 0.0841	a	A
A_1	0.545 ± 0.1062	bc	AB
A_3	0.4988 ± 0.0470	c	B
A_2	0.4163 ± 0.0635	d	C

统计结论：A_1 饲料原料与 A_3 饲料原料的消化率差异不显著，A_1 饲料原料与 A_4 饲料原料的消化率差异显著，其余各对饲料原料的消化率差异均达到极显著。

专业解释：F 检验表明，四种饲料原料的消化率间差异极显著。多重比较发现，A_4 饲料原料的消化率显著高于 A_1 饲料原料，极显著高于其余两种饲料原料。A_1 饲料原料与 A_3 饲料原料的消化率差异不显著，它们的消化率均极显著高于 A_2 饲料原料。以 A_4 饲料原料的消化率为最高，A_2 饲料原料的消化率为最低。

【本章小结】

拉丁方设计是采用拉丁方的横行和直列分别安排两个非试验因素，拉丁方的字母随机安排处理的一种试验设计方法。通过横行和直列两个方向的双重局部控制，拉丁方试验的精确性比随机单位组设计高。拉丁方设计步骤包括选择拉丁方、拉丁方横行和直列的随机排列、试验处理的随机分配。单因素拉丁方试验资料的总变异分解为处理变异、横行变异、直列变异和误差共四个部分。两因素析因设计拉丁方试验资料的总变异分解为 A 因素变异、B 因素变异、AB 交互变异、横行变异、直列变异和误差共六个部分。单因素两个拉丁方试验资料的总变异分解为处理变异、拉丁方变异、处理与拉丁方的交互变异、拉丁方内横行变异、拉丁方内直列变异和误差共六个部分。

【思考与练习题】

1. 什么是拉丁方设计？什么情况下需要用拉丁方设计来控制误差？

2. 进行三种饲料原料（A_1、A_2 和 A_3）的瘤胃消化率比较试验,同时考察两种饲料添加剂（B_1 和 B_2）是否有促进这三种饲料原料的瘤胃消化作用,进行 3×2 析因试验。拟用 6 只羊进行试验,请作拉丁方设计。

3. 在五个养殖笼进行药物毒性试验,设置 5 个水平,动物用药量 0.0, 0.2, 0.4, 0.6, 0.8mg/kg,进行了五个批次,每批次选择条件基本一致的动物 25 只,随机分成五个组,每组 5 只,随机放置于五个养殖笼,并随机接受五种不同的药物剂量。测定了血液生化指标和药物毒性指标。血液生化指标中的球蛋白含量见表 5.29。试进行统计分析。

表 5.29　药物毒性试验动物血液球蛋白含量（单位:g/L）

养殖笼号	批次				
	第一批	第二批	第三批	第四批	第五批
Ⅰ	49.58(A_4)	30.06(A_1)	31.05(A_2)	52.84(A_5)	39.66(A_3)
Ⅱ	39.68(A_2)	39.28(A_3)	30.52(A_1)	50.05(A_4)	55.32(A_5)
Ⅲ	50.26(A_5)	40.03(A_2)	41.37(A_3)	30.23(A_1)	48.23(A_4)
Ⅳ	26.35(A_1)	50.83(A_4)	51.01(A_5)	39.48(A_3)	31.12(A_2)
Ⅴ	38.90(A_3)	52.35(A_5)	49.56(A_4)	36.47(A_2)	29.59(A_1)

4. 假定第 2 题的拉丁方试验的瘤胃消化率见表 5.30。试进行统计分析。

表 5.30　饲料原料的瘤胃消化率（%）

山羊	时期					
	一	二	三	四	五	六
Ⅰ	42.8(②)	33.1(③)	34.3(⑤)	31.3(④)	27.9(⑥)	32.2(①)
Ⅱ	35.5(①)	33.3(⑤)	28.5(⑥)	39.7(②)	28.7(③)	27.4(④)
Ⅲ	34.5(⑤)	29.6(④)	30.5(③)	26.5(⑥)	31.1(①)	35.4(②)
Ⅳ	32.1(③)	32.1(①)	31.7(④)	30.2(⑤)	38.9(②)	23.9(⑥)
Ⅴ	27.6(⑥)	36.5(②)	32.3(①)	28.6(③)	26.4(④)	29.0(⑤)
Ⅵ	30.5(④)	24.7(⑥)	38.2(②)	29.2(①)	28.6(⑤)	26.5(③)

注:表中括号内编号①～⑥分别代表水平组合 A_1B_1、A_1B_2、A_2B_1、A_2B_2、A_3B_1、A_3B_2。

第 六 章　交叉设计

【本章导读】本章首先对交叉设计进行了概述,包括交叉设计的基本概念、原理特点、适用条件及优缺点。然后重点介绍了 2×2 和 2×3 交叉设计的基本方法、步骤,举例说明了交叉设计试验结果的统计分析方法,并进行了交叉设计的案例分析。

第一节　交叉设计概述

一、交叉设计的基本概念

在动物试验中,为了提高试验的精确性,要求选用在遗传及生理上相同或相似的试验动物,但这在实践中往往不易满足。如进行奶牛的泌乳试验时,要选择若干头品种、性别、年龄、胎次等条件都相同的奶牛是很困难的。为了较好地消除试验动物个体之间以及试验期间的差异对试验结果的影响,可采用交叉设计法。

交叉设计(Cross-over Design)亦称反转试验设计,是指在同一试验中将试验单位分期进行、交叉反复二次以上的试验设计方法。该设计的前提是在同一个试验动物身上可以实施两次或更多次试验。第一次试验时各试验动物给予一种处理,间隔一定时间进行第二次。

试验时,将各试验动物的处理对调为另一种处理。这样就可以在同一个试验动物身上进行两种不同处理的比较,从而消除试验动物本身的差异以及试验时期的差异。由于两种处理在全部试验过程中"交叉"进行,故称为交叉试验设计。常用的有 2×2 和 2×3 交叉设计,即试验有两个处理,分两个或三个时期进行,见表 6.1 和表 6.2。

<table>
<tr><td colspan="3">表 6.1　2×2 交叉设计</td></tr>
<tr><td rowspan="2">组别</td><td colspan="2">时期</td></tr>
<tr><td>I</td><td>II</td></tr>
<tr><td>1</td><td>处理</td><td>对照</td></tr>
<tr><td>2</td><td>对照</td><td>处理</td></tr>
</table>

<table>
<tr><td colspan="4">表 6.2　2×3 交叉设计</td></tr>
<tr><td rowspan="2">组别</td><td colspan="3">组别</td></tr>
<tr><td>I</td><td>II</td><td>IV</td></tr>
<tr><td>1</td><td>处理</td><td>对照</td><td>处理</td></tr>
<tr><td>2</td><td>对照</td><td>处理</td><td>对照</td></tr>
</table>

交叉设计的特点:①每个试验动物只接受所有处理中的两个,且分期进行交叉。②供试动物分组多少与处理多少有关。一般地,若有 k 个试验处理 $A_1, A_2, \cdots, A_k$,则交叉序列数为 $2C_k^2 = k(k-1)$,也即试验动物分组数为 $2C_k^2 = k(k-1)$,因为每组试验动物数相等,所以,试验动物总数为 $k(k-1)$ 的倍数。如果试验有 2 个处理 A_1, A_2,则交叉序列只有 $k(k-1) =$

$2 \times (2-1) = 2$ 种，A_1A_2 和 A_2A_1，则试验动物分 2 组。若试验分两期，则交叉序列为：A_1A_2 和 A_2A_1；若试验分三期，则交叉序列为：$A_1A_2A_1$ 和 $A_2A_1A_2$。如果试验有 3 个处理 A_1、A_2、A_3，则交叉序列有 $k(k-1) = 3 \times (3-1) = 6$ 种：A_1A_2，A_1A_3；A_2A_1，A_2A_3；A_3A_1，A_3A_2，则试验动物分为 6 组。若试验分三期，则 6 种交叉序列为：$A_1A_2A_1$，$A_1A_3A_1$；$A_2A_1A_2$，$A_2A_3A_2$；$A_3A_1A_3$，$A_3A_2A_3$，见 3×3 交叉设计表。

表 6.3　3×3 交叉设计

组别	时　期		
	I	II	III
1	A_1	A_2	A_1
2	A_1	A_3	A_1
3	A_2	A_1	A_2
4	A_2	A_3	A_2
5	A_3	A_1	A_3
6	A_3	A_2	A_3

二、交叉设计的应用条件

因为交叉设计只分析处理因素对试验结果的影响，即仅分析主效应差异。因此需排除两个非处理因素（试验阶段和试验动物），以及处理因素与两个非处理因素间的交互作用等对试验结果的影响。

因此要用交叉设计方法进行试验设计，需满足以下条件：

（一）处理因素、时期、个体间不存在交互作用　如果交叉试验中处理因素、时期、个体有交互作用，这些交互作用效应就会归入误差项中，使误差估计值增大，从而降低试验的精确性。

（二）试验不应有处理残效　在交叉试验中，处理轮流更换，如果前一种处理有效应残存，两阶段的起始条件不一致，则观测值的线性模型条件就不能成立。为解决这个问题，可设置适当的预试期和间歇期。如是药物处理实验，可参照药物的半衰期或预试验的结果决定其间隔时间。对于残效不能消失的处理，例如带有破坏性且不能恢复的试验，则不宜采用交叉设计。

（三）两次观察的时间不能过长，处理效应不能持续过久，以免造成实验动物在两个阶段的试验分别处于不同的生理期，而影响试验结果。

（四）试验动物的分组应随机进行，且各组试验动物数应相等，以使试验期的效应相互抵消。采用明道绪提出的 t 检验法分析 2×2、2×3 交叉试验资料时，不要求两组试验个体数相等。因而 t 检验法应用范围更广，且计算步骤也较为简明。

三、交叉设计的优缺点

（一）主要优点 交叉设计是在同一试验个体上比较不同处理,消除了试验个体差异,而且不同试验处理在不同试验时期的机会是均等的,因而可以消除试验期间的差异对试验结果的影响,进一步突出处理效应,提高了试验的精确性。因此,交叉设计特别适用于个体差异较大的动物试验,如大动物和兽医学试验等。此外,交叉试验结果的分析较为简便。

（二）主要缺点 与拉丁方设计相比,交叉设计不能得到关于个体差异和试验期差异大小的信息;若与有重复的多因素试验相比,还不能得到因素之间交互作用的信息。因此,交叉设计适用范围有一定的局限性。

第二节　2×2 交叉设计

一、2×2 交叉设计方法

2×2 交叉设计就是两组试验动物分两期一次交叉的试验设计。也即试验有两个处理,试验动物分为两组,分两个时期进行。

2×2 交叉设计的基本思路是,首先将试验动物随机的分配到 A、B 两组;其中一组试验动物在第 I 时期接受 A 处理,第 II 时期接受 B 处理;另一组试验动物在第 I 时期接受 B 处理,第 II 时期接受 A 处理,见表 6.1。

二、2×2 交叉试验结果的统计分析方法

2×2 交叉试验只有一个试验处理因素,分为 2 个水平,即是一个单因素两水平的试验设计,且采用了自身对照的方式来消除个体差异,故可采用单因素二水平差值 d 的方差分析法(Lucas)或差数平均数的 t 检验法(明道绪)进行试验结果的统计分析。

2×2 交叉试验结果数据模型见表 6.4。其中 A_1 和 A_2 表示试验处理的 2 个不同水平,B_1 和 B_2 表示两个试验动物分组,C_1 和 C_2 表示试验的 2 个不同时期。k 表示处理数,r 表示试验动物的重复数,$d = C_1 - C_2$ 表示两个时期试验观测值 X 之差,$d_1 = X_{1i1} - X_{1i2}$,$d_2 = X_{2i1} - X_{2i2}$,其中 $i = 1$、$2 \cdots r$,$T_1 = \sum d_1$,$T_2 = \sum d_2$。

表6.4　2×2 交叉试验结果数据模型

时期		C_1	C_2	$d = C_1 - C_2$	
处理		A_1	A_2	d_1	d_2
B_1 组	B_{11}	X_{111}	X_{112}		
	B_{12}	X_{121}	X_{122}		
	B_{13}	X_{131}	X_{132}		
	…	…	…	$X_{1i1} - X_{1i2}$	
	…	…	…		
	…	…	…		
	B_{1r}	X_{1i1}	X_{1i2}		

续表

时期		C_1	C_2	$d = C_1 - C_2$	
处理		A_1	A_2	d_1	d_2
B_2 组	B_{21}	X_{211}	X_{212}		
	B_{22}	X_{221}	X_{222}		
	B_{23}	X_{231}	X_{232}		
	…	…	…	$X_{2i1} - X_{2i2}$	
	…	…	…		
	…	…	…		
	B_{2r}	X_{2i1}	X_{2i2}		
总计				T_1	T_2

（一）单因素二水平差值 d 的方差分析法

单因素二水平差值的方差分析法，又称 Lucas 法。

提出假设：$H_o: \mu_{d_1} = \mu_{d_2}$，$H_A: \mu_{d_1} \neq \mu_{d_2}$。

1. 计算各项平方和与自由度

矫正数　　　　$C = (T_1 + T_2)^2 / kr$

总平方和　　　$SS_T = \sum \sum d_{ij}^2 - C$

处理平方和　　$SS_t = \sum T_i^2 / r - C$

误差平方和　　$SS_e = SS_T - SS_A$

总自由度　　　$df_T = kr - 1$

处理自由度　　$df_t = k - 1$

误差自由度　　$df_e = df_T - df_t = k(r - 1)$

2. 列出方差分析表，进行 F 检验

表 6.5　试验资料方差分析表

变异来源	SS	df	MS	F
处理	SS_t	$k - 1$	$SS_t / k - 1$	MS_t / MS_e
误差	SS_e	$k(r - 1)$	$SS_e / k(r - 1)$	
总计	SS_T	$kr - 1$		

查 F 值表，比较 F 值与 $F_{0.05(df_t, df_e)}$ 和 $F_{0.01(df_t, df_e)}$ 的大小，若 $F \geqslant F_{0.01(df_t, df_e)}$，$P \leqslant 0.01$，否定 $H_o: \mu_{d_1} = \mu_{d_2}$，接受 $H_A: \mu_{d_1} \neq \mu_{d_2}$，表明处理间差异极显著；若 $F_{0.05(df_t, df_e)} \leqslant F < F_{0.01(df_t, df_e)}$，$0.01 < P \leqslant 0.05$，否定 $H_o: \mu_{d_1} = \mu_{d_2}$，接受 $H_A: \mu_{d_1} \neq \mu_{d_2}$，表明处理间差异显著；若 $F < F_{0.05}(df_t, df_e)$，$P > 0.05$，接受 $H_o: \mu_{d_1} = \mu_{d_2}$，否定 $H_A: \mu_{d_1} \neq \mu_{d_2}$，表明处理间差异不显著。

（二）t 检验法

检验公式为：

$$t = \frac{\bar{d}_1 - \bar{d}_2}{S_{\bar{d}_1 - \bar{d}_2}}, \quad df = (r_1 - 1) + (r_2 - 1)$$

其中：$S_{\bar{d}_1 - \bar{d}_2} = \sqrt{\frac{\left[\sum d_1^2 - (\sum d_1)^2/r\right] + \left[\sum d_2^2 - (\sum d_2)^2/s\right]}{(r_1 - 1) + (r_2 - 1)}\left(\frac{1}{r_1} + \frac{1}{r_2}\right)}$

$S_{\bar{d}_1 - \bar{d}_2}$ 表示差数平均数差异标准误，r_1，r_2 分别为两组试验重复数，$\bar{d}_1$ 和 $\bar{d}_2$ 分别表示两组的差数平均数。

$$t = \frac{\bar{d}_1 - \bar{d}_2}{S_{\bar{d}_1 - \bar{d}_2}}$$

由 $df = (r_1 - 1) + (r_2 - 1)$ 查临界 t 值 $t_{0.05(df)}$ 和 $t_{0.01(df)}$，若 $t \geqslant t_{0.01(df)}$，$P \leqslant 0.01$，否定 $H_o : \mu_{d_1} = \mu_{d_2}$，接受 $H_A : \mu_{d_1} \neq \mu_{d_2}$，表明处理间差异极显著；若 $t_{0.05(df)} < t < t_{0.01(df)}$，$0.01 < P \leqslant 0.05$，否定 $H_o : \mu_{d_1} = \mu_{d_2}$，接受 $H_A : \mu_{d_1} \neq \mu_{d_2}$，表明处理间差异显著；若 $t < t_{0.05(df)}$，$P > 0.05$，接受 $H_o : \mu_{d_1} = \mu_{d_2}$，否定 $H_A : \mu_{d_1} \neq \mu_{d_2}$，表明处理间差异不显著。

三、案列分析

【例6.1】 为了研究饲料新配方对奶牛产奶量的影响，设置对照饲料 A_1 和新饲料配方 A_2 两个处理，选择条件相近的奶牛 10 头，随机分为 B_1、B_2 两组，每组 5 头，预饲期 1 周。试验分为 C_1、C_2 两期，每期两周，按 2×2 交叉设计进行试验。试验结果列于表 6.6。试检验新饲料配方对提高产奶量有无效果。

表 6.6 【例 6.1】试验结果（单位：kg）

时期		C_1	C_2	$d = C_1 - C_2$	
处理		A_1	A_2	d_1	d_2
B_1 组	B_{11}	13.8	15.5	-1.7	
	B_{12}	16.2	18.4	-2.2	
	B_{13}	13.5	16.0	-2.5	
	B_{14}	12.8	15.8	-3.0	
	B_{15}	12.5	14.5	-2.0	
处理		A_2	A_1		
B_2 组	B_{21}	14.3	13.5		0.8
	B_{22}	20.2	15.4		4.8
	B_{23}	18.6	14.3		4.3
	B_{24}	17.5	15.2		2.3
	B_{25}	14.0	13.0		1.0
总计				$T_1 = -11.4$	$T_2 = 13.2$

（一）方差分析法

提出无效假设、备择假设：$H_o : \mu_{d_1} = \mu_{d_2}, H_A : \mu_{d_1} \neq \mu_{d_2}$。

此例处理数 $k = 2$，重复数 $r = 5$。先计算出两个时期产奶量的差 $d = C_1 - C_2$，以及 $T_1 = \sum d_1, T_2 = \sum d_2$，见表 6.6。

1. 计算各项平方和与自由度

矫正数　　　　　$C = (T_1 + T_2)^2 / kr = (-11.4 + 13.2)^2 / (2 \times 5) = 0.3240$

总平方和　　　　$SS_T = \sum \sum d_{ij}^2 - C = (-1.7)^2 + (-2.2)^2 + \cdots + 1^2 - 0.3240$

　　　　　　　　　　　$= 75.4400 - 0.3240 = 75.1160$

处理平方和　　　$SS_t = \sum T_i^2 / r - C = [(-11.4)^2 + 13.2^2] / 5 - 0.3240 = 60.5160$

误差平方和　　　$SS_e = SS_T - SS_A = 75.1160 - 60.5160 = 14.6000$

总自由度　　　　$df_T = kr - 1 = 2 \times 5 - 1 = 9$

处理自由度　　　$df_t = k - 1 = 2 - 1 = 1$

误差自由度　　　$df_e = df_T - df_t = k(r-1) = 2(5-1) = 8$

2. 列出方差分析表，进行 F 检验

表 6.7　【例 6.1】试验资料方差分析表

变异来源	SS	df	MS	F	$F_{0.01(1, 8)}$
处　理	60.5160	1	60.52	33.16**	11.26
误　差	14.6000	8	1.83		
总　计	75.116	9			

因为处理 F 值为 $33.16 > F_{0.01(1, 8)}$，$P < 0.01$，否定 $H_o : \mu_{d_1} = \mu_{d_2}$，接受 $H_A : \mu_{d_1} \neq \mu_{d_2}$，表明新配方饲料与对照饲料平均产奶量差异极显著，这里表现为新配方饲料的平均产奶量极显著高于对照饲料的平均产奶量。

（二）t 检验法

提出无效假设、备择假设：$H_o : \mu_{d_1} = \mu_{d_2}, H_A : \mu_{d_1} \neq \mu_{d_2}$。

此例，$r_1 = r_2 = 5$，$\bar{d}_1 = -2.28$，$\bar{d}_2 = 2.64$

$$S_{\bar{d}_1 - \bar{d}_2} = \sqrt{\frac{\left[(-1.7)^2 + (-2.2)^2 + \cdots + (-2.0)^2 - \frac{(-11.4)^2}{5} \right] + \left[0.8^2 + 4.8^2 + \cdots + 1.0^2 - \frac{13.2^2}{5} \right]}{(5-1) + (5-1)} \left(\frac{1}{5} + \frac{1}{5} \right)} \approx 0.8544$$

$$t = \frac{\bar{d}_1 - \bar{d}_2}{S_{\bar{d}_1 - \bar{d}_2}} = \frac{-2.28 - 2.64}{0.8544} = -5.7584$$

由 $df = (r_1 - 1) + (r_2 - 1) = (5-1) + (5-1) = 8$ 查临界 t 值得：$t_{0.01(8)} = 3.355$，因为 $|t| = 5.7854 > t_{0.01(8)}$，$P < 0.01$，否定 $H_o : \mu_{d_1} = \mu_{d_2}$，接受 $H_A : \mu_{d_1} \neq \mu_{d_2}$，表明新配方饲料与对照饲料平均产奶量差异极显著。检验结果与方差分析法一致。

【例6.2】 为了研究微生态制剂 M 对蛋鸡产蛋量的影响,将试验蛋鸡随机分为 B_1、B_2 两组,每组 6 个重复(每个重复 15 只鸡),两组分别饲喂微生态制剂 M + 基础日粮(A_1)和基础日粮(A_2),饲喂 25 天(C_1)后,间隔 10 天,两组试验动物交换饲料,再饲喂 25 天(C_2)。每个重复单元两个时期产蛋量统计数据见表 6.8,试问微生态制剂 M 对产蛋量是否有显著影响?

表 6.8 【例6.2】试验结果(单位:枚)

时期		C_1	C_2	$d = C_1 - C_2$	
处理		A_1	A_2	d_1	d_2
B_1 组	B_{11}	312	297	15	
	B_{12}	311	295	16	
	B_{13}	317	311	6	
	B_{14}	314	298	16	
	B_{15}	310	294	16	
	B_{16}	307	292	15	
处理		A_2	A_1		
B_2 组	B_{21}	296	299		-3
	B_{22}	295	297		-2
	B_{23}	300	303		-3
	B_{24}	298	301		-3
	B_{25}	293	296		-3
	B_{26}	292	294		-2
总计				$T_1 = 84$	$T_2 = -16$

(一)方差分析法

提出无效假设、备择假设:$H_0 : \mu_{d_1} = \mu_{d_2}$,$H_A : \mu_{d_1} \neq \mu_{d_2}$。此例处理数 $k = 2$,重复数 $r = 6$。先计算出两个时期产蛋量的差 $d = C_1 - C_2$,以及 $T_1 = \sum d_1$,$T_2 = \sum d_2$,见表 6.8。

1. 计算各项平方和与自由度

矫正数
$$C = (T_1 + T_2)^2 / kr = (84 - 16)^2 / (2 \times 6) = 385.3333$$

总平方和
$$SS_T = \sum \sum d_{ij}^2 - C = 15^2 + 16^2 + \cdots + (-2)^2 - 385.3333$$
$$= 912.6667$$

处理平方和
$$SS_t = \sum T_i^2 / r - C = [84^2 + (-16)^2] / 6 - 385.3333 = 833.3333$$

误差平方和
$$SS_e = SS_T - SS_t = 912.6667 - 833.3333 = 79.3334$$

总自由度
$$df_T = kr - 1 = 2 \times 6 - 1 = 11$$

处理自由度
$$df_t = k - 1 = 2 - 1 = 1$$

误差自由度
$$df_e = df_T - df_t = k(r - 1) = 2(6 - 1) = 10$$

2. 列出方差分析表,进行 F 检验

表6.9 【例6.2】试验资料方差分析表

变异来源	SS	df	MS	F	$F_{0.01(1, 10)}$
处 理	833.3333	1	833.3333	105.0425**	10.04
误 差	79.3334	10	7.9333		
总 计	75.116	11			

因为处理 F 值为 $105.0425 > F_{0.01(1, 10)}$,$P < 0.01$,否定 $H_o : \mu_{d_1} = \mu_{d_2}$,接受 $H_A : \mu_{d_1} \neq \mu_{d_2}$,表明添加微生态制剂 M 能极显著增加蛋鸡产蛋量。

（二）t 检验法

提出无效假设、备择假设:$H_o : \mu_{d_1} = \mu_{d_2}$,$H_A : \mu_{d_1} \neq \mu_{d_2}$。此例,$r_1 = r_2 = 6$,$\overline{d}_1 = 14$,$\overline{d}_2 = -2.6667$

$$S_{\overline{d}_1 - \overline{d}_2} = \sqrt{\frac{\left[15^2 + 16^2 + \cdots + 15^2 - \frac{(84)^2}{6} \right] + \left[(-3)^2 + (-2)^2 + \cdots + (-2)^2 - \frac{(-16)^2}{6} \right]}{(6-1) + (6-1)} \left(\frac{1}{6} + \frac{1}{6} \right)} \approx 1.6262$$

$$t = \frac{\overline{d}_1 - \overline{d}_2}{S_{\overline{d}_1 - \overline{d}_2}} = \frac{14 - (-2.6667)}{1.6262} = 10.2489$$

由 $df = (r_1 - 1) + (r_2 - 1) = (6 - 1) + (6 - 1) = 10$ 查临界 t 值得:$t_{0.01(10)} = 3.169$,因为 $|t| = 10.2489 > t_{0.01(10)}$,$P < 0.01$,否定 $H_o : \mu_{d_1} = \mu_{d_2}$,接受 $H_A : \mu_{d_1} \neq \mu_{d_2}$,表明添加微生态制剂 M 能极显著增加蛋鸡产蛋量。所得结论与方差分析相同。

【例6.3】 为了研究不同给药方式条件下家犬体内麻保沙星消除半衰期是否存在差异,设置肌肉注射 A_1 和口服 A_2 两个处理,给药剂量为 2.75 mg/kg 体重,选择条件相近的健康家犬 6 只,随机分为 B_1、B_2 两组,每组 3 只。试验分为 C_1、C_2 两期,每期 2 天,间隔 7 天,按 2×2 交叉设计进行试验。试验结果列于表6.10。试分析肌肉注射和口服两种给药方式下家犬体内麻保沙星消除半衰期是否存在差异。

表6.10 【例6.3】试验结果（单位:h）

时期 处理		C_1 A_1	C_2 A_2	$d = C_1 - C_2$ d_1	d_2
B_1 组	B_{11}	4.40	6.25	-1.85	
	B_{12}	5.45	7.30	-1.85	
	B_{13}	3.50	5.20	-1.7	
处理		A_2	A_1		
B_2 组	B_{21}	5.90	4.20		1.7
	B_{22}	4.80	3.30		1.5
	B_{23}	7.0	5.10		1.9
总计				$T_1 = -5.4$	$T_2 = 5.1$

（一）方差分析法

提出无效假设、备择假设：$H_0：\mu_{d_1} = \mu_{d_2}，H_A：\mu_{d_1} \neq \mu_{d_2}$。此例处理数 $k = 2$，重复数 $r = 3$。

先计算出两个时期消除半衰期的差 $d = C_1 - C_2$，以及 $T_1 = \sum d_1，T_2 = \sum d_2$，见表6.10。

1. 计算各项平方和与自由度

矫正数 $\qquad C = (T_1 + T_2)^2/kr = (-5.4 + 5.1)^2/(2 \times 3) = 0.015$

总平方和 $\qquad SS_T = \sum\sum d_{ij}^2 - C = (-1.85)^2 + (-1.85)^2 + \cdots + 1.9^2 - 0.015$
$\qquad\qquad\qquad = 18.47$

处理平方和 $\qquad SS_t = \sum T_i^2/r - C = [(-5.4)^2 + (5.1)^2]/3 - 0.015 = 18.375$

误差平方和 $\qquad SS_e = SS_T - SS_t = 18.47 - 18.375 = 0.095$

总自由度 $\qquad df_T = kr - 1 = 2 \times 3 - 1 = 5$

处理自由度 $\qquad df_t = k - 1 = 2 - 1 = 1$

误差自由度 $\qquad df_e = df_T - df_t = k(r - 1) = 2(3 - 1) = 4$

2. 列出方差分析表，进行 F 检验

表6.11　【例6.3】试验资料方差分析表

变异来源	SS	df	MS	F	$F_{0.01(1, 4)}$
处理	18.375	1	18.375	773.6842**	21.20
误差	0.095	4	0.02375		
总计	18.47	5			

因为处理 F 值为 $773.6842 > F_{0.01(1, 10)}$，$P < 0.01$，否定 $H_0：\mu_{d_1} = \mu_{d_2}$，接受 $H_A：\mu_{d_1} \neq \mu_{d_2}$，表明肌肉注射和口服两种给药方式下家犬体内麻保沙星消除半衰期存在极显著差异。

（二）t 检验法

提出无效假设、备择假设：$H_o：\mu_{d_1} = \mu_{d_2}，H_A：\mu_{d_1} \neq \mu_{d_2}$。此例，$r_1 = r_2 = 3，\bar{d}_1 = -1.8，\bar{d}_2 = 1.7$

$$S_{\bar{d}_1 - \bar{d}_2} = \sqrt{\frac{\left[(-1.85)^2 + (-1.85)^2 + (-1.7)^2 - \frac{(-5.4)^2}{3}\right] + \left[1.5^2 + 1.7^2 + \cdots + 1.9^2 - \frac{5.1^2}{3}\right]}{(3-1) + (3-1)}\left(\frac{1}{3} + \frac{1}{3}\right)} \approx 0.1258$$

$$t = \frac{\bar{d}_1 - \bar{d}_2}{S_{\bar{d}_1 - \bar{d}_2}} = \frac{-1.8 - 1.7}{0.1258} = -27.8219$$

由 $df = (r_1 - 1) + (r_2 - 1) = (3 - 1) + (3 - 1) = 4$ 查临界 t 值得：$t_{0.01(4)} = 4.604$，因为 $|t| = 27.8219 > t_{0.01(4)}$，$P < 0.01$，否定 $H_o：\mu_{d_1} = \mu_{d_2}$，接受 $H_A：\mu_{d_1} \neq \mu_{d_2}$，表明肌肉注射和口服两种给药方式下家犬体内麻保沙星消除半衰期存在极显著差异。

第二节　2×3 交叉设计

一、2×3 交叉设计方法

2×3 交叉设计就是将试验动物分三期两次交叉的试验设计。也即试验有两个处理，试验动物分为两组，分三个时期进行。

2×3 交叉设计的基本思路是，首先将试验动物随机的分配到 A、B 两组；其中一组试验动物在第 Ⅰ 时期接受 A 处理，第 Ⅱ 时期接受 B 处理，第 Ⅲ 时期接受 A 处理；另一组试验动物在第 Ⅰ 时期接受 B 处理，第 Ⅱ 时期接受 A 处理，第 Ⅲ 时期接受 B 处理，见表 6.12。

二、2×3 交叉试验结果的统计分析方法

2×3 交叉试验与 2×2 交叉试验一样，同样是一个单因素两水平的试验设计，也采用单因素二水平差值 d 的方差分析法（Lucas）或差数平均数的 t 检验法（明道绪）进行试验结果的统计分析。

2×3 交叉试验结果数据模型见表 6.12。其中 A_1 和 A_2 表示试验处理的 2 个不同水平，B_1 和 B_2 表示两个试验动物分组，C_1、C_2 和 C_3 表示试验的 3 个不同时期。k 表示处理数，r 表示试验动物的重复数，$d = C_1 - 2C_2 + C_3$ 表示三个时期试验观测值 X 之差，$d_1 = X_{1i1} - 2X_{1i2} + X_{1i3}$，$d_2 = X_{2i1} - 2X_{2i2} + X_{2i3}$，$i = 1, 2\cdots, r$，$T_1 = \sum d_1$，　$T_2 = \sum d_2$。

表 6.12　2×3 交叉试验结果数据模型

时期		C_1	C_2	C_3	\multicolumn{2}{c}{$d = C_1 - 2C_2 + C_3$}
处理		A_1	A_2	A_1	d_1	d_2
B_1 组	B_{11}	X_{111}	X_{112}	X_{113}		
	B_{12}	X_{121}	X_{122}	X_{123}		
	B_{13}	X_{131}	X_{132}	X_{133}	$X_{1i1} - 2X_{1i2} + X_{1i3}$	
	…	…	…	…		
	…	…	…	…		
	B_{1r}	X_{1i1}	X_{1i2}	X_{1i3}		
处理		A_2	A_1	A_2	d_1	d_2
B_2 组	B_{21}	X_{211}	X_{212}	X_{213}		
	B_{22}	X_{221}	X_{222}	X_{223}		
	B_{23}	X_{231}	X_{232}	X_{233}		$X_{2i1} - 2X_{2i2} + X_{2i3}$
	…	…	…	…		
	…	…	…	…		
	B_{2r}	X_{2i1}	X_{2i2}	X_{2i3}		
总计					T_1	T_2

2×3 交叉试验结果的统计分析方法，不管是方差分析法（Lucas）还是差数平均数的 t 检验法，所用的公式和步骤都与 2×2 交叉试验结果的统计分析方法相同，详细见本章第 2 节 2×2 交叉试验结果的统计分析方法。

三、案列分析

【例6.4】　为了研究饲喂尿素对奶牛产奶量的影响，设置尿素配合饲料 A_1 和对照饲料 A_2 两个处理，选择条件相近的奶牛6头，随机分为 B_1、B_2 两组，每组3头，试验分 C_1、C_2、C_3 三期（每期20天），B_1 组（B_{11}，B_{12}，B_{13}）按 A_1—A_2—A_1 顺序给予饲料，B_2 组（B_{21}，B_{22}，B_{23}）按 A_2—A_1—A_2 顺序给予饲料，预饲期1周。试验结果列于表6.13，试检验尿素对提高奶牛的产奶量有无效果。

表6.13　【例6.4】试验结果（单位：kg）

时期 处理		C_1 A_1	C_2 A_2	C_3 A_1	$d = C_1 - 2C_2 + C_3$ d_1	d_2
B_1 组	B_{11}	11.32	11.36	11.31	-0.09	
	B_{12}	13.67	13.40	13.83	0.70	
	B_{13}	18.74	16.34	16.39	2.45	
处理		A_2	A_1	A_2		
B_2 组	B_{21}	11.65	11.19	11.12		0.39
	B_{22}	13.57	13.87	13.41		-0.76
	B_{23}	11.54	10.97	10.66		0.26
总计					$T_1 = 3.06$	$T_2 = -0.11$

（一）方差分析法

提出无效假设与备择假设：$H_o: \mu_{d_1} = \mu_{d_2}$，$H_A: \mu_{d_1} \neq \mu_{d_2}$。按公式 $d = C_1 - 2C_2 + C_3$ 分别计算出 B_1 组的差 d_1 和 B_2 组的差 d_2 及 T_1、T_2。此例，处理数 $k = 2$，重复数 $r = 3$。

1. 计算各项平方和与自由度

矫正数　　　　$C = (T_1 + T_2)^2/kr = (3.06 - 0.11)^2/6 = 1.4504$

总平方和　　　$SS_T = \sum d^2 - C = (-0.09)^2 + 0.70^2 + \cdots + 0.26^2 - 1.4504 = 5.8475$

处理平方和　　$SS_t = (T_1^2 + T_2^2)/r - C = [3.06^2 + (-0.11)^2]/3 - 1.4504 = 1.6748$

误差平方和　　$SS_e = SS_T - SS_t = 5.8475 - 1.6748 = 4.1727$

总自由度　　　$df_T = kr - 1 = 2 \times 3 - 1 = 5$

处理自由度　　$df_t = k - 1 = 2 - 1 = 1$

误差自由度　　$df_e = k(r-1) = df_T - df_t = 5 - 1 = 4$

2. 列出方差分析表，进行 F 检验

表6.14　【例6.4】试验资料方差分析表

变异来源	SS	df	MS	F	$F_{0.05(1,4)}$
处理	1.6748	1	1.6748	1.60[NS]	7.71
误差	4.1727	4	1.0432		
总计	17.72	5			

因为处理 F 值为 $1.60 < F_{0.05(1,4)}$，$P > 0.05$，接受 $H_o: \mu_{d_1} = \mu_{d_2}$，否定 $H_A: \mu_{d_1} \neq \mu_{d_2}$，表明在对照饲料基础上添加尿素对提高奶牛产奶量效果不显著。

（二）t 检验法

2×3 交叉试验资料分析的 t 检验公式与 2×2 交叉试验资料分析的 t 检验相同。

此例 $r_1 = r_2 = 3$，$T_1 = 3.06$，$T_2 = -0.11$，$\bar{d}_1 = 1.0200$，$\bar{d}_2 = -0.0367$

$$S_{d_1 - d_2} = \sqrt{\frac{\left[(-0.09)^2 + 0.70^2 + 2.45^2 - \frac{3.06^2}{3}\right] + \left[0.39^2 + (-0.76)^2 + 0.26^2 - \frac{(-0.11)^2}{3}\right]}{(3-1) + (3-1)} \left(\frac{1}{3} + \frac{1}{3}\right)} \approx 0.8339$$

$$t = \frac{\bar{d}_1 - \bar{d}_2}{S_{\bar{d}_1 - \bar{d}_2}} = \frac{1.02 - (-0.0367)}{0.8339} = 1.2672$$

由 $df = (r_1 - 1) + (r_2 - 1) = (3-1) + (3-1) = 4$ 查临界 t 值得：$t_{0.05(4)} = 2.776$，因为 $t = 1.2672 < t_{0.05(4)}$，$P > 0.05$，表明在对照饲料上添加尿素与否，奶牛产奶量差异不显著。检验结果与方差分析法相同。

【例6.5】 为了研究饲料中添加抗菌肽对牛奶中细菌总量的影响，将 10 头奶牛随机分为 B_1、B_2 两组，每组 5 头，试验分 C_1、C_2、C_3 三期（每期 20 天），B_1 组（B_{11}，B_{12}，B_{13}，B_{14}，B_{15}）按 A_1（添加抗菌肽）—A_2（不添加抗菌肽）—A_1 顺序饲喂饲料，B_2 组（B_{21}，B_{22}，B_{23}，B_{24}，B_{25}）按 A_2—A_1—A_2 顺序饲喂饲料，试验间隔期为 10 天。测得的试验结果见表 6.15，试检验饲料中添加抗菌肽对牛奶中细菌总量是否有显著影响。

表 6.15　【例6.6】试验结果（单位：cfu/mL）

时期		C_1	C_2	C_3	$d = C_1 - 2C_2 + C_3$	
处理		A_1	A_2	A_1	d_1	d_2
B_1 组	B_{11}	53	61	56	-13	
	B_{12}	50	51	57	5	
	B_{13}	44	54	49	-15	
	B_{14}	40	48	43	-13	
	B_{15}	51	44	40	3	
处理		A_2	A_1	A_2		
B_2 组	B_{21}	60	48	52		16
	B_{22}	54	50	60		14
	B_{23}	68	54	51		11
	B_{24}	43	39	49		14
	B_{25}	41	35	42		13
总计					$T_1 = -33$	$T_2 = 68$

（一）方差分析法

提出无效假设与备择假设：$H_o : \mu_{d_1} = \mu_{d_2}$，$H_A : \mu_{d_1} \neq \mu_{d_2}$。按公式 $d = C_1 - 2C_2 + C_3$ 分别计算出 B_1 组的差 d_1 和 B_2 组的差 d_2 及 T_1、T_2。此例，处理数 $k = 2$，重复数 $r = 5$。

1. 计算各项平方和与自由度

矫正数 $\qquad C = (T_1 + T_2)^2 / kr = (-33 + 68)^2 / 10 = 122.5$

总平方和 $\qquad SS_T = \sum d^2 - C = (-13)^2 + 5^2 + \cdots + 13^2 - 122.5 = 1412.5$

处理平方和 $\qquad SS_t = (T_1^2 + T_2^2)/r - C = [(-13)^2 + 68^2]/5 - 122.5 = 1020.1$

误差平方和 $\qquad SS_e = SS_T - SS_t = 1412.5 - 1020.1 = 392.4$

总自由度 $\qquad df_T = kr - 1 = 2 \times 5 - 1 = 9$

处理自由度 $\qquad df_t = k - 1 = 2 - 1 = 1$

误差自由度 $\qquad df_e = k(r - 1) = df_T - df_t = 9 - 1 = 8$

2. 列出方差分析表，进行 F 检验

表 6.16 【例 6.6】试验资料方差分析表

变异来源	SS	df	MS	F	$F_{0.01(1, 8)}$
处 理	1020.1	1	1020.1	20.7972**	
误 差	392.4	8	49.05		11.3
总 计	1412.5	9			

因为处理 F 值为 $20.7972 > F_{0.0(1, 8)}$，$P > 0.01$，否定 $H_o : \mu_{d_1} = \mu_{d_2}$，接受 $H_A : \mu_{d_1} \neq \mu_{d_2}$，表明饲料中添加抗菌肽对牛奶中细菌总量有极显著影响。

（二）t 检验法

此例 $r_1 = r_2 = 5$，$\bar{d}_1 = -6.6$，$\bar{d}_2 = 13.6$

$$S_{\bar{d}_1 - \bar{d}_2} = \sqrt{\frac{\left[(-13)^2 + 5^2 + \cdots + 3^2 - \frac{(-13)^2}{5}\right] + \left[16^2 + 14^2 + \cdots + 13^2 - \frac{68^2}{5}\right]}{(5 - 1) + (5 - 1)} \left(\frac{1}{5} + \frac{1}{5}\right)} \approx 4.4294$$

$$t = \frac{\bar{d}_1 - \bar{d}_2}{S_{\bar{d}_1 - \bar{d}_2}} = \frac{-6.6 - 13.6}{4.4294} = -4.5604$$

由 $df = (r_1 - 1) + (r_2 - 1) = (5 - 1) + (5 - 1) = 8$ 查临界 t 值得：$t_{0.01(8)} = 3.355$，因为 $t_{0.01(8)} < |t| = 4.5604$，$P < 0.01$，否定 $H_o : \mu_{d_1} = \mu_{d_2}$，接受 $H_A : \mu_{d_1} \neq \mu_{d_2}$，表明饲料中添加抗菌肽对牛奶中细菌总量有极显著影响。

【本章小结】

交叉设计亦称反转试验设计，是指在同一试验中将试验单位分期进行、交叉反复两次以上的试验设计方法，常用的有 2×2 和 2×3 交叉设计。交叉设计的主要优点是可以消除个体间及试验时期间的差异对试验结果的影响，进一步突出处理效应，提高了试验的精确性。其缺点是不能得到个体间差异和试验期差异的信息，也不能得到因素之间交互作用的信息。

要进行交叉设计,需满足以下几个条件:(一)处理因素、时期、个体间不存在交互作用;(二)试验不应有处理残效;(三)两次观察的时间不能过长,处理效应不能持续过久,以免造成实验动物在两个阶段的试验分别处于不同的生理期,而影响试验结果;(四)试验动物的分组应随机进行,且各组试验动物数应相等,以使试验期的效应相互抵消。采用明道绪提出的 t 检验法分析进行 $2×2$、$2×3$ 交叉试验资料时,不要求两组试验个体数相等。

$2×2$ 交叉设计就是两组试验动物分两期一次交叉的试验设计,$2×3$ 交叉设计就是将试验动物分三期两次交叉的试验设计,都是一个单因素两水平的试验设计,且采用了自身对照的方式来消除个体差异,故都可采用单因素二水平差值 d 的方差分析法(Lucas)或差数平均数的 t 检验法(明道绪)进行试验结果的统计分析。

【思考与练习题】

(1)什么是交叉设计? 采用交叉设计需满足哪些条件?

(2)交叉设计的优缺点是什么? 交叉设计为什么能消除个体差异和时期差异对试验结果的影响?

(3)为了研究降温对乳牛产乳量的影响,设置通风(A_1)和洒水(A_2)两个水平,选择乳牛 8 头,随机分为 B_1、B_2 两群,每群 4 头。试验分为 C_1、C_2 两期,每期 4 周,一次交叉。结果如表 6.17,试检验通风和洒水两措施对乳牛产乳量有无显著影响。

表 6.17　不同降温措施对乳牛产乳量的影响试验结果(日平均产奶量:kg)

乳牛	时期		乳牛	时期	
	$C_1(A_1)$	$C_2(A_2)$		$C_1(A_2)$	$C_2(A_1)$
B_{11}	16.4	14.6	B_{21}	17.4	20.1
B_{12}	19.5	17.2	B_{22}	15.3	17.1
B_{13}	14.2	13.6	B_{23}	15.1	18.6
B_{14}	18.5	13.1	B_{24}	12.3	14.0

(4)为了比较 A_1、A_2 两种饲料对奶牛产奶量的影响,选择奶牛 10 头,随机分为 B_1、B_2 两群,每群 5 头。试验分为 C_1、C_2、C_3 三期,牛奶平均日产奶量结果如表 6.18,试检验 A_1、A_2 两种饲料的奶牛产奶量有无显著差异。

表 6.18　两种饲料对奶牛产奶量的影响试验结果(日平均产奶量:kg)

时期 处理		C_1 A_1	C_2 A_2	C_3 A_1
B_1 组	B_{11}	13.8	15.5	14.1
	B_{12}	16.2	18.4	18.0
	B_{13}	13.5	16.0	15.4
	B_{14}	12.8	15.8	13.4
	B_{15}	12.5	14.5	13.0

续表

时　期		C_1	C_2	C_3
处　理		A_2	A_1	A_2
B_2 组	B_{21}	14.3	13.5	15.5
	B_{22}	20.2	15.5	18.6
	B_{23}	18.2	14.3	14.5
	B_{24}	17.5	15.2	16.4
	B_{25}	14.1	13.3	17.2

（5）为了研究添加微生态制剂对牦牛犊增重效果的影响,选择牦牛犊6头,随机分为 B_1、B_2 两群,每群3头,B_1 组（B_{11},B_{12},B_{13}）按 A_1（添加微生态制剂）—A_2（不添加微生态制剂）—A_1 顺序饲喂饲料,B_2 组（B_{21},B_{22},B_{23}）按 A_2—A_1—A_2 顺序饲喂饲料。测得的试验结果见表6.19,试检验饲料中添加微生态制剂对牦牛犊增重是否有显著影响。

表6.19　添加微生态制剂对牦牛犊增重的影响试验结果（kg）

时　期		C_1	C_2	C_3
处　理		A_1	A_2	A_1
B_1 组	B_{11}	5.65	4.75	2.64
	B_{12}	5.91	3.40	2.51
	B_{13}	5.32	4.15	2.59
处　理		A_2	A_1	A_2
B_2 组	B_{21}	5.92	3.66	4.12
	B_{22}	4.95	4.12	5.44
	B_{23}	5.50	3.79	5.14

第 七 章 正交设计

【本章导读】本章首先对正交设计进行了概述,包括正交表的简要介绍,正交设计的概念、原理、特点及适用条件。然后对正交设计的基本方法和步骤进行了详细介绍,并进行了举例说明。最后对单个观测值、有重复观测值、考察交互效应的正交试验设计结果的统计分析方法分别进行举例说明,并随后进行了案例分析。

第一节 正交设计概述

在生产实践中,筛选饲料新配方、培育畜禽新品种、研发新兽药等,都需要进行动物试验。而影响动物试验的因素很多,如动物个体差异、饲养管理、因素水平差异等,在试验设计时就需要同时考查这些因素,分析出各因素对试验指标的影响规律,从而得到更真实准确的结果。但随着试验因素和水平的增加,不但处理数目急剧增加,而且还需考虑各因素间的交互效应,给试验带来很大困难。如一个 4 因素 3 水平的试验,若采用完全设计的全面试验,就需要设置 $3^4 = 81$ 个处理组;若是 5 因素 5 水平试验,则需 $5^5 = 3125$ 个水平组合。要实施这么多次试验,不仅场地、经费受限制,而且要获得足够数量满足试验要求的试验动物(尤其是单胎的试验动物)几乎不现实,还要花费相当长的时间,进行这样的试验显然是非常困难的。有时,由于时间过长,条件改变,还会使试验失败。

为了在试验时既能考察较多的因素及水平,得到比较真实准确的结果,又不会因试验处理数太多而在实践中无法完成,人们想到了从完全试验中选取部分水平组合进行试验。这部分试验要较好地反映全部试验的整体情况,所得到的结果与完全试验很接近,这样既缩小了试验规模,又不使信息损失过多,正交试验设计就是这样一种试验设计方法。正交设计是利用正交表来安排与分析多因素试验的一种设计方法。它利用从试验的全部水平组合中挑选部分有代表性的水平组合进行试验,通过对这部分试验结果的分析了解全面试验的情况,找出最优的水平组合。

一、正交表简介

(一)正交表

正交试验设计是利用一种排列整齐的规格化表格——正交表来安排试验的。所谓正交表是由 N 行 k 列组合而成的矩阵,又称正交列阵表。利用它可从试验的全部水平组合中挑选出部分有代表性的水平组合,通过对这部分试验结果的分析即可了解全面试验的情况。

正交表记为 $L_N(m^k)$，其中 L 表示正交表的意思，N 表示试验次数，k 表示可容纳的因素数，m 为因素的水平数。常用的正交表已由数学工作者制定出来，试验设计时只要根据试验的具体情况选用就行了。例如，表 7.1 是一张正交表，记为 $L_8(2^7)$，其中"L"代表正交表；L 右下角的数字"8"表示有 8 行，用这张正交表安排试验包含 8 个处理（水平组合）；括号内的底数"2"表示表的主体只有 2 个不同数字：1,2。在试验中它代表因素水平的编号，即这张表每个因素应设置 2 个不同水平；括号内 2 的指数"7"表示有 7 列，用这张正交表最多可以安排 7 个因素。即用 $L_8(2^7)$ 最多可安排 7 个因素，每个因素取 2 个水平，一共需做 8 次试验。

表 7.1　$L_8(2^7)$ 正交表

试验号	列号						
	1	2	3	4	5	6	7
1	1	1	1	1	1	1	1
2	1	1	1	2	2	2	2
3	1	2	2	1	1	2	2
4	1	2	2	2	2	1	1
5	2	1	2	1	2	1	2
6	2	1	2	2	1	2	1
7	2	2	1	1	2	2	1
8	2	2	1	2	1	1	2

（二）正交表的特性

任何一张正交表都有如下两个特性：

1. 任一列中，不同数字出现的次数相等

例如 $L_8(2^7)$ 中不同数字只有 1 和 2，它们各出现 4 次；$L_9(3^4)$ 中不同数字有 1、2 和 3，它们各出现 3 次。这一特点表明每个因素的每个水平与其他因素的每个水平参与试验的几率是完全相同的，从而保证了在各个水平中最大限度地排除了其他因素水平的干扰，能有效地比较试验结果并找出最优的试验条件。

2. 任两列中，同一横行所组成的数字对出现的次数相等

例如 $L_8(2^7)$ 中 (1,1)，(1,2)，(2,1)，(2,2) 各出现两次；$L_9(3^4)$ 中 (1,1)，(1,2)，(1,3)，(2,1)，(2,2)，(2,3)，(3,1)，(3,2)，(3,3) 各出现 1 次。即每个因素的一个水平与另一因素的各个水平互碰次数相等，表明任意两列各个数字之间的搭配是均匀的。通俗地说，每个因素的每个水平与另一个因素各水平各碰一次，这就是正交性。这个特点保证了试验点均匀地分散在因素与水平的完全组合之中，因此具有很强的代表性。

以上两个特性反应出用正交表安排的试验，具有均衡分散和整齐可比的特点。所谓均衡分散，是指用正交表挑选出来的各因素水平组合在全部水平组合中的分布是均匀的。由图 7.1 可以看出，在立方体中，任一平面内都包含 3 个网格点，任一直线上都包含 1 个网格点，因此，这些点代表性强，能够较好地反映全面试验的情况。整齐可比是指每一个因素的各水平间具有可比性。因为正交表中每一因素的任一水平下都均衡地包含着另外因素的各个水平,当比较某因素不同水平时,其他因素的效应都彼此抵消。如在 A、B、C 三个因素中,A 因素的 3 个水平 A_1、A_2、A_3 条件下各有 B、C 的 3 个不同水平,即:

$$
\begin{array}{lll}
& B_1C_1 & B_1C_2 & B_1C_3 \\
A_1 & B_2C_2 \quad A_2 & B_2C_3 \quad A_3 & B_2C_1 \\
& B_3C_3 & B_3C_1 & B_3C_2
\end{array}
$$

在这 9 个水平组合中,A 因素各水平下包括了 B、C 因素的 3 个水平,虽然搭配方式不同,但 B、C 皆处于同等地位。当比较 A 因素不同水平时,B 因素不同水平的效应相互抵消,C 因素不同水平的效应也相互抵消。所以 A 因素 3 个水平间具有可比性。同样,B、C 因素 3 个水平间亦具有可比性。

因此,正交表的均衡分散和整齐可比的特点,是保证正交设计能利用部分试验来了解全面试验情况的基础。

（三）正交表的类别

1. 相同水平正交表

各列中出现的最大数字相同的正交表称为相同水平正交表。如 $L_4(2^3)$、$L_8(2^7)$、$L_{12}(2^{11})$ 等各列中最大数字为 2,称为两水平正交表;$L_9(3^4)$、$L_{27}(3^{13})$ 等各列中最大数字为 3,称为 3 水平正交表。此外还有 4 水平的正交表 $L_{16}(4^5)$,5 水平的正交表 $L_{25}(5^6)$ 等。

2. 混合水平正交表

各列中出现的最大数字不完全相同的正交表称为混合水平正交表。如 $L_8(4 \times 2^4)$ 表中有一列最大数字为 4,有 4 列最大数字为 2。也就是说该表可以安排一个 4 水平因素和 4 个 2 水平因素,共包含 8 个处理。再如 $L_{16}(4^4 \times 2^3)$ 表示该表可安排 4 个 4 水平因素和 3 个 2 水平因素,共需 16 次试验。同理 $L_{16}(4 \times 12^{12})$ 等都是混合水平正交表,其数值表示相同的意思。

二、正交设计的基本概念及原理

（一）正交设计的基本概念

正交设计是利用正交表来安排与分析多因素试验的一种设计方法。它利用从试验的全部水平组合中,挑选部分有代表性的水平组合进行试验,通过对这部分试验结果的分析了解全面试验的情况,找出最优的水平组合。

例如,影响某品种鸡的生产性能有 3 个因素:A 因素是饲料配方,分 A_1、A_2、A_3 三个水平;B 因素是光照,分 B_1、B_2、B_3 三个水平;C 因素是温度,分 C_1、C_2、C_3 三个水平。这是一个 3 因素 3 水平的试验,各因素的水平之间全部可能的组合有 27 种。如果试验方案包含各因素的全部水平组合,即进行全面试验,可以分析各因素的效应,交互效应,也可选出最优水平组合。这是全面试验的优点。但全面试验包含的水平组合数较多,工作量大,由于受试验场地、实验动物、经费等限制而难于实施。若试验的目的主要是寻求最优水平组合,则可利用正交设计来安排试验。正交设计的基本特点是,用部分试验来代替全面试验,通过对部分试验结果的分析,了解全面试验的情况。正因为正交试验是用部分试验来代替全面试验,它不可能像全面试验那样对各因素效应、交互效应一一分析;当交互效应存在时,有可能出现交互效应的混杂。虽然正交设计有可能产生效应混杂,但它能通过部分试验找到最优水平组合,因而很受实际工作者青睐。

如对于上述 3 因素 3 水平试验,若不考虑交互效应,可利用正交表 $L_9(3^4)$ 安排,试验方案仅包含 9 个水平组合,就能反映试验方案包含 27 个水平组合的全面试验的情况,找出该品种鸡生产性能表现好的最适饲料配方、光照和温度条件。

(二)正交设计的基本原理

在试验安排中,每个因素在研究的范围内选几个水平,就好比在选优区内打上网格,如果网上的每个点都做试验,就是全面试验。如上例中,三个因素的选优区可以用一个立方体表示(见图 7.1),三个因素各取 3 个水平,把立方体划分成 27 个格点,反映在图 7.1 上就是立方体内的 27 个相交点(网格点)。若 27 个网格点都进行试验,就是全面试验,其试验方案如表 7.2 所示。

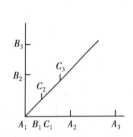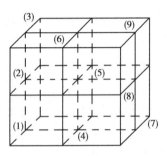

图 7.1　三因素三水平试验的均衡分散立体图

表 7.2　三因素三水平全面试验方案

		C_1	C_2	C_3
A_1	B_1	$A_1B_1C_1$	$A_1B_1C_2$	$A_1B_1C_3$
	B_2	$A_1B_2C_1$	$A_1B_2C_2$	$A_1B_2C_3$
	B_3	$A_1B_3C_1$	$A_1B_3C_2$	$A_1B_3C_3$
A_2	B_1	$A_2B_1C_1$	$A_2B_1C_2$	$A_2B_1C_3$
	B_2	$A_2B_2C_1$	$A_2B_2C_2$	$A_2B_2C_3$
	B_3	$A_2B_3C_1$	$A_2B_3C_2$	$A_2B_3C_3$
A_3	B_1	$A_3B_1C_1$	$A_3B_1C_2$	$A_3B_1C_3$
	B_2	$A_3B_2C_1$	$A_3B_2C_2$	$A_3B_2C_3$
	B_3	$A_3B_3C_1$	$A_3B_3C_2$	$A_3B_3C_3$

三因素 3 水平的全面试验水平组合数为 $3^3=27$,4 因素 3 水平的全面试验水平组合数为 $3^4=81$,5 因素 3 水平的全面试验水平组合数为 $3^5=243$,这在动物试验中是不可能做到的。正交设计就是从选优区全面试验点(水平组合)中挑选出有代表性的部分试验点(水平组合)来进行试验。图 7.1 中标有试验号的九个网格点就是利用正交表 $L_9(3^4)$ 从 27 个试验点中挑选出来的 9 个试验点。即:

（1）$A_1B_1C_1$	（2）$A_2B_1C_2$	（3）$A_3B_1C_3$
（4）$A_1B_2C_2$	（5）$A_2B_2C_3$	（6）$A_3B_2C_1$
（7）$A_1B_3C_3$	（8）$A_2B_3C_1$	（9）$A_3B_3C_2$

上述选择,保证了 A 因素的每个水平与 B 因素、C 因素的各个水平在试验中各搭配一次。对于 A、B、C 三个因素来说,是在 27 个全面试验点中选择 9 个试验点,仅是全面试验的三分之一。从图 7.1 中可以看到,9 个试验点在选优区中分布是均衡的,在立方体的每个平面上,都恰是 3 个试验点;在立方体的每条线上也恰有一个试验点。9 个试验点均衡地分布于整个立方体内,有很强的代表性,能够比较全面地反映选优区内的基本情况。

三、正交设计的应用条件

当进行多因素多水平的试验设计时,需要用部分试验来代替全面试验,通过对部分试验结果的分析,了解全面试验的情况,特别是试验的目的主要是寻求最优水平组合时,可采用正交试验设计。但同时需满足以下条件:

（1）所选用的正交表要有足够列安排所有的因素,并留有空列估计误差。如果要考察交互效应,还应该有足够列安排因素间的互作。

（2）如果需要采用方差分析对正交试验数据进行统计分析,那么,正交设计试验的观测值需满足方差分析模型的要求,或者能转换成满足方差分析模型要求的数据类型。

（3）正交设计的试验次数是因素水平数平方的整数倍,因此正交设计用于水平数≤5的试验比较合适,否则试验处理太多,实施起来很困难。

第二节　正交设计方法

正交设计的方法一般比较固定,主要包括因素水平确定、正交表选择、表头设计和试验方案列出四个步骤。由于正交设计试验为多因素试验,对于多因素试验,各试验因素间存在的相互促进或相互抑制的作用称为交互作用,交互作用产生的效应就是交互效应,根据是否考虑交互效应,在正交表选择和表头设计两个步骤的内容有所不同。

一、不考虑交互效应的正交设计方法

（一）确定试验因素和试验水平,列出因素水平表

试验因素是指试验中所研究的影响试验指标的因素,例如研究筛选一个新的饲料配方,原料的种类、蛋白能量水平、矿物质水平等都对饲料配方有影响,均可作为试验因素来考虑。试验水平是指试验因素所处的某种特定状态或数量等级,简称水平。例如,研究某种饲料中 4 种不同能量水平对肥育猪瘦肉率的影响,这 4 种特定的能量水平就是饲料能量这一试验因素的 4 个水平。影响试验指标的因素很多,由于试验条件的限制,不可能逐一或全面地加以研究,因此要根据已有的专业知识及有关文献资料和实际情况,排除一些次要的因素,而挑选一些主要因素。但是,对于不可控因素,由于测不出因素的数值,因而无法看出不同水平的差别,也就无法判断该因素的作用,所以不能被列为研究对象。对于可

控因素,考虑到若是丢掉了重要因素,可能会影响试验结果,不能正确全面地反映事物的客观规律,而正交试验设计法正是安排多因素试验的有利工具。当因素较多时,除非事先根据专业知识或经验等,能肯定某因素作用很小而不选取外,对于凡是可能起作用或情况不明或看法不一的因素,都应当选入进行考察。有时为了减小试验工作量,可将某些因素组合为复合因素,安排在正交表中进行试验,如在火焰原子吸收光谱中,有时将燃气流量、助燃气流量以燃气/助燃气比作为复合因素安排在试验中。确定各因素的水平分为定性与定量两种,即水平个数的确定和各个水平数量的确定。对定性因素,要根据试验具体内容,赋予该因素每个水平以具体含义。定量因素的量大多是连续变化的,这就要求试验者根据相关知识或经验、或者文献资料首先确定该因素的数量变化范围,而后根据试验的目的及性质,并结合正交表来确定因素的水平数和各水平的取值。每个因素的水平数可以相等,也可以不等,重要因素或特别希望详细了解的因素,其水平可多一些,其他因素的水平可以少一些。如果没有特别重要的因素需要详细考察的话,要尽可能使因素的水平数相等,以便减小试验数据处理工作量。

【例7.1】　进行枯草芽孢杆菌培养条件筛选,考察培养基种类(A因素)、培养温度(B因素)、培养时间(C因素)对培养液中活菌数的影响。每个因素都有3个水平,试安排一个正交试验方案。根据试验目的确定培养基种类、培养温度和培养时间三个因素,并通过实际需要、相关经验和文献报道确定每个因素的3个水平,因素水平表见表7.3。

表7.3　枯草芽孢杆菌培养条件筛选试验的因素水平表

水平	因素		
	培养基种类(A)	培养温度(℃)(B)	培养时间(h)(C)
1	土豆(A_1)	25(B_1)	12(C_1)
2	玉米粉(A_2)	30(B_2)	18(C_2)
3	常规LB(A_3)	35(B_3)	24(C_3)

（二）选用合适的正交表

确定了因素及其水平后,当不考虑交互效应时,只需要根据因素数和水平数来选择合适的正交表。选用正交表的原则是,既要能安排下试验的全部因素,又要使部分水平组合数(处理数)尽可能地少。一般情况下,水平数为正交表中的最大数,也即是正交表记号的括号中的底数;因素的个数应不大于正交表的列数;各因素的自由度之和要小于所选正交表的总自由度,以便估计试验误差。若各因素的自由度之和等于所选正交表总自由度,则需采用有重复正交试验来估计试验误差。根据表7.3可知,枯草芽孢杆菌培养条件筛选试验的因素水平表有3个3水平因素,不考察交互效应,则各因素自由度之和为因素数×(水平数－1)=3(3－1)=6,小于$L_9(3^4)$总自由度9－1=8,故选用$L_9(3^4)$。

（三）表头设计

正交表选好后,就可以进行表头设计。所谓表头设计,就是把挑选出的因素和要考察的交互效应分别排入正交表的表头适当的列上。此时,各因素可随机安排在各列上。本例不考察交互效应,可培养基种类(A因素)、培养温度(B因素)、培养时间(C因素)随机安排在$L_9(3^4)$的第1、2、3列上,第4列为空列,见表7.4。

表7.4　枯草芽孢杆菌培养条件筛选试验的表头设计

列号	1	2	3	4
因素	A	B	C	空

（四）列出试验方案

把正交表中安排各因素的每个列中的每个数字依次换成该因素的实际水平,就得到一个正交试验方案,见表7.5。

根据表7.5,1号试验处理是$A_1B_1C_1$,即土豆培养基、培养温度25℃、培养时间12h;2号试验处理是$A_1B_2C_2$,即土豆培养基、培养温度30℃、培养时间18h……9号试验处理为$A_3B_3C_2$,即常规LB培养基、培养温度35℃、培养时间18h。按照此方案,进行枯草芽孢杆菌培养条件筛选试验。

表7.5　枯草芽孢杆菌培养条件筛选试验的正交试验方案

处理	因素		
	A(培养基)	B(培养温度℃)	C(培养时间 h)
	1	2	3
1	1(土豆)	1(25)	1(12)
2	1(土豆)	2(30)	2(18)
3	1(土豆)	3(25)	3(24)
4	2(玉米粉)	1(25)	2(18)
5	2(玉米粉)	2(30)	3(24)
6	2(玉米粉)	3(35)	1(12)
7	3(常规 LB)	1(25)	3(24)
8	3(常规 LB)	2(30)	1(12)
9	3(常规 LB)	3(35)	2(18)

二、考虑交互效应的正交设计方法

基本步骤同不考虑交互效应的正交设计方法。只是正交表选择和表头设计有所不同。下面通过实例介绍。

【例7.2】　进行牧草种植试验,研究有机肥(A因素)、氮肥(B因素)、磷肥(C因素)和钾肥(D因素)对牧草产量的影响,主要考察A的主效应及A与B、A与C、A与D三个交互效应,试进行正交设计。

表7.6　牧草种植试验的因素水平表

水平	因素(kg/hm^2)			
	A(有机肥)	B(氮肥)	C(磷肥)	D(钾肥)
1	500	3	2	4
2	1000	6	4	8

（一）确定试验因素和试验水平，列出因素水平表

牧草种植试验的因素水平表见表7.6。

（二）选择正交表

对于多因素试验,采用完全析因设计进行全面试验,能够分析因素间存在的所有交互效应。采用正交设计进行部分试验时,如果将正交表的所有列均用于安排试验因素,就不能够分析任何交互效应。如果需要分析交互效应,就要求选择的正交表的列数必须比试验因素数多,具体超出多少,应根据分析交互效应的个数和试验是否设置重复进行确定。

确定了因素及其水平后,当需考虑交互效应时,根据因素数、水平数及需要考察的交互效应个数来选择合适的正交表。因素的个数加上交互效应的个数应不大于正交表的列数;各因素及交互效应的自由度之和要小于所选正交表的总自由度,以便估计试验误差。若各因素及交互效应的自由度之和等于所选正交表总自由度,则可采用有重复正交试验来估计试验误差。本例因素数为4个,需考察的3交互效应,即1个交互效应,加上至少1列空列估计误差,所以2水平的正交表至少应有8列。这里可选择 $L_{12}(2^{11})$。如果选择 $L_8(2^7)$ 正交表,则需要通过重复试验来估计误差。如【例7.1】要考察交互效应,则应选用 $L_{27}(3^{13})$,此时所安排的试验方案实际上是全面试验方案。

（三）表头设计

对于需要考察交互效应的正交试验,不仅要求选择的正交表的列数必须比试验因素数多,而且在进行表头设计时,各因素不能随机安排,应根据所选正交表的交互效应表来安排各因素与交互效应,以便于考察因素间的交互效应。

表7.7　$L_8(2^7)$ 正交表的交互效应表

处理	列　号						
	1	2	3	4	5	6	7
(1)	(1)	3	2	5	4	7	6
(2)		(2)	1	6	7	4	5
(3)			(3)	7	6	5	4

续表

处理	列　号						
	1	2	3	4	5	6	7
(4)				(4)	1	2	3
(5)					(5)	3	2
(6)						(6)	1
(7)							(7)

表 7.7 列出了 $L_8(2^7)$ 正交表中任意两列间的交互效应所在列的位置,称为 $L_8(27)$ 正交表的交互效应表。该表的第 1 行和位于自第 2 行至第 7 行开头圆括号内的数字表示列号。如果在 $L_8(2^7)$ 正交表第一列和第二列上分别安排两个 2 水平因素 A 与 B,则由该交互效应表可见,第 1 列(从左向右看)与第 2 列(从上向下看)交叉处为 3,说明第一列(A 因素)和第二列(B 因素)的交互效应在正交表的第 3 列上;又如,在 $L_8(2^7)$ 正交表第四列和第五列上分别安排两个 2 水平因素 C 与 D,由表 7.7 可见,第 4 列(从左向右看)和第五列(从上向下看)交叉处为 1,两者的交互效应在第 1 列上,其余类推。

表 7.8 是根据表 7.7 安排 2 水平 3 因素、4 因素和 5 因素试验方案的表头设计表。由表 7.8 可见,如果在 $L_8(2^7)$ 的第 1、2、4 列上分别安排 3 个 2 水平因素 A、B、C,则该试验方案为完全实施方案,这时没有主效应与交互效应相互混杂;如果在 $L_8(2^7)$ 的第 1、2、4 和 7 列上分别安排 4 个 2 水平因素 A、B、C 和 D,则试验方案成为 1/2 实施方案,并出现 6 个一级交互效应两两混杂情况,但四个主效应却并不混杂,如果试验目的主要是考察 4 个因素的主效应,则可以采用这一表头设计;如果在 $L_8(2^7)$ 的第 1、2、4 和 6 列上分别安排 4 个 2 水平因素 A、B、C 和 D,则试验方案也是 1/2 实施方案,这时,出现 B、C、D 三个主效应分别与 CD、BC 和 BD 三个一级交互效应两两混杂的情况,但 A 的主效应及 AB、AC 和 AD 互作效应却并不混杂,如果试验主要目的是考察某一个因素的主效应及该因素与另三个因素的交互效应,则可以采用该表头设计。

表 7.8　$L_8(2^7)$ 交互效应表头设计

因素数	列号							部分实施程度
	1	2	3	4	5	6	7	
3	A	B	AB	C	AC	BC	ABC	1
4	A	B	$ABCD$	C	$ACBD$	$BCAD$	D	1/2
4	A	BCD	AB	CBD	AC	DBC	AD	1/2
5	ADE	BCD	$ABCE$	CBD	$ACBE$	$DAEBC$	EAD	1/4

本例需要考察有机肥(A 因素)和磷肥(D 因素)的主效应,以及有机肥(A 因素)分别与氮肥(B 因素)、磷肥(C 因素)和钾肥(D 因素)的交互效应,可以参照表 7.8 安排 A 因素、B 因素、C 因素、D 因素和三个交互效应,表头设计见表 7.9。这样的表头设计需要通过重复试验来估计误差。

表7.9　牧草种植正交设计试验的表头设计

列号	1	2	3	4	5	6	7
因素	A	B	$A \times B$	C	$A \times C$	D	$A \times D$

（四）列出试验方案

根据表7.9的表头设计，在$L_8(2^7)$正交表的第1、2、4和7列中的每个数字依次换成该因素的实际水平，即得到$L_8(2^7)$正交设计试验方案，见表7.10。把正交表中安排各因素到每个列中就得到一个正交试验方案。

表7.10　牧草种植正交设计的试验方案

处理	因素（列）			
	$A(1)$	$B(2)$	$C(4)$	$D(6)$
1	50	3	2	4
2	50	3	4	8
3	50	6	2	8
4	50	6	4	4
5	100	3	2	4
6	100	3	4	8
7	100	6	2	8
8	100	6	4	4

获得正交试验方案后，就应该严格按照方案设置好试验处理，选择好试验单位，对试验单位进行完全随机分组或采用随机单位组分组，将试验处理随机实施于试验单位，实施试验收集试验资料。对于质量性状资料，如果每个处理的试验单位少，可以通过直接观测试验结果找出最优水平组合，如果试验单位较多，则可以通过将质量性状分类统计每类次数，进行独立性χ^2检验或精确概率检验，对于次数资料的χ^2检验或精确概率检验，请参阅第三章和第四章的完全随机试验和随机单位组次数资料的独立性χ^2检验或精确概率检验。获得的数量性状资料可进行方差分析，通过方差分析可从该正交试验推测出各因素的显著性、影响试验结果的主次因素顺序以及各个试验因素的最优水平组合。通常情况下，在进行了一轮正交试验后，需要进行进一步试验，或验证所推测的最优水平组合；或去除一些影响不显著的因素后，对影响显著的因素进行重点考察，并缩小因素的水平范围和水平间间隔，再次进行正交试验寻找更优的水平组合；或将不显著的因素的水平范围增大，或去除一些影响不显著的因素，增加一些尚未考察的因素，再次进行正交试验。

第三节　正交试验结果的统计分析

对于试验指标为数量性状资料的正交试验,根据各号试验处理是单独观测值还是有重复观测值,正交试验可分为单独观测值正交试验和有重复观测值正交试验两种。若每个试验处理都只有一个观测值,则称之为单独观测值正交试验;若每个试验处理都有两个或两个以上观测值,则称之为有重复观测值正交试验;此外,还可根据是否考察因素间的交互效应,分为有交互效应或无交互效应正交试验。下面分别介绍单独观测值、有重复观测和考察交互效应正交试验结果的方差分析和案例分析。

一、单个观测值正交试验结果的统计分析方法

(一)单独观测值正交试验结果的方差分析

【例7.3】　按表7.5的正交试验方案,进行枯草芽孢杆菌培养条件的筛选试验,各号处理进行一次,得到培养液中活菌数见表7.11。试对其进行方差分析。

表7.11　枯草芽孢杆菌培养条件筛选正交试验的结果

试验号	因素			活菌数 $\times 10^{-8}$(cfu/mL)
	A	B	C	
	(1)	(2)	(3)	
1	1	1	1	12.5
2	1	2	2	13.1
3	1	3	3	9.6
4	2	1	2	8.5
5	2	2	3	9.3
6	2	3	1	6.2
7	3	1	3	10.6
8	3	2	1	9.8
9	3	3	2	7.1

试验共有9个观测值,总变异由A因素变异、B因素变异、C因素变异及误差变异四部分组成,因而进行方差分析时平方和与自由度的划分式为:

$$SS_T = SS_A + SS_B + SS_C + SS_e$$

$$df_T = df_A + df_B + df_C + df_e$$

用n表示观测值总个数(处理数或水平组合数);a、b、c表示A、B、C因素的水平数;k_a、k_b、k_c表示因素各水平重复数。本例,$n=9$,$a=b=c=3$,$k_a=k_b=k_c=3$。

1. 计算各项平方和、自由度

方法一：通过公式计算平方和 SS_A、SS_B、SS_C、SS_e，自由度 df_A、df_B、df_C、df_e。为了方便计算，首先列出 A 因素、B 因素、C 因素及空列各水平的观测值和平均数表，分别见表 7.12、表 7.13、表 7.14 和表 7.15。

表 7.12　A 因素各水平的观测值和平均数表

因素水平	观测值			合计	平均
A_1	12.5	13.1	9.6	35.2	11.7333
A_2	8.5	9.3	6.2	24	8.0
A_3	10.6	9.8	7.1	27.5	9.1667
合　计				86.7	9.6333

表 7.13　B 因素各水平的观测值和平均数表

因素水平	观测值			合计	平均
B_1	12.5	8.5	10.6	31.6	10.5333
B_2	13.1	9.3	9.8	32.2	10.7333
B_3	9.6	6.2	7.1	22.9	7.6333
合　计				86.7	9.6333

表 7.14　C 因素各水平的观测值和平均数表

因素水平	观测值			合计	平均
C_1	12.5	6.2	9.8	28.5	9.5
C_2	13.1	8.5	7.1	28.7	9.5667
C_3	9.6	9.3	10.6	29.5	9.8333
合　计				86.7	9.6333

表 7.15　空列各水平的观测值和平均数表

空列水平	观测值			合计	平均
1	12.5	9.3	7.1	28.9	9.6333
2	13.1	6.2	10.6	29.9	9.9667
3	9.6	8.5	9.8	27.9	9.3
合　计				86.7	9.6333

$$SS_T = \sum (x - \bar{x})^2$$
$$= (12.5 - 9.6333)^2 + (13.1 - 9.6333)^2 + \cdots + (7.1 - 9.6333)^2$$
$$= 40.8$$

$$SS_A = k_a \sum (\bar{x}_A - \bar{x})^2 = 3 \times [(11.7333 - 9.6333)^2 + (8.0 - 9.6333)2 + (9.1667 -$$
$$9.6333)^2]$$
$$\approx 21.8867$$

$$SS_B = k_b \sum (\bar{x}_B - \bar{x})^2 = 3 \times [(10.5333 - 9.6333)^2 + (10.6333 - 9.6333)^2 +$$
$$(7.6333 - 9.6333)^2] = 18.06$$

$$SS_C = k_c \sum (\bar{x}_C - \bar{x})^2 = 3 \times [(9.5 - 9.6333)^2 + (9.5667 - 9.6333)^2 +$$
$$(9.8333 - 9.6333)^2] \approx 0.1867$$

$$SS_e = SS_{空} = k_{空} \sum (\bar{x}_{空} - \bar{x})^2$$
$$= 3 \times [(9.6333 - 9.6333)^2 + (9.9667 - 9.6333)^2 + (9.3333 - 9.6333)^2]$$
$$\approx 0.6667$$

或者：

$$SS_e = SS_T - SS_A - SS_B - SS_C = 40.8 - 21.8867 - 18.06 - 0.1867 = 0.6666$$

两个 SS_e 的微小差异是由于计算误差引起的。

$$df_T = n - 1 = 9 - 1 = 8$$
$$df_A = a - 1 = 3 - 1 = 2$$
$$df_B = b - 1 = 3 - 1 = 2$$
$$df_C = b - 1 = 3 - 1 = 2$$
$$df_e = 空列水平数 - 1 = 3 - 1 = 2$$

或者：

$$df_e = df_T - df_A - df_B - df_C = 8 - 2 - 2 - 2 = 2$$

方法二：Excel 进行单独观测值正交试验结果的方差分析。分别将表 7.12、表 7.13、表 7.14、表 7.15 四个资料各水平观测值进行 Excel 单因素方差分析，可以分别计算出总平方和 SS_T 及各项平方和 SS_A、SS_B、SS_C、SS_e，以及总自由度 df_T 及各项自由度 df_A、df_B、df_C、df_e。Excel 单因素方差分析结果见表 7.16 至表 7.19。具体计算方法参见第十一章相关内容。

表 7.16 A 因素各水平的观测值 Excel 方差分析结果

差异源	SS	df	MS
组间	21.8867	2	10.9433
组内	18.9133	6	3.1522
总计	40.8	8	

表 7.17 B 因素各水平的观测值 Excel 方差分析结果

差异源	SS	df	MS
组间	18.06	2	9.03
组内	22.74	6	3.79
总计	40.8	8	

表 7.18 C 因素各水平的观测值 Excel 方差分析结果

差异源	SS	df	MS
组间	0.1867	2	0.0933
组内	40.6133	6	6.7689
总计	40.8	8	

表 7.19   空列各水平的观测值 Excel 方差分析结果

差异源	SS	df	MS
组间	0.6667	2	0.3333
组内	40.1333	6	6.6889
总计	40.8	8	

以表 7.16 为例对表 7.16 至表 7.19 中的数据进行说明。表 7.16 第二行组间平方和、自由度即为 SS_A、df_A；第三行组内平方和包括 SS_B、SS_C 和 SS_e，组内自由度包括 df_B 和 df_C；第四行总计平方和、自由度即为 SS_T、df_T。

2. 列方差分析表，进行 F 检验（见表 7.20）

表 7.20   枯草芽孢杆菌培养条件筛选正交试验结果的方差分析表

变异来源	SS	df	MS	F
培养基（A）	21.8867	2	10.9433	32.833*
温度（B）	18.06	2	9.03	27.093*
时间（C）	0.1867	2	0.0933	<1
误差	0.6667	2	0.3333	
总计	40.8	8		

统计结论：由 $df_1 = 2$、$df_2 = 2$ 查临界 F 值表，得 $F_{0.05(2,2)} = 19$，$F_{0.01(2,2)} = 99$。$F_{0.05(2,2)} < F_A < F_{0.01(2,2)}$，$0.01 < P_A < 0.05$，差异显著。$F_{0.05(2,2)} < F_B < F_{0.01(2,2)}$，$0.01 < P_B < 0.05$，差异显著。$F_C < F_{0.05(2,2)}$，$P_A > 0.05$，差异不显著。

专业解释：三种培养基和三种温度的平均活菌数间差异均为显著，三种培养时间的平均活菌数间差异不显著。由于 A 因素和 B 因素的 F 检验差异显著，需要分别进行多重比较。

3. 多重比较

（1）A 因素各水平的多重比较。选择 q 法多重比较。

①计算标准误。

$$S_{\bar{x}A} = \sqrt{MS_e / k_a} = \sqrt{0.3333 / 3} \approx 0.3333$$

②按式（2.3）计算最小显著极差值 $LSR_{0.05(k,df_e)}$ 和 $LSR_{0.01(k,df_e)}$。将 $q_{0.05(k,df_e)}$ 和 $q_{0.01(k,df_e)}$、最小显著极差值 $LSR_{0.05(k,df_e)}$ 和 $LSR_{0.01(k,df_e)}$ 列于表 7.21。

表 7.21　q 值与 LSR 值

df_e	秩次距 k	$q_{0.05}$	$q_{0.01}$	$LSR_{0.05}$	$LSR_{0.01}$
2	2	6.08	14.04	2.0264	4.6795
	3	8.33	19.02	2.7764	6.3394

③进行平均数间比较。用表 7.22 表示表 7.12 的 A 因素的多重比较结果。

表 7.22　表 7.12 的 A 因素多重比较表

组别	$\bar{x} \pm S$	5%	1%
A_1	11.7333 ± 1.8717	a	A
A_3	9.1667 ± 3.3633	b	A
A_2	8.0 ± 1.6093	b	A

统计结论:A_1 的平均活菌数显著高于 A_2 和 A_3,A_2 与 A_3 的平均活菌数差异不显著。

专业解释:方差分析的 F 检验结果表明,A 因素各水平间差异显著,多重比较发现,A_2 与 A_3 的平均活菌数差异不显著,A_1 的平均活菌数显著高于 A_2 和 A_3。即土豆培养基的平均活菌数最高。

(2)B 因素各水平的多重比较。选择 q 法多重比较。

①计算标准误。由于 B 因素各水平重复数与 A 因素的相等,所以标准误值相同。$S_{\bar{x}B} \approx 0.3333$。

②计算最小显著极差值 $LSR_{0.05(k,df_e)}$ 和 $LSR_{0.01(k,df_e)}$。与 A 因素的多重比较的相同,见表 7.21。

③进行平均数间比较。用表 7.23 表示表 7.12 的 B 因素的多重比较结果。

表 7.23　表 7.12 的 B 因素多重比较表

组别	$\bar{x} \pm S$	5%	1%
B_2	10.7333 ± 2.0008	a	A
B_1	10.5333 ± 2.0648	a	A
B_3	7.6333 ± 1.7616	b	A

统计结论:B_1 与 B_2 的平均活菌数差异不显著,它们均显著高于 B_3。

专业解释:方差分析的 F 检验结果表明,B 因素各水平间差异显著,多重比较发现,B_1 与 B_2 的平均活菌数差异不显著,它们均显著高于 B_3。由于 25℃ 培养(B_1)与 30℃ 培养(B_2)的平均活菌数不仅差异不显著,而且数值非常接近,选择 25℃ 培养(B_1)更节约能源。

通过方差分析和多重比较发现,本试验筛选出的最优水平组合为 $A_1B_1C_1$,即枯草芽孢杆菌的培养最适条件为:以土豆作为培养基,在 25℃ 培养 12 h。

从每个因素各水平的平均数极差值可以发现,枯草芽孢杆菌培养条件筛选试验的三个因素中,以 A 因素(培养基)为主要因素,B 因素(培养温度)排第二位,C 因素(培养时间)为次要因素。

二、有重复观测值正交试验结果的统计分析方法

（一）有重复观测值正交设计完全随机试验结果的统计分析

【例7.4】 按表7.5的正交试验方案，进行枯草芽孢杆菌培养条件的筛选试验，同一批次各号处理进行两次，得到培养液中活菌数见表7.24。试对其进行方差分析。

表7.24　有重复观测值枯草芽孢杆菌培养条件筛选正交试验的结果

| 试验号 | 因素 | | | 活菌数 |
| | A | B | C | $\times 10^{-8}$（cfu/mL） |
	(1)	(2)	(3)	
1	1	1	1	12.5	13.3
2	1	2	2	13.1	13.2
3	1	3	3	9.6	10.1
4	2	1	2	8.5	7.9
5	2	2	3	9.3	8.7
6	2	3	1	6.2	5.8
7	3	1	3	10.6	11.2
8	3	2	1	9.8	10.4
9	3	3	2	7.1	6.9

试验共有 $2 \times 9 = 18$ 个观测值，同批次的重复，相当于完全随机分组的试验资料，可以通过重复观测值估计试验误差。由于采用有4列的正交表安排三因素试验，有空列可以用来估计误差，这个误差属于模型误差，所以，总变异由 A 因素变异、B 因素变异、C 因素变异、模型误差变异及试验误差变异五部分组成，因而进行方差分析时平方和与自由度的划分式为：

$$SS_T = SS_A + SS_B + SS_C + SS_{e1} + SS_e$$
$$df_T = df_A + df_B + df_C + df_{e1} + df_e$$

用 n 表示处理数或水平组合数；r 表示每处理重复数；则观测值总个数为 nr；a、b、c 表示 A、B、C 因素的水平数；k_a、k_b、k_c 表示因素各水平重复数。本例，$nr = 18$，$a = b = c = 3$，$k_a = k_b = k_c = 6$。

1. 计算各项平方和、自由度

（1）方法一：通过公式计算平方和 SS_A、SS_B、SS_C、SS_{e1}、SS_e，自由度 df_A、df_B、df_C、df_{e1}、df_e。

为了方便计算，首先列出 A 因素、B 因素、C 因素及空列各水平的观测值和平均数表，以及各处理的观测值和平均数表，分别见表7.25至表7.29。

表 7.25 A 因素各水平的观测值和平均数表

因素水平	观测值						合计	平均
A_1	12.5	13.1	9.6	13.3	13.2	10.1	71.8	11.9667
A_2	8.5	9.3	6.2	7.9	8.7	5.8	46.4	7.7333
A_3	10.6	9.8	7.1	11.2	10.4	6.9	56	9.3333
合 计							174.2	9.6778

表 7.26 B 因素各水平的观测值和平均数表

因素水平	观测值						合计	平均
B_1	12.5	8.5	10.6	13.3	7.9	11.2	64	10.6667
B_2	13.1	9.3	9.8	13.2	8.7	10.4	64.5	10.75
B_3	9.6	6.2	7.1	10.1	5.8	6.9	45.7	7.6167
合 计							174.2	9.6778

表 7.27 C 因素各水平的观测值和平均数表

因素水平	观测值						合计	平均
C_1	12.5	6.2	9.8	13.3	5.8	10.4	58	9.6667
C_2	13.1	8.5	7.1	13.2	7.9	6.9	56.7	9.45
C_3	9.6	9.3	10.6	10.1	8.7	11.2	59.5	9.9167
合 计							174.2	9.6778

表 7.28 空列各水平的观测值和平均数表

空列水平	观测值						合计	平均
1	12.5	9.3	7.1	13.3	8.7	6.9	57.8	9.6333
2	13.1	6.2	10.6	13.2	5.8	11.2	60.1	10.0167
3	9.6	8.5	9.8	10.1	7.9	10.4	56.3	9.3833
合 计							174.2	9.6778

表 7.29 各处理观测值和平均数表

处理	观测值		合计	平均
1	12.5	13.3	25.8	12.9
2	13.1	13.2	26.3	13.15
3	9.6	10.1	19.7	9.85
4	8.5	7.9	16.4	8.20

续表

处理	观测值		合计	平均
5	9.3	8.7	18.0	9.0
6	6.2	5.8	12.0	6.0
7	10.6	11.2	21.8	10.9
8	9.8	10.4	20.2	10.1
9	7.1	6.9	14.0	7.0
合计			174.2	9.6778

$$SS_T = \sum\sum (x - \bar{x})^2$$
$$= (12.5 - 9.6778)^2 + (13.1 - 9.6778)^2 + \cdots + (6.9 - 9.6778)^2$$
$$\approx 96.2311$$

$$SS_A = k_a \sum (\bar{x}_A - \bar{x})^2$$
$$= 6 \times \left[(11.9667 - 9.6778)^2 + (7.7333 - 9.6778)^2 + (9.333 - 9.6778)^2 \right]$$
$$\approx 54.8311$$

$$SS_B = k_b \sum (\bar{x}_B - \bar{x})^2$$
$$= 6 \times \left[(10.6667 - 9.6778)^2 + (10.75 - 9.6778)^2 + (7.6167 - 9.6778)^2 \right]$$
$$\approx 38.2544$$

$$SS_C = k_c \sum (\bar{x}_C - \bar{x})^2$$
$$= 6 \times \left[(9.6667 - 9.6778)^2 + (9.45 - 9.6778)^2 + (9.9167 - 9.6778)^2 \right]$$
$$\approx 0.6544$$

$$SS_{e1} = SS_空 = k_空 \sum (\bar{x}_空 - \bar{x})^2 = 6 \times \left[(9.6333 - 9.6778)^2 + (10.0167 - 9.6778)^2 + \right.$$
$$\left. (9.3833 - 9.6778)^2 \right]$$
$$\approx 1.2211$$

$$SS_e = \sum\sum (x - \bar{x}_i)^2$$
$$= (12.5 - 12.9)^2 + (13.3 - 12.9)^2 + (13.1 - 13.5)^2 + \cdots + (6.9 - 7.0)^2$$
$$= 1.27$$

或者：$SS_e = SS_T - SS_A - SS_B - SS_C - SS_{e1} = 96.2311 - 54.8311 - 38.2544 - 0.6544 - 1.2211 = 1.2701$

两个 SS_e 的微小差异是由于计算误差引起的。

$$df_T = rn - 1 = 18 - 1 = 17$$
$$df_A = a - 1 = 3 - 1 = 2$$
$$df_B = b - 1 = 3 - 1 = 2$$
$$df_C = b - 1 = 3 - 1 = 2$$
$$df_{e1} = 空列水平数 - 1 = 3 - 1 = 2$$
$$df_e = n(r - 1) = 9 \times (2 - 1) = 9$$

或者：

$$df_e = df_T - df_A - df_B - df_C - df_{e1} = 17 - 2 - 2 - 2 - 2 = 9$$

方法二：Excel 进行有重复观测值正交设计完全随机试验结果的方差分析。分别将表 7.25、表 7.26、表 7.27、表 7.28 四个资料各水平观测值进行 Excel 单因素方差分析，可以分别计算出总平方和 SS_T 及各项平方和 SS_A、SS_B、SS_C、SS_{e1}，以及总自由度 df_T 及各项自由度 df_A、df_B、df_C、df_{e1}。将表 7.29 资料各处理观测值进行 Excel 单因素方差分析，可以计算出总平方和 SS_T 及误差平方和 SS_e，以及总自由度 df_T 及误差自由度 df_e。Excel 单因素方差分析的计算结果与上述公式计算的结果相同，这里不再列出。具体计算方法参见第十一章相关内容。

2. 列方差分析表，进行 F 检验（见表 7.30）

表 7.30　有重复枯草芽孢杆菌培养条件筛选正交试验结果的方差分析表

变异来源	SS	df	MS	F
培养基(A)	54.8311	2	27.4156	194.268**
温度(B)	38.2544	2	19.1272	135.536**
时间(C)	0.6544	2	0.3272	2.319[ns]
模型误差	1.2211	2	0.6106	4.256*
试验误差	1.2701	9	0.1411	
总计	96.2311	17		

统计结论：由 $df_1 = 2$、$df_2 = 9$ 查临界 F 值表，得 $F_{0.05(2,9)} = 4.26$，$F_{0.01(2,9)} = 8.02$。$F_A > F_{0.01(2,9)}$，$P_A < 0.01$，差异极显著。$F_B > F_{0.01(2,9)}$，$P_B < 0.01$，差异极显著。$F_C < F_{0.05(2,9)}$，$P_C > 0.05$，差异不显著。$F_{0.05(2,9)} < F_{e1} < F_{0.01(2,9)}$，$0.01 < P_{e1} < 0.05$，差异显著。

专业解释：三种培养基和三种温度的平均活菌数间差异均为极显著，三种培养时间的平均活菌数间差异不显著。由于 A 因素和 B 因素的 F 检验差异显著，需要分别进行多重比较。空列的 F 检验差异显著，说明空列可能存在因素间显著的交互效应。具体交互效应为哪些，需要能够分析交互效应的进一步试验进行考察。

3. 多重比较

（1）A 因素和 B 因素各水平的多重比较

①计算标准误。

$$S_{\bar{x}A} = \sqrt{MS_e/k_a} = \sqrt{0.1411/6} \approx 0.1534$$

②按式（2.3）计算最小显著极差值 $LSR_{0.05(k,df_e)}$ 和 $LSR_{0.01(k,df_e)}$。将 $q_{0.05(k,df_e)}$ 和 $q_{0.01(k,df_e)}$、最小显著极差值 $LSR_{0.05(k,df_e)}$ 和 $LSR_{0.01(k,df_e)}$ 列于表 7.31。

表 7.31　q 值与 LSR 值

df_e	秩次距 k	$q_{0.05}$	$q_{0.01}$	$LSR_{0.05}$	$LSR_{0.01}$
9	2	3.20	4.60	0.4909	0.7056
	3	3.95	5.43	0.6059	0.8330

③进行平均数间比较。用表7.32表示表7.24的 A 因素的多重比较结果。

表7.32　表7.24的 A 因素多重比较表

组别	$\bar{x} \pm S$	5%	1%
A_1	11.9667 ± 1.6705	a	A
A_3	9.3333 ± 1.8630	b	B
A_2	7.7333 ± 1.4208	c	C

统计结论： A_1、A_2 和 A_3 的平均活菌数之间均存在极显著差异，以 A_1 的平均活菌数为最高。

专业解释：方差分析的 F 检验结果表明，A 因素各水平间差异极显著，多重比较发现，三种培养基的平均活菌数之间均差异极显著，以土豆培养基的平均活菌数为最高。

（2）B 因素各水平的多重比较。选择 q 法多重比较。

①计算标准误。由于 B 因素各水平重复数与 A 因素的相等，所以标准误值相同。

$$S_{\bar{x}B} = \sqrt{MS_e/k_b} = \sqrt{0.1411/6} \approx 0.1534$$

②计算最小显著极差值 $LSR_{0.05(k,df_e)}$ 和 $LSR_{0.01(k,df_e)}$。与 A 因素的多重比较相同，见表7.31。

③进行平均数间比较。用表7.33表示表7.24的 B 因素的多重比较结果。统计结论：B_1 与 B_2 的平均活菌数差异不显著，它们均极显著高于 B_3。专业解释：方差分析的 F 检验结果表明，B 因素各水平间差异极显著，多重比较发现，B_1 与 B_2 的平均活菌数差异不显著，它们均极显著高于 B_3。由于25℃培养（B_1）与30℃培养（B_2）的平均活菌数不仅差异不显著，而且数值非常接近，选择25℃培养（B_1）更节约。

表7.33　表7.24的 B 因素多重比较表

组别	$\bar{x} \pm S$	5%	1%
B_2	10.75 ± 2.1417	a	A
B_1	10.6667 ± 1.9419	a	A
B_3	7.6167 ± 1.7994	b	B

通过方差分析和多重比较发现，本试验筛选出的最优水平组合为，$A_1B_1C_1$，即枯草芽孢杆菌的培养最适条件为：以土豆作为培养基，在25℃培养12 h。

与单个观测值的分析一样，从每个因素各水平的平均数极差值可以发现，枯草芽孢杆菌培养条件筛选试验的三个因素中，以 A 因素（培养基）为主要因素，B 因素（培养温度）排第二位，C 因素（培养时间）为次要因素。

比较有重复和无重复观测值的正交试验统计分析可以发现，在同样的试验误差环境下，有重复试验的精确性高，且检验的灵敏度高，更易发现因素水平间的差异。

（二）有重复观测值正交设计随机单位组试验结果的统计分析

如果表7.24资料中每个处理的观测值不是同一批次的两个观测值，而是两个批次的两个观测值，即每个处理的两个观测值来源于不同批次培养得到的活细菌数，则需要将批次间的差异作为单位组变异从误差变异中分离出来。下面通过实例介绍有重复观测值正交设计随机单位组试验结果的统计分析。

【**例7.5**】 分别在甲、乙两个养殖场进行肉鸡氨基酸添加试验。考察赖氨酸(*A*因素)、蛋氨酸(*B*因素)和氯化胆碱(*C*因素)三种氨基酸的四个不同添加量对肉鸡生产性能的影响,以肉鸡增重作为试验指标,不考察交互效应,因素水平表见表7.34。采用$L_{16}(4^5)$安排试验,试验方案和试验结果见表7.35。试进行统计分析。

表7.34　肉鸡氨基酸添加试验的因素水平表(单位:g/kg)

因素水平	*A*因素(赖氨酸)	*B*因素(蛋氨酸)	*C*因素(氯化胆碱)
1	0.3	0.4	0.10
2	0.4	0.6	0.15
3	0.5	0.8	0.20
4	0.6	1.0	0.25

表7.35　肉鸡氨基酸添加正交试验方案和试验结果

试验号	*A*(赖氨酸)1	*B*(蛋氨酸)2	*C*(氯化胆碱)3	增重(kg)	
				甲场	乙场
1	1	1	1	1.12	1.23
2	1	2	2	1.21	1.28
3	1	3	3	1.23	1.36
4	1	4	4	1.25	1.32
5	2	1	2	1.32	1.41
6	2	2	1	1.42	1.49
7	2	3	4	1.36	1.43
8	2	4	3	1.29	1.39
9	3	1	3	1.32	1.37
10	3	2	4	1.36	1.42
11	3	3	1	1.40	1.51
12	3	4	2	1.39	1.52
13	4	1	4	1.13	1.24
14	4	2	3	1.25	1.36
15	4	3	2	1.18	1.30
16	4	4	1	1.25	1.28

这是三因素四水平的随机单位组正交试验,选用的正交表共有五列,三列安排试验因素,余下两列空列。这个试验资料的总变异分解为*A*因素间变异、*B*因素间变异、*C*因素间变异、模型误差变异1、模型误差变异2、单位组间变异和试验误差七个部分,总平方和及总

自由度的剖分式为：

$$SS_T = SS_A + SS_B + SS_C + SS_{e1} + SS_{e2} + SS_D + SS_e$$
$$df_T = df_A + df_B + df_C + df_{e1} + df_{e2} + df_D + df_e$$

可以采用计算公式计算各项变异的平方和及总自由度。

1. 计算各项平方和及自由度

（1）采用公式计算各项变异的平方和及总自由度。为了方便计算，首先将三个因素各水平的观测值和平均数分别用表 7.36、表 7.37 和表 7.38 表示，将两个空列各水平的观测值和平均数分别用表 7.39 和表 7.40 表示，将各处理和各单位组的观测值和平均数用表 7.41 表示。

表 7.36　A 因素各水平观测值和平均数表（单位：kg）

因素水平	观测值								合计	平均
A_1	1.12	1.21	1.23	1.25	1.23	1.28	1.36	1.32	10	1.25
A_2	1.32	1.42	1.36	1.29	1.41	1.49	1.43	1.39	11.11	1.38875
A_3	1.32	1.36	1.4	1.39	1.37	1.42	1.51	1.52	11.29	1.41125
A_4	1.13	1.25	1.18	1.25	1.24	1.36	1.3	1.28	9.99	1.24875
合计									42.39	1.3246875

表 7.37　B 因素各水平观测值和平均数表（单位：kg）

因素水平	观测值								合计	平均
B_1	1.12	1.32	1.32	1.13	1.23	1.41	1.37	1.24	10.14	1.2675
B_2	1.21	1.42	1.36	1.25	1.28	1.49	1.42	1.36	10.79	1.34875
B_3	1.23	1.36	1.4	1.18	1.36	1.43	1.51	1.3	10.77	1.34625
B_4	1.25	1.29	1.39	1.25	1.32	1.39	1.52	1.28	10.69	1.33625
合计									42.39	1.3246875

表 7.38　C 因素各水平观测值和平均数表（单位：kg）

因素水平	观测值								合计	平均
C_1	1.12	1.42	1.4	1.25	1.23	1.49	1.51	1.28	10.7	1.3375
C_2	1.32	1.21	1.18	1.39	1.41	1.28	1.3	1.52	10.61	1.32625
C_3	1.32	1.25	1.23	1.29	1.37	1.36	1.36	1.39	10.57	1.32125
C_4	1.13	1.36	1.36	1.25	1.24	1.42	1.43	1.32	10.51	1.31375
合计									42.39	1.3246875

表 7.39　第 4 列各水平观测值和平均数表（单位:kg）

因素水平	观测值								合计	平均
第 4 列 1	1.12	1.39	1.25	1.36	1.23	1.52	1.36	1.43	10.66	1.3325
第 4 列 2	1.4	1.21	1.29	1.13	1.51	1.28	1.39	1.24	10.45	1.30625
第 4 列 3	1.25	1.32	1.23	1.36	1.28	1.41	1.36	1.42	10.63	1.32875
第 4 列 4	1.42	1.18	1.32	1.25	1.49	1.3	1.37	1.32	10.65	1.33125
合计									42.39	1.3246875

表 7.40　第 5 列各水平观测值和平均数表（单位:kg）

因素水平	观测值								合计	平均
第 5 列 1	1.12	1.29	1.36	1.18	1.23	1.39	1.42	1.3	10.29	1.28625
第 5 列 2	1.36	1.21	1.25	1.32	1.43	1.28	1.28	1.37	10.5	1.3125
第 5 列 3	1.39	1.13	1.23	1.42	1.52	1.24	1.36	1.49	10.78	1.3475
第 5 列 4	1.25	1.4	1.32	1.25	1.36	1.51	1.41	1.32	10.82	1.3525
合计									42.39	1.3246875

表 7.41　处理和单位组的观测值和平均数表

组别	单位组 1	单位组 2	合计	平均
处理 1	1.12	1.23	2.35	1.175
处理 2	1.21	1.28	2.49	1.245
处理 3	1.23	1.36	2.59	1.295
处理 4	1.25	1.32	2.57	1.285
处理 5	1.32	1.41	2.73	1.365
处理 6	1.42	1.49	2.91	1.455
处理 7	1.36	1.43	2.79	1.395
处理 8	1.29	1.39	2.68	1.340
处理 9	1.32	1.37	2.69	1.345
处理 10	1.36	1.42	2.78	1.390
处理 11	1.4	1.51	2.91	1.455
处理 12	1.39	1.52	2.91	1.455
处理 13	1.13	1.24	2.37	1.185
处理 14	1.25	1.36	2.61	1.305
处理 15	1.18	1.3	2.48	1.24
处理 16	1.25	1.28	2.53	1.265
合计	20.48	21.91	42.39	
平均	1.28	1.369375		1.3246875

$$SS_T = \sum\sum(x-\bar{x})^2$$
$$= (1.12-1.3246875)^2 + (1.23-1.3246875)^2 + \cdots + (1.18-1.3246875)^2$$
$$\approx 0.319197$$

$$SS_A = k_a\sum(\bar{x_A}-\bar{x})^2$$
$$= 8\times[(1.25-1.3246875)^2 + (1.38875-1.3246875)^2 + (1.41125-1.3246875)^2$$
$$+ (1.18-1.3246875)^2]$$
$$\approx 0.183534$$

$$SS_B = k_b\sum(\bar{x_B}-\bar{x})^2$$
$$= 8\times[(1.2675-1.3246875)^2 + (1.34875-1.3246875)^2 + (1.34625-$$
$$1.3246875)^2 + (1.33625-1.3246875)^2]$$
$$\approx 0.035584$$

$$SS_C = k_c\sum(\bar{x_C}-\bar{x})^2$$
$$= 8\times[(1.3375-1.3246875)^2 + (1.32625-1.3246875)^2 + (1.32125-$$
$$1.3246875)^2 + (1.31375-1.3246875)^2]$$
$$\approx 0.002384$$

$$SS_{e1} = k_{e1}\sum(\bar{x_{e1}}-\bar{x})^2$$
$$= 8\times[(1.3325-1.3246875)^2 + (1.30625-1.3246875)^2 + (1.32825-$$
$$1.3246875)^2 + (1.33125-1.3246875)^2]$$
$$\approx 0.003684$$

$$SS_{e2} = k_{e2}\sum(\bar{x_{e2}}-\bar{x})^2 = 8\times[(1.28625-1.3246875)^2 + (1.3125-1.3246875)^2 +$$
$$(1.3475-1.3246875)^2 + (1.3525-1.3246875)^2]$$
$$\approx 0.023359$$

$$SS_D = r\sum(\bar{x_D}-\bar{x})^2$$
$$= 16\times[(1.28-1.3246875)^2 + (1.3693755-1.3246875)^2]$$
$$\approx 0.063903$$

$$SS_e = SS_T - SS_A - SS_B - SS_C - SS_{e1} - SS_{e2} - SS_D$$
$$= 0.319197 - 0.183534 - 0.035584 - 0.002384 - 0.003684 - 0.023359 - 0.063903$$
$$= 0.006749$$

$df_T = rn-1 = 32-1 = 31$；$df_A = a-1 = 4-1 = 3$；$df_B = df_C = df_{e1} = df_{e2} = 4-1 = 3$；
$df_D = r-1 = 2-1 = 1$；$df_e = df_T - df_A - df_C - df_{e1} - df_{e2} - df_D = 31-3-3-3-3-3-1 = 15$

或者：
$$df_e = (n-1)(r-1) = (16-1)((2-1)) = 15$$

（2）采用 Excel 计算各项变异的平方和及总自由度。分别将表7.36、表7.37、表7.38、表7.39 和表7.40 的观测值以水平为组，进行 Excel 单因素方差分析，可以得到平方和 SS_T、SS_A、SS_B、SS_C、SS_{e1} 和 SS_{e2}，自由度 df_T、df_A、df_B、df_C、df_{e1} 和 df_{e2}。具体操作步骤见第十一章相关内容。计算结果与上述公式计算的相同，这里不再列出。将表7.41 的观测值进行 Excel

无重复双因素方差分析,可以得到平方和 SS_T、SS_D 和 SS_e,自由度 df_T、df_D 和 df_e。具体操作步骤见第十一章相关内容。计算结果与上述公式计算的相同,这里不再列出。

2. 列方差分析表,进行 F 检验

将上述计算结果用方差分析表表示,见表 7.42。

由 $df_1 = 3$、$df_2 = 15$ 查临界 F 值表,得 $F_{0.05} = 3.29$、$F_{0.01} = 5.42$,将计算出的 F_A、F_B、F_C、F_{e1} 和 F_{e2} 与 $F_{0.05} = 3.29$ 和 $F_{0.01} = 5.42$ 比较,F_A、F_B 和 F_{e2} 与均大于 $F_{0.01}$,$P < 0.01$,差异极显著;F_C 和 F_{e1} 均小于 $F_{0.05}$,$P > 0.05$,差异不显著。

由 $df_1 = 1$、$df_2 = 15$ 查临界 F 值表,得 $F_{0.05} = 4.54$、$F_{0.01} = 8.68$,将计算出的 F_D 与 $F_{0.05} = 4.54$ 和 $F_{0.01} = 8.68$ 比较,$F_D > F_{0.01}$,$P < 0.01$,差异极显著。

表 7.42　肉鸡氨基酸添加正交试验结果方差分析表

变异来源	SS	df	MS	F	$F_{0.05}$	$F_{0.01}$
A 因素	0.183534	3	0.061178	135.971**	3.29	5.42
B 因素	0.035584	3	0.011861	26.362**		
C 因素	0.002384	3	0.000795	1.766[NS]		
模型误差 1	0.003684	3	0.001228	2.729[NS]		
模型误差 2	0.023359	3	0.007786	17.306**		
单位组(D)	0.063903	1	0.063903	142.028**	4.54	8.68
试验误差	0.006749	15	0.00045			
合计	0.319197	31				

单位组间和模型误差差异显著或极显著,都无需作多重比较。A 因素和 B 因素差异均为极显著,需作多重比较。

3. 多重比较 选择 SSR 法

①计算标准误。

$$S_{\bar{x}A} = \sqrt{MS_e / k_a} = \sqrt{0.000450/8} \approx 0.021212$$

$$S_{\bar{x}B} = \sqrt{MS_e / k_b} = \sqrt{0.000450/8} \approx 0.021212 = S_{\bar{x}A}$$

②按式(2.3)计算最小显著极差值 $LSR_{0.05(k,df_e)}$ 和 $LSR_{0.01(k,df_e)}$。将 $SSR_{0.05(k,df_e)}$ 和 $SSR_{0.01(k,df_e)}$、最小显著极差值 $LSR_{0.05(k,df_e)}$ 和 $LSR_{0.01(k,df_e)}$ 列于表 7.43。

表 7.43　SSR 值与 LSR 值

df_e	秩次距 k	$SSR_{0.05}$	$SSR_{0.01}$	$LSR_{0.05}$	$LSR_{0.01}$
	2	3.01	4.17	0.063847	0.088453
15	3	3.16	4.37	0.067029	0.092695
	34	3.25	4.50	0.068938	0.095452

③进行平均数间比较。用表 7.44、表 7.45 分别表示 A 因素和 B 因素各水平平均数的多重比较结果。

表7.44　表7.35 的 A 因素多重比较表

组别	$\bar{x} \pm S$	5%	1%
A_3	1.41125 ± 0.070597	a	A
A_2	1.38875 ± 0.064017	a	A
A_1	1.25 ± 0.072899	b	B
A_4	1.24875 ± 0.070597	b	B

表7.45　表7.35 的 B 因素多重比较表

组别	$\bar{x} \pm S$	5%	1%
B_2	1.34875 ± 0.095684	a	A
B_3	1.34625 ± 0.107163	a	A
B_4	1.33625 ± 0.092572	a	A
B_1	1.2675 ± 0.106335	b	B

统计结论：A_1 与 A_4、A_2 与 A_3 平均数间差异不显著，A_2 与 A_3 平均数极显著高于 A_1 与 A_4。B_1 平均数极显著低于 B_2、B_3、与 B_4。而 B_2、B_3、与 B_4 两两平均数间差异不显著。

专业解释：方差分析的 F 检验结果表明，A 因素（赖氨酸）各水平间差异极显著，B 因素（蛋氨酸）各水平间差异极显著。多重比较发现，添加 0.3 g/kg 与添加 0.6 g/kg 赖氨酸，肉鸡增重的平均数间差异不显著；添加 0.4 g/kg 和添加 0.5 g/kg 赖氨酸，肉鸡增重的平均数间差异不显著；而添加 0.4 g/kg 和添加 0.5 g/kg 赖氨酸，肉鸡增重的平均数极显著高于添加 0.3 g/kg 与添加 0.6 g/kg 赖氨酸的肉鸡增重平均数。添加 0.6 g/kg、0.8 g/kg 和 1.0 g/kg 蛋氨酸，肉鸡增重的两两平均数间差异不显著，均极显著高于添加 0.4 g/kg 蛋氨酸的肉鸡增重。

从统计分析结果和节约资源角度考虑，本试验推测的最优水平组合为 $A_2B_2C_1$。即：从本试验结果推测，肉鸡日粮中添加 0.4 g/kg 赖氨酸、0.6 g/kg 蛋氨酸和 0.1 g/kg 氯化胆碱能提高肉鸡增重。从每个因素各水平的平均数极差值可以发现，肉鸡氨基酸添加试验的三个因素中，以 A 因素（赖氨酸）为主要因素，B 因素（蛋氨酸）排第二位，C 因素（氯化胆碱）为次要因素。

三、考察交互效应的正交试验结果的统计分析

对考察交互效应的正交试验结果进行统计分析，需要将交互效应作为一个因素对待，从安排交互效应的列的各水平计算交互效应的平方和及自由度。如果进行无重复试验，则需要有空列估计误差。如果进行有重复正交设计的完全随机试验或随机单位组试验，则可以根据重复观测值估计误差。

【例7.6】【例7.2】的牧草种植试验，按照表7.10 进行有重复的正交试验，种植了两个单位组，测得牧草产量见表7.46。试进行统计分析。

表 7.46 牧草种植正交试验的试验方案及试验结果牧草产量(单位:kg)

试验号	A 1	B 2	$A \times B$ 3	C 4	$A \times C$ 5	D 6	$A \times D$ 7	单位组 1	单位组 2
1	1	1	1	1	1	1	1	498	523
2	1	1	1	2	2	2	2	468	482
3	1	2	2	1	1	2	2	532	587
4	1	2	2	2	2	1	1	583	625
5	2	1	2	1	2	1	2	632	697
6	2	1	2	2	1	2	1	623	635
7	2	2	1	1	2	2	1	765	801
8	2	2	1	2	1	1	2	792	815

这是四因素二水平的随机单位组正交试验,选用的正交表共有七列,四列安排试验因素,余下三列分别考察 A 与 B、A 与 C、A 与 D 三个交互效应。这个试验资料的总变异分解为 A 因素间变异、B 因素间变异、C 因素间变异、D 因素间变异、$A \times B$ 交互变异、$A \times C$ 交互变异、$A \times D$ 交互变异、单位组间变异和试验误差九个部分,总平方和及总自由度的剖分式为:

$$SS_T = SS_A + SS_B + SS_C + SS_D + SS_{A \times B} + SS_{A \times C} + SS_{A \times D} + SS_R + SS_e$$

$$df_T = df_A + df_B + df_C + df_D + df_{A \times B} + df_{A \times C} + df_{A \times D} + df_R + df_e$$

1. 计算各项平方和及自由度

可以采用计算公式计算各项变异的平方和及总自由度。也可以采用 Excel 计算各项变异的平方和及总自由度。

(1)采用公式计算各项变异的平方和及总自由度。为了方便计算,需要将四个因素各水平的观测值和平均数分别用表格表示;将三个交互效应各水平的观测值和平均数分别也用表格表示;将各处理和各单位组的观测值和平均数用表也用表格表示,方法与有重复观测值正交设计随机单位组试验结果的统计分析相同,可见表 7.35 至表 7.40。计算公式和数据代入方法也与有重复观测值正交设计随机单位组试验结果的统计分析类似,可参见上述计算过程。

(2)采用 Excel 计算各项变异的平方和及总自由度。分别将 A 因素各水平观测值、B 因素各水平观测值、C 因素各水平观测值、D 因素各水平观测值、$A \times B$ 交互各水平观测值、$A \times C$ 交互各水平观测值、$A \times D$ 交互各水平观测值进行 Excel 单因素方差分析,可以得到平方和 SS_T、SS_A、SS_B、SS_C、SS_D、$SS_{A \times B}$、$SS_{A \times C}$ 和 $SS_{A \times D}$,自由度 df_T、df_A、df_B、df_C、df_D、$df_{A \times B}$、$df_{A \times C}$ 和 $df_{A \times D}$。将处理和单位组间观测值进行 Excel 无重复双因素方差分析计算,可以得到平方和 SS_T、SS_R 和 SS_e,自由度 df_T、df_R 和 df_e。具体操作步骤见第十一章相关内容。

2. 列方差分析表,进行 F 检验

将上述计算结果用方差分析表表示,见表 7.47。

表 7.47　牧草种植正交试验结果方差分析表

变异来源	SS	df	MS	F	$F_{0.05}$	$F_{0.01}$
A 因素	133590.25	1	133590.25	731.72**	5.59	12.25
B 因素	55460.25	1	55460.25	303.77**		
C 因素	9.0	1	9.0	0.049^{NS}		
D 因素	4624.0	1	4624.0	25.33**		
$A \times B$ 交互	3306.25	1	3306.25	18.10935**		
$A \times C$ 交互	144.0	1	144.0	0.789^{NS}		
$A \times D$ 交互	144.0	1	144.0	0.789		
单位组(R)	4624.0	1	4624.0	25.33**		
试验误差	1278.0	7	182.5714			
合计	203179.75	15				

统计结论：由 $df_1 = 1$、$df_2 = 7$ 查临界 F 值表，得 $F_{0.05} = 5.59$、$F_{0.01} = 12.25$，将计算出各 F 值与 $F_{0.05}$ 和 $F_{0.01}$ 比较，F_A、F_B、F_D、$F_{A \times B}$ 和 F_R 均大于 $F_{0.01}$，$P < 0.01$，差异极显著；其余各 F 值均小于 $F_{0.05}$，$P > 0.05$，差异不显著。

由于因素均为两水平，F 检验差异极显著，说明两个平均数间差异极显著，无需作多重比较。A 因素和 B 因素差异均为极显著，需作多重比较。将统计分析结果用表格表示为表 7.48。

表 7.48　牧草种植正交试验牧草产量统计表（$\bar{x} \pm S$，单位：kg）

因素水平	1 水平	2 水平
A 因素	537.25 ± 55.9177^A	720.0 ± 82.5504^B
B 因素	569.75 ± 86.6417^A	687.5 ± 116.6019^B
C 因素	629.375 ± 114.8178^a	627.875 ± 125.8621^a
D 因素	645.625 ± 115.9531^A	611.625 ± 122.1474^B
$A \times B$ 交互	643.0 ± 161.9541^A	614.25 ± 48.2101^B
$A \times C$ 交互	625.625 ± 119.9499^a	631.625 ± 120.9013^a
$A \times D$ 交互	631.625 ± 105.9824^a	625.625 ± 133.3148^a

注：表中同行肩注相同小写字母表示差异不显著，不同小写字母表示差异显著，不同大写字母表示差异极显著

专业解释：从本试验结果发现，进行牧草种植，施用 1000 kg/hm^2 有机肥、6 kg/hm^2 氮肥、4 kg/hm^2 钾肥的牧草产量分别极显著高于施用 500 kg/hm^2 有机肥、3 kg/hm^2 氮肥、8 kg/hm^2 钾肥的牧草产量；施用 2kg/hm^2 磷肥与施用 4kg/hm^2 磷肥的牧草产量差异不显著；有机肥与氮肥存在极显著交互效应。从本试验结果推测出的最优水平组合为 $A_2B_2C_1D_1$，即进行牧草种植，施用 1000 kg/hm^2 有机肥、6 kg/hm^2 氮肥、4 kg/hm^2 钾肥、2 kg/hm^2 磷肥为宜。

【本章小结】

正交设计是利用正交表来安排与分析多因素试验的一种设计方法。它利用正交表具有的均衡分散和整齐可比的特点,从试验的全部水平组合中,挑选部分有代表性的水平组合进行试验,通过对这部分试验结果的分析了解全面试验的情况,找出最优的水平组合。正交设计方法主要包括因素和水平的确定、正交表的选择、表头设计和试验方案的列出四个步骤。正交设计试验包括单个观察值的试验、有重复观测值的试验和有互作效应的试验等几类,它们试验所得到的结果的统计分析方法主要是方差分析法,通过 F 检验和多重比较最终找到最优水平组合。

【思考与练习题】

(1)什么是正交设计? 正交设计的适用条件是什么? 正交设计的特点及优缺点是什么?

(2)正交设计的方法和步骤包括哪些?

(3)有一多因素试验,考察 4 个因素 A、B、C、D,分别有 2 个水平,要考察 A 因素与 C 因素的交互效应 $A \times C$。若用正交表 $L_8(2^7)$ 安排试验,请作出表头设计。

(4)用石墨炉原子吸收分光光度法测定食品中的铅,为提高测定灵敏度,希望吸光度大。为提高吸光度,对 A(灰化温度℃)、B(原子化温度℃)和 C(灯电流 mA)进行正交试验,各因素及其水平见表 7.49。

表 7.49 石墨炉原子吸收分光光度法测定食品中铅含量因素水平表

水平	因 素		
	A(灰化温度℃)	B(原子化温度℃)	C(灯电流 mA)
1	300	1800	8
2	700	2400	10

为考虑交互效应,用正交表 $L_8(2^7)$ 安排试验。将各因素分别安排在正交表的第 1,2,4 列上,8 次试验所得吸光度依次为 0.242,0.224,0.266,0.258,0.236,0.240,0.279,0.276。试对结果进行分析,找出最优水平组合。

(5)在研究黑曲霉 AS3.396 在液体培养基条件下生物合成果胶酶时,为寻找发酵培养基的最优配方,安排了三因素三水平正交试验,试验指标为果胶酶活力。试验因素水平如表 7.50。

表 7.50 黑曲霉 AS3.396 合成果胶酶的培养基筛选因素水平表

水平数	因素		
	A(麸皮%)	B(硫酸铵%)	C(发酵时间 d)
1	3	1	3
2	5	2	4
3	7	3	5

用正交表 $L_9(3^4)$ 安排试验，各因素依次放在表的 1、2、3 列上。试验中每次试验得到的发酵液重复取样 3 次，测定果胶活力。3 次测定结果依次为：0.278，0.389，0.283；0.420，0.460，0.435；0.220，0.192，0.231；0.251，0.364，0.263；0.456，0.413，0.460；0.191，0.227，0.261；0.231，0.409，0.304；0.438，0.434，0.410；0.244，0.238，0.295。试对试验结果进行方差分析，确定最优工艺条件（为简化计算，表中果胶活力是经过测定值除以 300 变换后的数据）。

第八章 均匀试验设计

【本章导读】均匀试验设计是中国科学院数学所方开泰、王元教授对试验设计技术的一大贡献。他们是根据数论在多维数值积分中的应用原理,构造了一套均匀设计表,用来进行均匀试验设计。本章介绍均匀试验设计基本概念,均匀设计的优点和使用效果,均匀设计的方法及均匀试验数据分析。

第一节 均匀试验设计概述

一、均匀设计的基本概念

1. 均匀性

均匀性原则是试验设计优化的重要原则之一。在试验设计的方案设计中,使试验点按一定规律充分均匀地分布在试验区域内,每个试验点都具有一定的代表性,则称该方案具有均匀性。如前所述正交表是正交试验设计优化的基本工具,它是利用正交表来安排试验的。正交表具有"均衡分散,综合可比"的两大特点。均衡分散性即均匀性,可使试验点均匀地分布在试验范围内,每个试验点都具有一定的代表性。这样,即使正交表各列均排满,也能得到比较满意的结果;综合可比性即整齐可比性,由于正交表具有正交性,任一列各水平出现的次数都相等,任两列间所有可能的数字对组合出现的次数都相等,这样,每一因素所有水平的试验条件相同,可以综合比较各因素不同水平均数对试验指标的影响,从而可以分析各因素及其交互作用对指标的影响大小及变化规律。在正交试验设计中,对任意两个因素来说,为保证综合可比性,必须是全面试验,而每个因素的具体水平必须有重复,这样一来试验点在试验范围内就不可能充分地均匀分散,试验点的数目就不能过少。显然,用正交表安排试验,均匀性受到一定限制,因而试验点的代表性不够强。若在试验设计中,不考虑综合可比性的要求,完全满足均匀性的要求,让试验点在这种完全从均匀性出发的试验设计方法,称为均匀试验设计。

具有均匀性特点的均匀试验的试验点的代表性很强,例如,对于 5^4 试验,即 4 因素 5 水平的试验来说,在正交试验设计中可选择 $L_{25}(5^6)$ 正交表安排试验,试验次数最少做 25 次,其水平重复数 $r = n/m_j = 5$(次)。若每个水平只做一次,同样做 25 次试验,在试验范围内,将每个因素分成 25 个水平,则试验分布得更均匀。正交试验设计取 5 个水平,每个水平重复 5 次,而均匀试验设计取 25 个水平,每个水平只做 1 次。显然,均匀试验设计的试验点较之正交试验设计的试验点分布得更均匀,代表性更强。对于这项 5^4 试验,利用均匀

设计表 $U_5(5^4)$ 安排试验，在使各因素的水平数不少于 5 的前提下，可以方便地安排试验次数 n 为 $5 \leqslant n \leqslant 25$ 的均匀试验。显然，均匀试验设计的试验点的代表性较正交试验设计的试验点强得多。

2. 均匀试验设计的优点

一个 3 水平 3 因素的试验，共有 $3^3 = 27$ 个处理。若用 $L_9(3^4)$ 也要做 9 个比较。若用均匀设计只做 3 个比较。一个 5 水平 4 因素的试验，共有 $5^4 = 625$ 个处理。若用 $L_{25}(5^6)$ 也要做 25 个比较。若用均匀设计只做 5 个比较。为提高均匀试验设计的精确性，试验还可重复 1 次。试验的处理数还是较少的。

均匀试验设计相对于全面试验和正交试验设计的最主要的优点是大幅度地减少试验次数，缩短试验周期，从而大量节约人工和费用。一个 7 水平 6 因素即 7^6 试验，若进行全面试验，需做 117649 次试验，若进行正交试验设计，若用 $L_{49}(7^8)$ 也要做 49 个比较。若进行均匀试验设计，选取 $U_7(7^6)$ 均匀设计表，只需做 7 次试验即可，重复一次，也不过做 14 次试验。因此，对于试验因素较多，特别是对于因素的水平多而又希望试验次数少的试验，对于筛选因素或收缩试验范围进行逐步择优的场合，对于复杂数学试验的择优计算等，均匀试验设计是非常有效的试验设计方法。

3. 均匀试验设计的应用与效果

由于均匀试验设计使试验周期大大缩短，能节省大量的费用，所以均匀试验设计方法一出现就在工业生产中得到应用，也取得有效的成果。例如，苏州化工厂运用均匀试验设计法研制速淬火油取得明显的经济效益。从方案设计、配方优化，直到产品技术标准有关指标制定等全过程进行优化设计，使快速淬火油不仅性能指标达到国外同类产品的水平，同时成本低廉，节省了外汇，仅上海宝钢一次用量 126 吨就节约 35.82 万元，节省外汇 20.13 万马克。华北制药厂在青霉素球菌原材料配方中运用均匀试验设计法，使得优化后配方比原对照平均降低原材料消耗 34%，平均提高发酵单位 5%，每生产一批产品可获经济效益 4500 元，该厂一年生产几百批，取得显著经济效益。此外，国防工业上已在巡航导弹的设计等方面得到有效的应用。

二、均匀设计表及其使用表

1. 均匀设计表

表 8.1　$U_7(7^6)$ 均匀设计表

试验号 ＼ 列号	1	2	3	4	5	6
1	1	2	3	4	5	6
2	2	4	6	1	3	5
3	3	6	2	5	1	4
4	4	1	5	2	6	3
5	5	3	1	6	4	2
6	6	5	4	3	2	1
7	7	7	7	7	7	7

表 8.2　$U_6(6^6)$ 均匀设计表

列号 试验号	1	2	3	4	5	6
1	1	2	3	4	5	6
2	2	4	6	1	3	5
3	3	6	2	5	1	4
4	4	1	5	2	6	3
5	5	3	1	6	4	2
6	6	5	4	3	2	1

　　均匀设计表是一个适合于多因素多水平试验设计方法的规格化表格,是均匀试验设计的基本工具,它的一个重要特点是试验因素的水平数等于试验比较的数目。均匀设计表仿照正交表以 $U_n(m^k)$ 表示,表中 U 是均匀设计表代号,n 表示横行数即试验次数,m 表示每纵列中的不同字码的个数,即每个因素的水平数,k 表示纵列数,即该均匀设计表最多安排的因素数。

　　表 8.1 是一张 $U_7(7^6)$ 均匀设计表,可安排 7 个水平最多 6 个因素的试验,只做 7 次试验即可。表 8.2 也是一张均匀设计表。比较 $U_7(7^6)$ 和 $U_6(6^6)$ 可以看出,两表有一定的关系,即 $U_6(6^6)$ 是将表 $U_7(7^6)$ 的最后一行划去而成的。表 $U_7(7^6)$ 称为水平数为奇数的均匀设计表,而表 $U_6(6^6)$ 称为水平数为偶数的均匀设计表。

　　表 8.3 是一张 $U_{11}(11^{10})$ 均匀设计表,可安排 11 个水平最多 10 个因素的试验,只做 11 次试验即可。表 8.4 也是一张 $U_{10}(10^{10})$ 均匀设计表。比较 $U_{11}(11^{10})$ 和 $U_{10}(10^{10})$ 两张均匀设计表可以看出,$U_{11}(11^{10})$ 的最后一行划去就是 $U_{10}(10^{10})$。在均匀试验设计中,试验因素的水平数为偶数的均匀设计表都是试验因素的水平数比该偶数多 1 的奇数均匀设计表划去最后一行而生成。

表 8.3　$U_{11}(11^{10})$ 均匀设计表

列号 试验号	1	2	3	4	5	6	7	8	9	10
1	1	2	3	4	5	6	7	8	9	10
2	2	4	6	8	10	1	3	5	7	9
3	3	6	9	1	4	7	10	2	5	8
4	4	8	1	5	9	2	6	10	3	7
5	5	10	4	9	3	8	2	7	1	6
6	6	1	7	2	8	3	9	4	10	5
7	7	3	10	6	2	9	5	1	8	4
8	8	5	2	10	7	4	1	9	6	3
9	9	7	5	3	1	10	8	6	4	2
10	10	9	8	7	6	5	4	3	2	1
11	11	11	11	11	11	11	11	11	11	11

表 8.4 $U_{10}(10^{10})$ 均匀设计表

试验号＼列号	1	2	3	4	5	6	7	8	9	10
1	1	2	3	4	5	6	7	8	9	10
2	2	4	6	8	10	1	3	5	7	9
3	3	6	9	1	4	7	10	2	5	8
4	4	8	1	5	9	2	6	10	3	7
5	5	10	4	9	3	8	2	7	1	6
6	6	1	7	2	8	3	9	4	10	5
7	7	3	10	6	2	9	5	1	8	4
8	8	5	2	10	7	4	1	9	6	3
9	9	7	5	3	1	10	8	6	4	2
10	10	9	8	7	6	5	4	3	2	1

2. 均匀设计使用表

均匀设计的使用表是用来确定试验处理,以明确作哪些比较的试验。上述均匀设计表中的各列,是用来安排试验因素的,若安排的试验因素的个数与均匀设计表的列数相等,则每一列就安排一个不同的试验因素即可;若安排的试验因素的个数少于均匀设计表的列数,试验因素到底安排在哪些列,要根据均匀设计表列间的相关性来进行安排。例如:表 8.5 即为 $U_3(3^2)$ 均匀设计使用表;表 8.6 即为 $U_5(5^4)$ 均匀设计使用表。

表 8.5 $U_3(3^2)$ 均匀设计使用表

因素数	列号	
1	1	
2	1	2

表 8.6 $U_5(5^4)$ 均匀设计使用表

因素数	列号			
1	1			
2	1	2		
3	1	2	4	
4	1	2	3	4

表8.7 $U_7(7^6)$ 均匀设计使用表

因素数	列号					
1	1					
2	1	3				
3	1	3	5			
4	1	2	3	5		
5	1	2	3	4	5	
6	1	2	3	4	5	6

表8.8 $U_9(9^6)$ 均匀设计使用表

因素数	列号					
1	1					
2	1	3				
3	1	3	5			
4	1	2	3	5		
5	1	2	3	4	5	
6	1	2	3	4	5	6

特别说明:王元、方开泰的研究表明,由于均匀设计表列间的相关性,用 $U_n(m^k)$ 最多可以安排 $(k/2)+1$ 个因素。这里 $(k/2)$ 取整,如 (5.8) 则取 5。$U_5(5^4)$ 最多可安排 3 个因素,最大 4 个因素。$U_6(6^6)$ 最多可安排 4 个因素,最大 6 个因素。$U_7(7^6)$ 最多可安排 4 个因素,最大 6 个因素。$U_8(8^6)$ 最多可安排 4 个因素,最大 6 个因素。$U_9(9^6)$ 最多可安排 4 个因素,最大 6 个因素。$U_{10}(10^{10})$ 最多可安排 6 个因素,最大 10 个因素。

第二节 均匀试验设计方法

均匀试验设计方法是一个程序性的过程,通过选择试验因素、确定因素水平、选择均匀试验设计表、根据均匀试验设计使用表安排试验方案来实现。

一、选择试验因素及确定因素水平

试验因素的选择。根据科研工作者选定的研究题目,确定反映试验结果的观测指标,从众多影响试验结果观测指标的试验因素中,选择对试验结果影响最大的试验因素。坚持能用简单试验方案完成的研究绝不选用复杂试验方案来完成,试验研究所涉及的试验因素越少越好。

试验因素水平的确定。要根据试验因素对试验结果影响的灵敏度,适当确定因素水平间距,因素水平取值变化范围。

二、选择均匀试验设计表

根据试验因素水平数的多少,选择均匀试验设计表。若是一个 3 水平的试验,则要选择 $U_3(3^2)$ 表;若是一个 4 水平的试验,则要选择 $U_4(4^4)$ 表;若是一个 5 水平的试验,则要选择 $U_5(5^4)$ 表……若是一个 11 水平的试验,则要选择 $U_{11}(11^{10})$ 表。

三、安排试验因素

根据均匀设计使用表,试验因素的个数,确定均匀设计表中哪些列安排什么试验因素。如一个 3 因素、每个因素 7 个水平的试验,根据 $U_7(7^6)$ 表及其使用表,三个因素应分别安排在第 1 列、第 3 列、第 5 列上。

四、列出试验方案

均匀设计表中数字即为试验因素的水平数。如上述 3 个因素、每个因素 7 个水平的试验,三个因素 A、B、C 分别安排在第 1 列、第 3 列、第 5 列上,则试验研究要做的 7 个比较试验为:$A_1B_3C_5$、$A_2B_6C_3$、$A_3B_2C_1$、$A_4B_5C_6$、$A_5B_1C_4$、$A_6B_4C_2$、$A_7B_7C_7$,具体见表8.9。

表8.9　$U_7(7^6)$ 均匀设计方案

试验号 / 列号	A		B		C	
1	1	2	3	4	5	6
2	2	4	6	1	3	5
3	3	6	2	5	1	4
4	4	1	5	2	6	3
5	5	3	1	6	4	2
6	6	5	4	3	2	1
7	7	7	7	7	7	7

【例8.1】　西南大学荣昌校区动物科学系在哺乳仔猪营养配方研究中,选择玉米（A）、次粉（B）、鱼粉（C）3 个因素,每个因素 9 个水平,采用均匀试验设计方法比较不同饲料配方对仔猪生长的效果影响。试验因素及水平见表8.10。

表8.10　试验因素及水平值表(单位:%)

试验因素 / 列号	1	2	3	4	5	6	7	8	9
玉米（A）	55	56	57	58	59	60	61	62	63
次粉（B）	3.0	3.2	3.4	3.6	3.8	4.0	4.2	4.4	4.6
鱼粉（C）	3.2	3.4	3.6	3.8	4.0	4.2	4.4	4.6	4.8

按照均匀试验设计步骤进行设计。

首先,根据试验因素水平数的多少选择均匀设计表,本研究拟考察 3 个因素、每个因素设 9 个水平,则选择 $U_9(9^6)$ 均匀设计表。

表 8.11　$U_9(9^6)$ 均匀设计表

试验号 \ 列号	1	2	3	4	5	6
1	1	2	4	5	7	8
2	2	4	8	1	5	7
3	3	6	3	6	3	6
4	4	8	7	2	1	5
5	5	1	2	7	8	4
6	6	3	6	3	6	3
7	7	5	1	8	4	2
8	8	7	5	4	2	1
9	9	9	9	9	9	9

其次,根据试验因素个数多少,查看 $U_9(9^6)$ 均匀设计使用表,安排试验因素到相应的列中。本研究设 3 个因素,查看 $U_9(9^6)$ 均匀设计使用表(见表 8.8),3 个试验因素应分别安排在第 1、3、5 列上。具体为第 1 列安排玉米(A)、第 3 列安排次粉(B)、第 5 列安排鱼粉(C),试验方案见表 8.12。

表 8.12　试验方案表

试验号 \ 因素	玉米(A)	2	次粉(B)	4	鱼粉(C)	6
1	1(55%)	2	4(3.6%)	5	7(4.4%)	8
2	2(56%)	4	8(4.4%)	1	5(4.0%)	7
3	3(57%)	6	3(3.4%)	6	3(3.6%)	6
4	4(58%)	8	7(4.2%)	2	1(3.2%)	5
5	5(59%)	1	2(3.2%)	7	8(4.6%)	4
6	6(60%)	3	6(4.0%)	3	6(4.2%)	3
7	7(61%)	5	1(3.0%)	8	4(3.8%)	2
8	8(62%)	7	5(3.8%)	4	2(3.4%)	1
9	9(63%)	9	9(4.6%)	9	9(4.8%)	9

根据表 8.12 可知,本研究所做的 9 个试验比较分别为:配方 1,玉米 55%、次粉 3.6%、鱼粉 4.4%;配方 2,玉米 56%、次粉 4.4%、鱼粉 4.0%;配方 3……配方 9,玉米 63%、次粉 4.6%、鱼粉 4.8%。

第三节　均匀设计试验结果的分析

均匀试验设计结果的分析可采用直观分析和多元回归分析两种方法。

直观分析即是根据试验结果值的大小，初步判断出取得试验结果最佳值的各因素水平组合。如上述哺乳仔猪营养配方研究中，9个试验比较，假如第5个比较试验结果哺乳仔猪增重最大，则表明，在哺乳仔猪营养配方应用中，玉米占59%左右、次粉占3.2%左右、鱼粉占4.6%左右能够取得仔猪生长最好的效果，下一步即可在玉米59%左右、次粉3.2%左右、鱼粉4.6%左右配方开展进一步研究工作，以获得最佳哺乳仔猪营养配方。

多元回归分析是均匀试验设计结果的非常重要的分析方法，下面主要介绍均匀试验设计结果的多元回归分析法。

一、均匀试验设计结果的多元线性回归分析

【例8.2】　某酒厂在生产啤酒过程中，选择底水（X_1）和吸氨时间（X_2）进行一比较试验，两因素均选9个水平，试验考核的指标为吸氨量（Y）。试验因素水平见表8.13。

表8.13　试验因素及水平表

列号 试验因素	1	2	3	4	5	6	7	8	9
底水（X_1）	136.5	137.0	137.5	138.0	138.5	139.0	139.5	140.0	140.5
吸氨时间（X_2）	170	180	190	200	210	220	230	240	250

首先根据试验因素水平数的多少选择均匀设计表，本研究选择 $U_9(9^6)$ 均匀设计表；其次由研究因素的个数和 $U_9(9^6)$ 设计使用表，确定将两因素分别安排在第1列、第3列。本研究的试验方案及结果见表8.14。

表8.14　试验方案及结果表

因素 试验号	底水（X_1）	2	吸氨时间（X_2）	4	5	6	Y（吸氨量）
1	1(136.5)	2	4(200)	5	7	8	5.8
2	2(137.0)	4	8(240)	1	5	7	6.3
3	3(137.5)	6	3(190)	6	3	6	4.9
4	4(138.0)	8	7(230)	2	1	5	5.4
5	5(138.5)	1	2(180)	7	8	4	4.0
6	6(139.0)	3	6(220)	3	6	3	4.5
7	7(139.5)	5	1(170)	8	4	2	3.0
8	8(140.0)	7	5(210)	4	2	1	3.6
9	9(140.5)	9	9(250)	9	9	9	4.1

1. 表 8.14 均匀试验结果的直观分析

由试验结果表 8.14 可知,第 2 试验比较(底水 137.0、吸氨时间 240 min)吸氨量最大,要取得较大的吸氨量,则试验因素水平应选择在底水 137.0、吸氨时间 240 min 左右。

2. 采用计算公式计算回归方程的各项系数。

表 8.14 均匀试验结果的回归分析

先将 X_1,X_2 各水平作线性变换。$Z_{1j} = (X_{1j} - 136)/0.5$,$Z_{2j} = (X_{2j} - 160)/10$ 其中 $j = 1,2,3,\cdots,9$,$Z_{11} = (X_{11} - 136)/0.5 = 1$,$Z_{12} = (X_{12} - 136)/0.5 = 2$,其余类推。计算结果表明,经线性变换后的因素水平值恰好是均匀设计表 $U_9(9^6)$ 中相应列的水平字码,见前述表 8.14。

对线性化后的水平值求平方和、平均值。

$$SS_1 = \sum_{j=1}^{9} (z_{1j} - \overline{z_1})^2 = 60$$

$$SS_2 = \sum_{j=1}^{9} (z_{2j} - \overline{z_2})^2 = 60$$

$$\overline{z_1} = \frac{1 + 2 + \cdots + 9}{9} = 5$$

$$\overline{z_2} = \frac{1 + 2 + \cdots + 9}{9} = 5$$

$$SP_{12} = SP_{21} = \sum_{j=1}^{9} (z_{1j} - \overline{z_1})(z_{2j} - \overline{z_2}) = 6.0$$

$$SP_{1y} = \sum_{j=1}^{9} (z_{1j} - \overline{z_1})(y - \overline{y}) = -19.6$$

$$SP_{2y} = \sum_{j=1}^{9} (z_{2j} - \overline{z_2})(y - \overline{y}) = 11.0$$

$$SS_y = \sum_{1}^{9} (y - \overline{y})^2 = 9.235$$

$$\overline{y} = \frac{\sum y_i}{9} = 4.62$$

求解偏回归系数的正规方程组为:

$SS_1 b_1 + SP_{12} b_2 = SP_{1y}$

$SP_{21} b_1 + SS_2 b_2 = SP_{2y}$

即　$60b_1 + 6b_2 = -19.6$

　　$6b_1 + 60b_2 = 11.0$

解得 $b_1 = -0.348$,$b_2 = 0.218$,$b_0 = 5.27$

则 $\hat{y} = 5.27 - 0.348z_1 + 0.218z_2$

还原后为:

$\hat{y} = 96.44 - 0.696x_1 + 0.022x_2$

方法二:采用 Excel 软件计算回归方程的各项系数。具体方法步骤见第十一章相关内容。

二、均匀试验设计结果的多元多项式回归分析

【例8.3】 华北制药厂在生产青霉素过程中，对青霉素球菌原材料配方，运用均匀试验设计技术进行试验优化研究。试验目的：降低原材料消耗和提高发酵单位。试验指标：发酵单位 $Y(U/mg)$。据经验，试验选6个因素，其因素水平见表8.15。

表8.15 试验因素及水平表

试验因素 水平值	X_1	X_2	X_3	X_4	X_5	X_6
1	1.0	0.50	2.5	0.112	0.23	0.80
2	1.5	0.54	3.0	0.115	0.26	0.60
3	2.0	0.58	3.5	0.118	0.14	0.65
4	2.5	0.62	1.5	0.006	0.17	0.70
5	3.0	0.46	2.0	0.009	0.20	0.75

表8.15中 X_2、X_3、X_4、X_5、X_6 的水平次序作了平滑移动。原均匀设计表中的字码次序不能随意改动，而只能依原次序平滑。避免在试验中出现都是各因素高水平组合的情况。本试验是6因素5水平，选择 $U_5(5^4)$ 均匀设计表无法安排完所有的6个试验因素，为提高试验精度、均匀性、可靠性，选择 $U_{10}(10^{10})$ 均匀设计表，并运用拟水平法来安排试验。根据 $U_{10}(10^{10})$ 均匀设计使用表，6个试验因素分别安排在第1、2、3、5、7、10列上，具体安排及结果见表8.16。

表8.16 试验方案及结果表

因素 试验号	X_1	X_2	X_3	X_4	X_5	X_6	Y (U/mg)
1	1(1.0)	2(0.54)	3(3.5)	5(0.009)	7(0.26)	10(0.75)	28625
2	2(1.5)	4(0.62)	6(2.5)	10(0.009)	3(0.14)	9(0.70)	29558
3	3(2.0)	6(0.50)	9(1.5)	4(0.006)	10(0.20)	8(0.65)	26008
4	4(2.5)	8(0.58)	1(2.5)	9(0.006)	6(0.23)	7(0.60)	31133
5	5(3.0)	10(0.46)	4(1.5)	3(0.118)	2(0.26)	6(0.80)	29641
6	6(1.0)	1(0.50)	7(3.0)	8(0.118)	9(0.17)	5(0.75)	27175
7	7(1.5)	3(0.58)	10(2.0)	2(0.115)	5(0.20)	4(0.70)	27858
8	8(2.0)	5(0.46)	2(3.0)	7(0.115)	1(0.23)	3(0.65)	28692
9	9(2.5)	7(0.54)	5(2.0)	1(0.112)	8(0.14)	2(0.60)	31796
10	10(3.0)	9(0.62)	8(3.5)	6(0.112)	4(0.17)	1(0.80)	26908
对照	2.5	0.58	2.5	0.115	0.23	0.75	30542

1. 表 8.16 均匀试验结果的直观分析

由表 8.16 的试验结果项可见,第 9 个试验处理的试验结果值最大,要取得较大的发酵单位 Y 值,则试验因素水平应选择在 $X_1 = 2.5$、$X_2 = 0.54$、$X_3 = 2.0$、$X_4 = 0.112$、$X_5 = 0.14$、$X_6 = 0.60$ 左右。

2. 表 8.16 均匀试验结果的回归分析

将发酵单位 Y 作为依变数,将 X_1、X_2、X_3、X_4、X_5、X_6 作为自变数,经多次多项式回归拟合得如下回归方程:

$$\hat{y} = 169210.80 + 14340.71x_1 + 16426.51x_4 - 387741.60x_5 - 304332.50x_6 - 213.23x_1^2 + 1012.87x_5^2 + 202045.70x_6^2$$

上述回归方程的相关指数 $R^2 = 0.9783$,复相关系数 $R = 0.9891$;离回归标准差 $S = 581.39$;$F = 12.777$;$P < 0.10$($F_{0.10} = 9.35$),回归方差在显著水平 0.1 上达到显著。

需要说明的几个问题:

(1)均匀设计的试验无法估计交互作用,但确能较快寻找到因素的最优水平组合。

(2)因素及因素水平的确定是非常关键的。因素个数不宜太多(超过 10)、也不宜太少(2 个);因素的取值范围应大一些,即水平数多一些。

(3)结果分析有直观分析和多元回归分析,前者简单但不能预测;后者复杂、计算量大但能寻找最优水平组合,还需作验证试验。

(4)就正交设计与均匀设计的优化效率比较看,在主要方面正交设计要比均匀设计更好。

【本章小结】

均匀试验设计是用均匀设计表来安排试验方案的一种试验设计方法。均匀设计的主要优点是大幅度地减少试验次数,缩短试验周期,从而大量节约人工和费用。均匀设计包括因素水平的确定、均匀表的选择、根据均匀表的使用表安排试验因素、列出试验方案四个基本步骤。均匀试验结果的分析可采用直观分析和多元回归分析两种方法。多元回归分析有线性回归分析、非线性回归分析和多项式回归分析。进行均匀试验结果的多元回归分析,以多元多项式回归分析应用最多。

【思考题与练习题】

(1)进行 3 个因素,每个因素各 6 个水平的试验研究,试作出该研究的均匀试验设计。

(2)考察 4 因素、每个因素各 10 个水平的试验效果,试作出该研究的均匀试验设计。

(3)比较 5 个饲料原料配合对肉兔生长的影响,每个饲料原料拟设 10 个水平,试作出该研究的试验设计。

(4)进行淋巴细胞培养条件筛选,考察细胞浓度、小牛血清用量、培养时间对淋巴细胞体外转化的影响。各设置 7 个浓度,采用 $U_7(7^4)$ 均匀设计表及其使用表安排试验,并设置 2 个对照组。在 96 孔细胞培养板中按均匀试验设计方案试验,培养后测定 OD_{570},重复 6 孔,以三次 OD_{570} 的平均值为试验指标。试验设计与试验结果见表 8.17。试进行统计分析建立回归方程。

生物试验设计（畜牧版）

表 8.17　淋巴细胞培养均匀试验设计与试验结果

试验号	细胞浓度 （个/mL）	小牛血清用量 （mL/L）	培养时间 （h）	OD_{570}
1	1×10^5	15	96	0.236
2	5×10^6	6	84	0.245
3	1×10^4	21	72	0.298
4	5×10^5	12	60	0.387
5	1×10^7	3	48	0.302
6	5×10^4	18	36	0.231
7	1×10^6	9	24	0.327
8	1×10^4	3	24	0.201
9	1×10^7	21	96	0.342

第九章 调查设计

【本章导读】调查设计包括调查的专业技术工作和调查的组织工作等内容,本章所涉及的调查设计内容包括抽样调查方法和抽样调查结果的统计分析。

第一节 调查设计概述

一、调查设计的基本概念

任何科学研究工作,都要根据特定的研究目的搜集资料,并经过资料的整理与分析才能揭示客观规律。通过试验搜集资料,研究者能较主动地安排试验因素,控制试验条件,通过重复、随机和局部控制尽量排除非试验因素的干扰。在畜牧科学研究中,除了通过试验研究搜集资料外,还需要通过调查研究搜集资料,进行整理分析以找出其中的规律性。如了解畜禽品种及水产资源状况;饲料兽药生产现状;疾病流行情况;新技术推广应用效果等。调查(Survey)是根据调查研究目的,运用科学的调查方法,有计划、有组织地向生产实际搜集统计资料并进行整理分析的过程,包括资料搜集、资料整理和资料分析。由于调查立足于生产实际,所以它是研究和解决实际问题的一种重要研究方法。同时,控制试验的研究课题,往往是在调查研究的基础上确定的;试验研究的成果,又必须在推广应用后经调查得以验证。为了使调查研究工作有目的、有计划、有步骤地顺利开展,需要进行调查设计。

调查设计(Design of Survey)是对调查研究工作全过程的计划。是在调查之前,根据专业技术知识和研究目的,运用数理统计的原理和方法,对整个调查进行合理的安排,经济科学地制定调查方案,以搜集资料进行有效的统计分析。

二、调查设计的主要内容

调查设计的内容不仅涉及技术工作方面的,而且还有组织工作方面的。主要包括调查题目与调查目的,调查内容与调查指标确定,调查对象与观察单位的选取,调查项目与调查方法的选择,观察单位数的确定,调查资料的整理分析方法,调查的组织工作等。

(一)调查题目与调查目的确定

任何一项调查研究都要有确定的题目和明确的目的,做什么调查,通过调查了解什么问题,解决什么问题。例如,某地工业饲料生产现状调查,目的是了解该地区的工业化饲料生产的水平;重庆市畜禽品种资源调查,其目的是了解重庆市范围内的畜禽品种的数量、分布及品种特征特性等情况。

（二）调查内容与调查指标的选取

虽然各项科研工作的具体目的不同,但从阐明问题的客观规律性来说,其调查内容或是了解总体参数,如动物的体重、发病率、环境中某有害物质的浓度,或是研究事物间的相互联系,如动物发病与养殖环境的关系,需要通过指标来说明调查内容,达到调查的目的。要将调查目的具体化到调查内容和调查指标。

调查指标与试验指标一样,有数量性状指标、质量性状指标和半定量指标。进行畜牧、兽医、水产调查,每一次调查具体选择哪些调查指标,需要根据调查目的不同进行选择。要结合需要与可能,精选灵敏度高、特异度高、有客观检查作依据的指标。数量性状指标比质量性状指标和半定量指标灵敏,调查较少例数即能发现问题的规律性。多数情况下,需要将多个数量性状指标结合应用,甚至将数量性状指标与质量性状指标、半定量指标结合应用,即构建指标体系。如进行畜禽品种资源调查常用的调查指标有增重、采食量、产仔数、产奶量、产蛋量、产肉量、存活率、发病率、血液生理生化指标等,包括多个数量性状指标和多个质量性状指标。

（三）调查对象和观察单位的确定

确定调查的对象,是根据调查目的和调查指标,划清调查总体的同质范围、时间范围和地区范围,抽样调查中还应划清抽样范围。例如,2009 年进行的重庆市畜禽品种资源调查,调查对象为重庆市各区县养殖的所有畜禽,调查时间从 2009 年 7 月到 2009 年 12 月。

组成总体或样本的个体称为观察单位,也称调查单位。观察单位可以是一头动物、一个养殖户、一个养殖场、一个采样点等。观察单位往往也是观测调查指标数据的最小单位,对于计量指标和计数指标,一个调查单位可以获得一个指标值（观测值）,对于质量指标和半定量指标,通常情况下,一个观察单位只可以获得分类计数的一次计数。

（四）调查项目

调查项目包括一般项目和重点项目。一般项目主要是指调查对象的一般情况,用于区分和查找,如畜主姓名、住址及编号等。重点项目是调查的核心内容,如品种资源调查中的品种、数量、生长性能、生产性能、繁殖性能等。调查项目内容要具体、明确,不能模棱两可。一般将调查项目内容按指标顺序以表格形式列示出来,以方便进行资料搜集。

（五）调查方法的选择

1. 全面调查与非全面调查

按调查对象包括的范围不同,调查方法有全面调查和非全面调查。

（1）全面调查。就是对总体的每一个观察单位逐一调查,其涉及的范围广、时间长、工作量大,因而需耗费大量的人力、物力和时间。

（2）非全面调查。是指在全体调查观察单位中,通过某种方法抽取部分的有代表性的观察单位组成样本进行调查,并以样本去推断总体。非全面调查可以节约人力、物力和时间。抽样调查是最常用的非全面调查方法。

2. 经常性调查与一次性调查

按登记时间是否连续,调查方法有经常性调查与一次性调查。

（1）经常性调查。是随着调查对象在时间上的发展变化,而随时对变化的情况进行连续不断的登记。其主要目的是获得事物全部发展过程及其结果的统计资料。

（2）一次性调查。是不连续登记的调查,它是对事物每隔一段时期后在一定时间点上的状态进行登记。其主要目的是获得事物在某一时点上的水平、状况的资料。

一次性调查又分为定期和不定期两种。定期调查是每隔一段固定时期进行一次调查,不定期调查是时间间隔不完全相等,而且间隔很久才调查一次。

3.统计报表制度和专门调查

按调查的组织方式不同,调查方法有统计报表制度和专门调查。

(1)统计报表制度。是按照国家统一规定的调查要求与文件(指标、表格形式、计算方法等)自下而上地提供统计资料的一种报表制度。

(2)专门调查。是为了某一特定目的而专门组织的统计调查。专门调查通常有两种组织形式,一种是组织专门调查机构,派专门的调查人员对被调查单位直接进行观测登记;另一种是利用一定的组织系统,由被调查单位根据本单位的原始记录和实际情况,填写调查表,然后上报。包括普查、抽样调查、重点调查、典型调查等。

①普查。普查是专门组织一次性的全面调查,用来调查属于一定时点或时期内的社会经济现象的总量。普查要注意确定普查的标准时间,普查的登记工作应在整个普查范围内同时进行,同类普查的内容和时间在历次普查中应尽可能保持连贯性。

②抽样调查。抽样调查是按随机原则,从总体中抽取一部分单位作为样本来进行观察,并根据其观察的结果来推断总体数量特征的一种非全面调查方法。抽样调查是最常用的调查方法,将在第二节中详述。

③重点调查。重点调查是在调查对象中选择一部分对总体具有决定性作用的重点观察单位进行调查。适用于调查任务只要求掌握调查总体的基本情况,通常情况下,重点调查的调查指标比较单一,调查指标表现在数量上集中于少数观察单位,而这些少数单位的指标值之和在总体中又占绝对优势。重点调查的优点是花费较少人力、物力,在较少时间内及时取得总体的特征特性等基本情况。

④典型调查。根据调查的目的与要求,在对被调查对象进行全面分析的基础上,有意识地选择若干具有典型意义的或有代表性的单位进行调查,主要作用是补充全面调查的不足,并在一定条件下验证全面调查数据的真实性。典型调查只有在对总体比较了解的基础上应用。

4.直接观测法、报告法和采访法

按取得调查资料的方式不同,调查方法有直接观测法、报告法和采访法。

(1)直接观测法。直接观测法是调查人员深入现场对观察单位进行观察、计数或量测,以取得调查资料的方法。如调查某地山羊各阶段的生长性能和血液生化指标,调查人员亲自到养殖户或养殖场中对每头山羊的体高、体长、体重等进行量测,并采集血液测定生化指标,获得数据资料。直接观测法可以保证搜集资料的准确性,但需要花费大量的人力、物力和时间,而且不能采用这种方法搜集历史资料。

(2)报告法。报告法是由被调查单位根据各种原始资料向调查机构提供资料的调查方法。统计报表制度就是采用这种方法。如果原始记录和核算工作健全,提供资料的单位能够实事求是,这种方法能够获得比较准确的数据资料。但需要花费大量的人力和物力。

(3)采访法。采访法是根据选定的观察单位,通过直接询问、开调查会、调查问卷三种方式,向被调查者搜集资料的方法。

①直接询问法。直接询问法由调查人员通过面对面询问或电话询问或其他方式询问,边问边记录以取得资料的方法。

②开调查会法。开调查会法是通过邀请熟悉情况的人员座谈,搜集所需资料的调查方法。

③调查问卷法。由调查人员将调查表或调查问卷交给被调查者如畜主,由被调查者自己填写的一种调查方法。

综上,调查方法有多种,实施一次调查,仅仅使用一种调查方法是不够的,通常需将多种调查方法结合应用。

（六）样本含量的确定

抽样调查的样本含量是指进行抽样调查时,从总体中抽取的观察单位数。在抽样调查研究时,样本含量的大小关系到调查结果的精确性。样本含量太大,需耗费较多的人力、物力及资金;样本含量太小,增大了偶然性,使抽样误差大,影响调查结果的精确性。确定样本含量的方法将在第十章介绍。

（七）调查资料统计分析方法的选择

在调查研究中,通过观察、测定搜集到的数据资料,采用什么方法进行统计分析,应在调查设计时明确。如描述统计、t 检验、χ^2 检验、方差分析、回归与相关分析等。详细内容见第三节。

（八）调查的组织工作安排

调查研究是一项比较复杂的工作,应做好调查人员分工与培训、经费预算、调查进程安排、调查表的准备等工作,一般在正式调查前,需进行预调查,以检验调查设计的可行性。

调查设计的内容较多,本教材所涉及的调查设计内容包括调查方法的选择、样本含量的确定和调查资料的统计分析。本章介绍抽样调查方法及抽样调查数据资料的统计分析。样本含量的确定将在第十章介绍。

第二节　抽样调查方法

由于将总体中的每一个观察单位都进行调查,需耗费大量的人力、物力和时间,所以,进行调查研究时,通常从总体中抽出一部分观察单位进行调查,即进行抽样调查。抽样调查要求从总体中抽出的观察单位要具有代表性。这就要求要做到随机抽样,随机抽样一般是指每个总体单位都有同等被抽中的机会,但是在实际调查中,并不完全是这种情况。通常采用的抽样组织形式主要有完全随机抽样法、顺序抽样法、分层抽样法、整群抽样法和多级抽样法五种。

一、完全随机抽样法

完全随机抽样（Complete Random Sampling）又称简单随机抽样（Simple Random Sampling）,它是指对总体不作任何处理,不进行分类也不进行排除,而是完全按随机的原则,直接从总体中抽取 n 个观察单位作为样本加以调查。从理论上说,是最符合抽样调查的随机原则,是抽样调查的最基本形式。具体方法为:

首先将有限总体内的所有调查单位全部编号,然后用抽签或随机数字表或 Excel 随机数函数按所需数量,随机抽取若干个调查单位作为样本进行观察、测定。完全随机抽样适用于调查单位均匀程度较好的总体。

【例9.1】 从200个调查单位中随机抽出10个调查单位进行调查。

(1)动物编号。将200个调查单位依次编号为1,2,3,…,200。

(2)读取10个随机数字。由于动物数有200个,是一位数至三位数,所以需要的随机数至少应该为三位数。这里采用Excel随机数函数[RANDBETWEEN(100,999)]生成了10个三位数的随机数字,见表9.1的第一行。

(3)计算余数。分别用200,199,198,…,191去除随机数字,得到随机数的余数,见表9.1第三行。

(4)抽取作为样本的调查单位。随机数字的余数为几,将总体中编号为这个余数的动物抽出。由表9.1可知,这个有200个调查单位的总体中,这次抽出来作为调查样本的动物编号为109, 20, 56, 159, 117, 36, 18, 45, 147, 120。

表9.1 随机数字法进行完全随机抽样的余数计算表

随机数字	709	816	848	553	117	231	406	431	915	693
除 数	200	199	198	197	196	195	194	193	192	191
余 数	109	20	56	159	117	36	18	45	147	120

二、顺序抽样法

顺序抽样(Sequential Sampling)也称系统抽样(Systematic Sampling)或机械抽样(Mechanical Sampling)或等距抽样。将总体全部调查单位按自然状态或某一特性依次编号,根据调查所需的数量,将总体分成若干个间隔顺序,在第一个间隔顺序中随机抽取第一个调查单位,然后按照一个确定的间隔顺序抽出 n 个调查单位作为样本进行观察、测定。系统抽样适用于调查单位均匀程度较好的总体。

【例9.2】 从500个调查单位中顺序抽出50个调查单位作为样本进行调查。

(1)动物编号。将500个调查单位依次编号为1, 2, 3,…,500。

(2)计算每个间隔顺序的动物数。用总体含量除以样本含量得到,500/50 = 10。即每间隔10抽出一个调查单位。

(3)从编号为1~10的调查单位中随机抽出第1个调查单位。

采用随机数字法进行。读取一个两位数的随机数字。这里采用Excel随机数函数[RANDBETWEEN(10,99)]生成了一个两位数的随机数字为54,除以10的余数为4,则将编号为4的调查单位抽出作为样本的第一个调查单位。即从编号为1~10的调查单位中随机抽出的第1个调查单位为4号。

(4)按间隔顺序抽取其余的调查单位。这里的间隔顺序为10,所以依次序抽取第2个调查单位为14号,第3个调查单位为24号……第50个调查单位为494号。

三、分层抽样

分层抽样(Stratified Sampling)又称类型抽样或分类抽样。是先将总体各调查单位按主要特性加以分层,而后在各层中按随机的原则抽取若干调查单位,抽出的全部调查单位组成样

本含量为 n 的一个样本。即先按主要特性将调查总体分为若干个亚总体或若干个组，然后在各亚总体中或各组中随机抽出若干个调查单位，将抽出的全部 n 个调查单位进行观察、测定。分层抽样对总体划分层的基本要求是：第一，层与层之间不重叠，即总体中的任一调查单位只能属于某个层；第二，全部总体调查单位毫无遗漏，即总体中的任一单位必须属于某个层。用于分层抽样的层内变异度小，层间变异度大。对于总体分布不太均匀或调查单位差异较大的总体，分层抽样能有效地降低抽样误差。但分层不正确会影响抽样的精确性。

> **【例9.3】** 某县在 2012 年进行蛋鸡生产的抽样调查，据估计需要抽出 600 只蛋鸡进行观察、测定。从 2011 年的统计数据发现，该县的规模养殖企业的蛋鸡约占总养殖数量的 70%，其余为散户养殖。
>
> 　　进行 2012 年蛋鸡生产的抽样调查，首先将蛋鸡总体分为两个层，一个为规模养殖蛋鸡，一个为散户养殖蛋鸡。可以根据 2011 年的资料，从蛋鸡规模养殖企业中随机抽取不少于 420 只蛋鸡，从蛋鸡养殖散户中随机抽取不少于 180 只蛋鸡，共计 600 只蛋鸡组成样本进行观察、测定。

四、整群抽样法

　　整群抽样（Cluster Sampling）又称随机群组抽样，是把总体划分成若干个群组，然后以群组为单位随机抽样。即每次抽取的不是一个观察单位，而是一群观察单位。每次抽取的群体可大小不等，但需对被抽取群体的每一个观察单位逐一进行调查。整群抽样对总体划分群的基本要求是：第一，群与群之间不重叠，即总体中的任一单位只能属于某个群；第二，全部总体单位毫无遗漏，即总体中的任一单位必须属于某个群。整群抽样适用于分布不太均匀的总体。当群内变异大，群间变异小时，整群抽样可以提高抽样调查的精确性。整群抽样的最大优点是容易组织，节省人力、物力。

　　整群抽样与分层抽样的最大不同点是，整群抽样是总体分成若干群后，以群为单位随机抽样，抽出的群体中的所有调查单位都加以调查。而分层抽样是总体分成若干层后，从每个层中都随机抽出若干调查单位加以调查。整群抽样是抽取的群的观察单位才加以调查，没有抽取的群中的观察单位就不调查，而分层抽样是每个层中都有观察单位被抽取加以调查。

> **【例9.4】** 某地有种猪规模养殖场 1000 家，能繁母猪养殖规模为 300～1000 头。今欲通过抽样调查了解各种猪规模养殖场的生产现状。据估计，样本含量为不少于 2000 头能繁母猪。
>
> 　　这个总体很大，可以先将总体分成若干群，再随机抽取群体进行调查。调查是为了了解种猪规模养殖场的生产现状，所以可以以一家种猪规模养殖场为一个群，共有 1000 个群。按最小规模 300 头计算，应该从该地的 1000 家种猪规模养殖场中随机抽取不少于 7 家的养殖场，对抽取的这 7 家种猪规模养殖场中的全部观察单位进行调查。

五、多级抽样法

多级抽样(Multistage Sampling)又称多阶段抽样。多级抽样是一种复杂的整群抽样。对很大的总体进行整群抽样时,如果将所抽出的群体中的所有观察单位都进行调查,会是人力、物力和时间的浪费,可采取多级抽样法,即把抽样过程分成几个阶段,到最后才抽到具体的观察单位。多级抽样法适用于调查总体很大,且总体可进行系统分组或可分成几个级别或几个阶段的抽样。进行多级抽样时,各级抽样可以选择不同的抽样方法如系统抽样或随机抽样,一般采用随机抽样。

多级抽样是首先将总体分成若干群,随机抽取一部分群,然后将抽取的群分成若干亚群,再随机抽取一部分亚群,这时,可以对亚群的所有观察单位进行调查,即进行整群调查,这时,抽取的所有亚群中的观察单位组成样本;也可以从抽取的亚群中再随机抽取一部分观察单位进行调查,这时,从抽取的亚群中抽出的所有观察单位组成样本。如果抽取亚群后,观察单位还很多,还可以将抽取的亚群再分成若干小亚群,再将小亚群中的所有观察单位进行整群调查,或再从小亚群中随机抽取观察单位进行调查。随机抽取群的抽样过程为第一级抽样,随机抽取亚群的抽样过程为第二级抽样,从亚群中随机抽取观察单位或从亚群中随机抽取小亚群的抽样过程为第三级抽样。在调查研究中,根据总体的实际情况需要确定采用几级抽样;从各群中抽取亚群数或从各亚群中抽取小亚群数,可以相等,也可以不等。

> **【例9.5】** 某养殖集团有30个公司涉足肉鸡生产,每个公司有2~5个分公司,各分公司有5~10个养殖场,每个养殖场每年约出栏10万只肉鸡。该养殖集团欲进行抽样调查,据估计需要抽出不少于5000只肉鸡的样本进行调查,以掌握集团的肉鸡生产现状。
>
> 这是一个很大的总体,且这个总体可以进行系统分组,公司为一级抽样单位,分公司为二级抽样单位,养殖场为3级抽样单位,肉鸡个体为四级抽样单位。可以从养殖集团30个公司中随机抽取3个公司,再从抽取的这3个公司中各随机抽取1个分公司,共计3个分公司,再从抽取的这3个分公司中各随机抽取2个养殖场,共计6个养殖场,最后再从抽取的这6个养殖场中各随机抽取不少于834只的肉鸡,共计不少于5000只肉鸡的样本进行调查。

第三节 调查结果的统计分析方法

一、完全随机抽样调查结果的统计分析

(一)单个总体完全随机抽样调查结果的统计分析

1. 平均数、标准差、变异系数的计算

对于单个总体抽出的样本,如果获得资料是数量性状资料,那么,一般需要计算样本平均数、样本标准差和样本变异系数来估计总体的平均数、标准差、变异系数。

方法一：采用公式计算。

样本平均数 $\bar{x}$：$\bar{x} = \dfrac{\sum x}{n}$

样本标准差 S：$S = \sqrt{\dfrac{\sum (x - \bar{x})^2}{n-1}}$

样本变异系数 CV：$CV = \dfrac{S}{\bar{x}} \times 100\%$

方法二：采用 Excel 的描述统计计算出样本平均数和样本标准差，然后用公式计算样本变异系数。

Excel 的描述统计具体方法步骤见生物统计教材相关内容。

【例9.6】 某养殖场随机抽测 50 只四川白鹅产蛋母鹅的蛋重，每只母鹅取三枚蛋的平均重量，资料见表9.2。试进行统计分析。

表9.2   五十只四川白鹅的蛋重资料表（单位：g）

141.3	128.6	110.3	134.5	136.2	138.4	120.8	117.6	150.6	136.1
139.1	146.5	140.3	152.1	138.9	146.5	153.4	162.7	139.4	138.7
137.6	141.6	142.3	139.5	137.8	145.3	146.2	142.1	143.0	142.3
139.8	132.5	142.6	141.5	135.7	139.6	138.7	140.2	136.8	132.6
134.9	118.2	150.3	146.5	138.3	138.5	142.8	135.6	130.4	137.8

方法一：采用公式计算样本平均数和样本标准差。

样本平均数 $\bar{x}$：$\bar{x} = \dfrac{\sum x}{n} = \dfrac{6943}{50} = 138.86$

样本标准差 S：$S = \sqrt{\dfrac{\sum (x - \bar{x})^2}{n-1}}$

$$= \sqrt{\dfrac{(141.3 - 138.86)^2 + (128.6 - 138.86)^2 + \cdots + (137.8 - 138.86)^2}{50-1}}$$

≈ 8.9869

方法二：采用 Excel 的描述统计计算出样本平均数和样本标准差。

样本平均数 $\bar{x} = 138.86$；样本标准差 $S \approx 8.9869$。计算结果与方法一相同。

最后用公式计算样本变异系数。

样本变异系数 CV：$CV = \dfrac{S}{\bar{x}} \times 100\% = \dfrac{8.9869}{138.86} \times 100\% \approx 6.47\%$

2. 率和率标准误的计算

对于单个总体抽出的样本，如果获得资料是质量性状资料，那么，一般需要计算样本率和样本率标准误来估计总体率和率标准误。一般用百分率表示。

率 $\hat{p}$：$\hat{p} = \dfrac{x}{n} \times 100\%$

率的标准误 $S_{\hat{p}}$：$S_{\hat{p}} = \sqrt{\sqrt{\dfrac{\hat{p}(1-\hat{p})}{n}}}$

【例 9.7】 某种猪场 2012 年种母猪共产仔猪 6000 头,其中出现腹泻的仔猪有 270 头。试进行统计分析。

腹泻率 $\hat{p}$：$\hat{p} = \dfrac{270}{6000} \times 100\% = 4.5\%$

腹泻率标准误 $S_{\hat{p}}$：$S_{\hat{p}} = \sqrt{\dfrac{\hat{p}(1-\hat{p})}{n}} = \sqrt{\dfrac{0.045 \times (1-0.045)}{6000}} \approx 0.002676$

（二）两个总体比较的完全随机抽样调查结果的统计分析

1. 两个总体比较的完全随机抽样数量性状资料的统计分析

方法与第三章两个处理完全随机试验数量性状资料的统计分析相同,采用非配对 t 检验或单因素方差分析。这里不再赘述。

【例 9.8】 某县随机抽测本地黄牛和杂交牛各 15 头,测得 3 月龄体重资料见表 9.3。试进行统计分析。

表 9.3 本地黄牛和杂交牛体重资料表(单位:kg)

组别	观测值							
本地黄牛	65.3	63.2	55.6	51.6	56.7	58.6	61.3	65.4
	60.2	60.2	56.9	54.3	53.8	62.1	59.4	
杂交牛	81.2	72.5	73.8	79.6	77.5	81.5	74.6	86.3
	80.3	69.8	72.6	80.9	83.6	84.5	78.6	

（1）提出无效假设与备择假设：H_0：$\mu_1 = \mu_2$，H_A：$\mu_1 \neq \mu_2$。

（2）计算 t 值。采用 Excel 的双样本等方差假设 t 检验计算 t 值。$t = -11.786$。

（3）统计结论和专业解释。Excel 的双样本等方差假设 t 检验直接给出 t 值对应的概率值 $P = 2.28 \times 10^{-12}$，$P < 0.01$，差异极显著,否定 H_0。说明本地黄牛和杂交牛 3 月龄体重存在极显著差异,杂交牛 3 月龄体重极显著高于本地黄牛。

将上述统计分析结果用表格表示为表 9.4。

表 9.4 本地黄牛和杂交牛体重资料统计分析表

组别	$\bar{x} \pm S$	5%	1%
本地黄牛	58.9733 ± 4.1536	a	A
杂交牛	78.4867 ± 4.8855	b	B

2. 两个总体比较的完全随机抽样次数资料的统计分析

方法与第三章两个处理完全随机设计试验次数资料的统计分析相同。包括 u 检验和独立性 χ^2 检验。这里不再赘述。

【例9.9】 从 A、B 两个种鸡养殖场随机抽测种蛋各 500 枚，种蛋受精情况见表9.5。试进行统计分析。

表9.5　A、B 两个种鸡养殖场种蛋受精情况统计表（单位：枚）

养殖场	受精蛋	未受精蛋	合计
A	486	14	500
B	469	31	500
合计	955	45	1000

采用独立性 χ^2 检验进行统计分析。检验步骤：

（1）整理资料为列联表。表9.5已是 2×2 列联表。

（2）提出无效假设与备择假设。

H_0：种蛋受精与养殖场无关，即二因子相互独立；

H_A：种蛋受精与养殖场有关，即二因子彼此相关。

（3）采用式（3.12）计算 χ_c^2 值。

$$\chi_c^2 = \frac{(|A_{11}A_{22} - A_{12}A_{21}| - T/2)^2 T}{T_{\cdot 1} T_{\cdot 2} T_{1\cdot} T_{2\cdot}}$$

$$= \frac{(|468 \times 31 - 469 \times 14| - 1000/2)^2 \times 1000}{955 \times 45 \times 500 \times 500} \approx 5.957$$

（4）做统计结论和专业解释。根据 $df = (2-1)(2-1) = 1$，查临界值 χ^2 值表得到 $\chi_{0.05(1)}^2 = 3.84$、$\chi_{0.01(1)}^2 = 6.63$。$\chi_{0.05(1)}^2 < \chi_c^2 < \chi_{0.01(1)}^2$，$0.01 < P < 0.05$，差异显著，否定 H_0。说明 A、B 两个种鸡养殖场的种蛋受精率存在显著差异。

（三）多个总体比较的完全随机抽样调查结果的统计分析

1. 多个总体比较的完全随机抽样数量性状资料的统计分析

方法与第三章多个处理完全随机试验数量性状资料的统计分析相同，采用单因素方差分析。这里不再赘述。

【例9.10】 某猪场随机抽取荣昌猪、大白猪和长白猪各 10 头，测得血红蛋白含量见表9.6。试进行统计分析。

表9.6　三个品种猪血红蛋白含量（单位：g/L）

品 种	观测值									
荣昌猪	14.9	14.9	13.9	14.5	15.8	14.7	14.3	13.7	15.1	13.6
大白猪	13.9	14.2	14.1	14.5	13.8	13.7	14.2	14.3	14.1	13.7
长白猪	14.7	14.5	13.8	13.9	14.5	14.8	14.1	13.6	13.8

（1）计算各项平方和、自由度。采用 Excel 单因素方差分析计算各项平方和、自由度。Excel 单因素方差分析输出结果见表9.7。表9.7 的第2列为各项平方和,第3列为各项自由度。

表9.7　表9.6 资料的 Excel 单因素方差分析输出结果表

差异源	SS	df	MS	F	P – value
组间	1.4807	2	0.740333	2.967	0.0684
组内	6.738	27	0.249556		
总计	8.2187	29			

（2）计算各项均方和 F 值,进行 F 检验。采用 Excel 单因素方差分析计算。计算结果见表9.7。

将表9.7 整理得到三个品种猪血红蛋白含量的方差分析表,见表9.8。

表9.8　表9.6 资料的方差分析表

变异来源	SS	df	MS	F	P
品种间	1.4807	2	0.740333	2.967[NS]	0.0684
误差	6.738	27	0.249556		
总计	8.2187	29			

统计结论:Excel 单因素方差分析给出了 F 检验所需要的概率 P 值。这里的 $P = 0.0684$, $P > 0.05$,差异不显著。

专业解释:荣昌猪、大白猪和长白猪的血红蛋白含量差异不显著。

由于 F 检验差异不显著,所以无需对三个品种的血红蛋白含量进行多重比较。将三个品种的血红蛋白含量统计分析结果列于表9.9。

表9.9　表9.6 资料的统计分析表

品　种	$\bar{x} \pm S$	5%	1%
荣昌猪	14.54 ± 0.6867	a	A
大白猪	14.05 ± 0.2677	a	A
长白猪	14.09 ± 0.4533	a	A

【例9.11】　从养鸡场随机抽取甲、乙、丙三个品系肉鸡各100 只,测得各品系神经肽基因的 AA、AB 和 BB 三种基因型数据见表9.10。试进行统计分析。

表9.10　三个品系肉鸡三种神经肽基因型统计表(单位:只)

品系	AA	AB	BB	合计
甲	60	32	8	100
乙	45	35	20	100
丙	48	35	17	100
合计	153	102	45	300

对三个品系肉鸡三种神经肽基因型数据进行独立性 χ^2 检验。

（1）整理资料为列联表。表9.10已是 3×3 列联表。

（2）提出无效假设与备择假设。

H_0：神经肽基因型与肉鸡品系无关，即二因子相互独立；

H_A：神经肽基因型与肉鸡品系有关，即二因子彼此相关。

（3）计算理论次数 E。按式（3.9）计算每个实际观测次数 A_{ij} 对应的理论次数 E_{ij}，列于表9.11。所有理论次数均不小于5，可以进行独立性 χ^2 检验。

表9.11　表9.10资料的理论次数（单位：只）

品系	AA	AB	BB	合计
甲	51	34	15	100
乙	51	34	15	100
丙	51	34	15	100
合计	153	102	45	300

（4）计算 χ^2 值。自由度 $df = (3-1)(3-1) = 4$，可按式（3.10）或式（3.29）计算 χ^2 值。也可采用 Excel 的 CHITEST 函数直接计算统计推断所需的概率 P。

方法一：按式（3.10）计算 χ^2 值。

$$\chi^2 = \sum \frac{(A-E)^2}{E}$$

$$= \frac{(60-51)^2}{51} + \frac{(32-34)^2}{34} + \frac{(8-15)^2}{15} + \frac{(45-51)^2}{51} + \frac{(35-34)^2}{34} +$$

$$\frac{(20-15)^2}{15} + \frac{(48-51)^2}{51} + \frac{(35-34)^2}{34} + \frac{(17-15)^2}{15}$$

$$\approx 7.847$$

方法二：用式（3.29）直接计算 χ^2 值。

$$\chi^2 = T.. \left[\sum \frac{A_{ij}^2}{T_{i.} T_{.j}} - 1 \right]$$

$$= 300 \times \left(\frac{60^2}{100 \times 153} + \frac{45^2}{100 \times 153} + \frac{48^2}{100 \times 153} + \frac{32^2}{100 \times 102} \right.$$

$$\left. + \frac{35^2}{100 \times 102} + \frac{35^2}{100 \times 102} + \frac{8^2}{100 \times 45} + \frac{20^2}{100 \times 45} + \frac{17^2}{100 \times 45} \right)$$

$$\approx 7.847$$

可见，式（3.10）和式（3.29）计算出的 χ^2 值相等。

（5）统计结论和专业解释。

统计结论方法一：$\chi^2 \approx 7.432$，根据 $df = (3-1)(3-1) = 4$，查临界值 χ^2 表得到 $\chi^2_{0.05(4)} = 9.49$、$\chi^2_{0.01(4)} = 13.28$，计算所得 $\chi^2 < \chi^2_{0.05(4)}$，$P > 0.05$，差异不显著，接受 H_0。

统计结论方法二：采用 Excel 的 CHITEST 函数直接计算统计推断所需的概率 P。经 CHITEST 函数计算得表9.11资料的 $P = 0.0973$。$P > 0.05$，差异不显著，接受 H_0。结论与公式计算 χ^2 值进行独立性 χ^2 检验相同。

专业解释:神经肽基因的 *AA*、*AB* 和 *BB* 三种基因型在甲、乙、丙三个肉鸡品系中出现的频率差异不显著。

二、顺序抽样调查结果的统计分析

单个总体顺序抽样、两个总体比较的顺序抽样和多个总体比较的顺序抽样调查结果的统计分析,方法步骤同完全随机抽样调查结果的统计分析。

三、分层抽样调查结果的统计分析

(一)单个总体分层抽样调查结果的统计分析

单个总体分层抽样,一方面可以计算抽取的所有观察单位的样本统计数(平均数、标准差、变异系数或率、率的标准误)估计总体参数,另一方面,也可以分别计算各层抽取的所有观察单位的样本统计数估计各层的特征特性。方法步骤同完全随机抽样调查结果的统计分析。

(二)两个及两个以上总体比较的分层抽样调查结果的统计分析

对于两个及两个以上总体比较的分层抽样调查获得的次数资料,统计分析的方法步骤同完全随机抽样调查结果的统计分析。采用组内分亚组的二级系统分组资料方差分析方法对数量性状资料进行统计分析。两个及两个以上总体比较的分层抽样调查资料的总变异,剖分为组间变异、组内亚组间变异、亚组内观测值间变异(误差)三个部分。总平方和剖分为组间平方和、组内亚组间平方和、误差平方和,总自由度剖分为组间自由度、组内亚组间自由度、误差自由度。可以参考一般统计学教材中二级系统分组资料方差分析方法,通过 SS_T、SS_A、$SS_{B(A)}$ 和 SS_e 及自由度 df_T、df_A、$df_{B(A)}$ 和 df_e 的计算公式计算各项平方和、自由度。也可以利用 Excel 计算各项平方和、自由度,Excel 没有系统分组资料的方差分析方法,可以进行两次单因素方差分析,计算出 SS_T、SS_A 和 SS_e 及自由度 df_T、df_A 和 df_e 后,通过减法计算出 $SS_{B(A)}$ 和 $df_{B(A)}$。Excel 单因素方差分析方法步骤参见第十一章相关内容。计算出各项平方和、自由度后,计算 *MS* 和 *F* 值,进行 *F* 检验,当各组间 *F* 检验差异显著时,再进行各组平均数的多重比较。

【例 9.12】 分别调查两地的规模种猪场和散户养殖每头能繁母猪每年提供的仔猪数量,见表 9.12。试进行统计分析。

表 9.12 两地规模和散户养殖能繁母猪年提供仔猪数量统计表(单位:头)

地区	层别	观测值							
甲	规模	25.1	24.2	25.6	24.7	23.5	24.7	23.2	23.7
	散户	19.7	18.3	16.5	17.2	17.0	19.3	18.4	17.5
乙	规模	23.4	23.6	21.5	22.8	20.9	22.4	22.6	23.8
	散户	16.3	15.9	17.6	18.4	15.9	19.2	18.3	14.9

采用二级系统分组方差分析法对两地规模和散户养殖能繁母猪年提供仔猪数量进行统计分析。

（1）计算各项平方和、自由度。这个资料的总变异剖分为地区间变异、地区内层间变异、层内观测值间变异（误差）三个部分。总平方和剖分为地区间平方和、地区内层间平方和、误差平方和，总自由度剖分为地区间自由度、地区内层间自由度、误差自由度。

这里采用 Excel 计算各项平方和、自由度。由于 Excel 没有系统分组资料的方差分析法，所以需要将资料变换形式进行两次单因素分析分别计算 SS_T、SS_A 和 SS_e 及 df_T、df_A 和 df_e。

①计算 SS_T、SS_A 和 df_T、df_A。将两个地区各 16 个观测值整理为表 9.13，将表 9.13 的资料进行 Excel 单因素方差分析，Excel 单因素方差分析输出结果见表 9.14。

表 9.13　两地能繁母猪年提供仔猪数量统计表（单位：头）

地区	观测值
甲	25.1　24.2　25.6　24.7　23.5　24.7　23.2　23.7　19.7　18.3　16.5　17.2　17.0　19.3　18.4　17.5
乙	23.4　23.6　21.5　22.8　20.9　22.4　22.6　23.8　16.3　15.9　17.6　18.4　15.9　19.2　18.3　14.9

表 9.14　表 9.13 资料的 Excel 单因素方差分析输出结果表

差异源	SS	df	MS
组间	13.9128	1	13.9128
组内	322.2769	30	10.7426
总计	336.1897	31	

表 9.14 的第二行组间平方和为 SS_A，组间自由度为 df_A。第四行总计平方和为 SS_T，总计自由度为 df_T。第三行组内平方和包括 $SS_{B(A)}$ 和 SS_e，组内自由度包括 $df_{B(A)}$ 和 df_e。即：

$SS_T = 336.1897$，$df_T = 31$；$SS_A = 13.9128$，$df_A = 1$。

$SS_{B(A)} + SS_e = 322.2769$，$df_{B(A)} + df_e = 30$。

②计算 SS_e 和 df_e。将表 9.12 整理为表 9.15，将表 9.15 的资料进行 Excel 单因素方差分析，Excel 单因素方差分析输出结果见表 9.16。

表 9.15　两地规模和散户养殖能繁母猪年提供仔猪数量统计表（单位：头）

地区层别	观测值							
甲地规模	25.1	24.2	25.6	24.7	23.5	24.7	23.2	23.7
甲地散户	19.7	18.3	16.5	17.2	17.0	19.3	18.4	17.5
乙地规模	23.4	23.6	21.5	22.8	20.9	22.4	22.6	23.8
乙地散户	16.3	15.9	17.6	18.4	15.9	19.2	18.3	14.9

表 9.16 表 9.15 资料的 Excel 单因素方差分析输出结果表

差异源	SS	df	MS
组间	298.9684	3	99.65615
组内	37.2213	28	1.32933
总计	336.1897	31	

表 9.16 的第三行组内平方和为 SS_e,组内自由度为 df_e。第四行总计平方和为 SS_T,总计自由度为 df_T,它们与表 9.14 中的 SS_T 和 df_T 相等。第二行组间平方和包括 SS_A 和 $SS_{B(A)}$,组间自由度包括 df_A 和 $df_{B(A)}$。即:

$$SS_T = 336.1897, df_T = 31; SS_e = 37.2213, df_e = 28。$$
$$SS_A + SS_{B(A)} = 298.9684, df_A + df_{B(A)} = 3。$$

③计算 $SS_{B(A)}$ 和 $df_{B(A)}$。可以通过表 9.14 的数据计算 $SS_{B(A)}$ 和 $df_{B(A)}$,也可以通过表 9.16 的数据计算 $SS_{B(A)}$ 和 $df_{B(A)}$,还可以将总计减去组间和误差项计算 $SS_{B(A)}$ 和 $df_{B(A)}$。

通过表 9.14 的数据计算 $SS_{B(A)}$ 和 $df_{B(A)}$:

$$SS_{B(A)} = 322.2769 - SS_e = 322.2769 - 37.2213 = 285.0556$$
$$df_{B(A)} = 30 - df_e = 30 - 28 = 2$$

通过表 9.16 的数据计算 $SS_{B(A)}$ 和 $df_{B(A)}$:

$$SS_{B(A)} = 298.9684 - SS_A = 298.9684 - 13.9128 = 285.0556$$
$$df_A + df_{B(A)} = 3 - 1 = 2$$

将总计减去组间和误差项计算 $SS_{B(A)}$ 和 $df_{B(A)}$:

$$SS_{B(A)} = SS_T - SS_A - SS_e = 336.1897 - 13.9128 - 37.2213 = 285.0556$$
$$df_{B(A)} = df_T - df_A - df_e = 31 - 1 - 28 = 2$$

(2)计算各项均方和 F 值,进行 F 检验。将上述计算数据列于表 9.17 的方差分析表中,并在表中计算各项均方和 F 值。

表 9.17 表 9.12 资料的方差分析表

变异来源	SS	df	MS	F
地区间	13.9128	1	13.9128	0.0976[NS]
地区内层间	285.0556	2	142.5278	107.218[NS]
误差	37.2213	28	1.32933	
总计	336.1897	31		

统计结论:由 $df_1 = 1$、$df_2 = 2$ 查临界 F 值表,得 $F_{0.05(1,2)} = 18.51$。$F_A < F_{0.05}$,$P > 0.05$,差异不显著。由 $df_1 = 2$、$df_2 = 28$ 查临界 F 值表,得 $F_{0.01(2,28)} = 5.45$。$F_{B(A)} > F_{0.01}$,$P < 0.01$,差异极显著。

专业解释:甲地能繁母猪每年提供的仔猪数量为 21.16 ± 3.4168 头,乙地能繁母猪每年提供的仔猪数量为 19.84 ± 3.1322 头,甲乙两地能繁母猪每年提供的仔猪数量无显著差异。两个地区内部的规模种猪场与散户养殖能繁母猪每年提供的仔猪数量差异极显著,表现在规模种猪场的能繁母猪每年提供的仔猪数量极显著高于散户养殖。甲地规模种猪场和散户养殖的能繁母猪每年提供的仔猪数量分别为 24.34±0.8331 头和 17.99±1.1319 头，乙地规模种猪场和散户养殖的能繁母猪每年提供的仔猪数量分别为 22.625±1.0181 头和 17.06±1.5184 头。

对于两个及两个以上总体的分层抽样试验资料，为了获取更多的信息，还可以分别将各总体的相似层进行分别比较。如本例，可以将甲乙两地的规模养殖的能繁母猪每年提供的仔猪数量进行比较。数据资料见表9.18，方差分析表见表9.19。

表9.18 两地规模养殖能繁母猪年提供仔猪数量统计表（单位：头）

地区	观测值							
甲	25.1	24.2	25.6	24.7	23.5	24.7	23.2	23.7
乙	23.4	23.6	21.5	22.8	20.9	22.4	22.6	23.8

表9.19 表9.18 资料的方差分析表

变异来源	SS	df	MS	F	$F_{0.01}$
地区间	11.730625	1	11.73063	13.557**	8.86
误差	12.11375	14	0.865268		
总计	23.844375	15			

统计结论：由 $df_1=1$、$df_2=14$ 查临界 F 值表，得 $F_{0.01(1,14)}=8.86$。$F > F_{0.01}$，$P<0.01$，差异极显著。

专业解释：甲乙两地规模种猪场的能繁母猪每年提供的仔猪数量差异极显著。甲地规模种猪场的能繁母猪每年提供的仔猪数为 24.34±0.8331 头，乙地规模种猪场的能繁母猪每年提供的仔猪数为 22.625±1.0181 头。

四、整群抽样调查结果的统计分析

（一）单个总体整群抽样调查结果的统计分析

单个总体整群抽样调查，一方面可以计算抽取的所有观察单位的样本统计数（平均数、标准差、变异系数或率、率的标准误）估计总体参数，另一方面，也可以分别计算出抽取的各群的所有观察单位的特征数了解各群的特征特性。方法步骤同完全随机抽样调查结果的统计分析。

（二）两个及两个以上总体比较的整群抽样调查结果的统计分析

对于两个及两个以上总体比较的整群抽样调查获得的次数资料，统计分析的方法步骤同完全随机抽样调查结果的统计分析。对于两个及两个以上总体比较的整群抽样调查获得的数量性状资料，统计分析的方法步骤同分层抽样调查结果的统计分析，采用二级系统分组资料方差分析法进行分析，分层抽样调查是将各层作为组内亚组，而整群抽样则将各群作为组内亚组。

五、多级抽样调查结果的统计分析

（一）单个总体多级抽样调查结果的统计分析

单个总体多级抽样调查，一方面可以计算抽取的所有观察单位的样本统计数（平均数、标准差、变异系数或率、率的标准误）估计总体参数，另一方面，也可以分别计算出各级抽取的所有观察单位的样本统计数估计各级的特征特性。方法步骤同完全随机抽样调查结果的统计分析。

（二）两个及两个以上总体比较的多级抽样调查结果的统计分析

对于两个及两个以上总体比较的多级抽样调查获得的次数资料，统计分析的方法步骤同完全随机抽样调查结果的统计分析。对于两个及两个以上总体比较的多级抽样调查获得的数量性状资料，统计分析的方法步骤类似于分层抽样调查结果的统计分析，采用系统分组资料的方差分析法进行分析，只是多级抽样调查的资料的分级通常会是三级及三级以上系统分组的资料。以三级抽样为例介绍分析方法。

对两个及两个以上总体比较的三级抽样调查获得的数量性状资料，总变异剖分为组间变异、组内亚组间变异、亚组内小亚组间变异、小亚组内观测值间变异（误差）四个部分。总平方和剖分为组间平方和、组内亚组间平方和、亚组内小亚组间平方和、误差平方和，总自由度剖分为组间自由度、组内亚组间自由度、亚组内小亚组间自由度、误差自由度。可以参考一般统计学教材中三级系统分组资料方差分析方法，通过 SS_T、SS_A、$SS_{B(A)}$、$SS_{C(B)}$ 和 SS_e 及自由度 df_T、df_A、$df_{B(A)}$、$df_{C(B)}$ 和 df_e 的计算公式计算平方和、自由度。也可以利用 Excel 计算平方和、自由度，Excel 没有系统分组资料的方差分析方法，可以进行三次单因素方差分析，计算出 SS_T、SS_A、$SS_{B(A)}$ 和 SS_e 及自由度 df_T、df_A、$df_{B(A)}$ 和 df_e 后，通过减法计算出 $SS_{C(B)}$ 和 $df_{C(B)}$。计算出平方和、自由度后，再计算 MS 和 F 值，进行 F 检验，当各组间 F 检验差异显著时，再进行各组平均数的多重比较。

【例9.13】 进行三个养殖集团的肉鸡生产现状调查，采用三级随机抽样调查，得到表9.20的资料。试进行统计分析。

表9.20 三个养殖集团的2月龄肉鸡体重（单位：kg）

集团	公司	养殖场	观测值							
甲	A	1	2.3	2.1	2.5	2.4	2.2	2.3	2.3	2.4
		2	2.0	2.1	2.0	2.2	2.3	2.1	2.2	2.1
	B	3	2.6	2.7	2.5	2.4	2.9	2.8	3	2.9
		4	2.6	2.5	2.4	2.7	2.3	2.1	2.6	
	C	5	2.3	2.5	2.4	2.1	2.6	2.8	2.7	2.3
		6	2.3	2.2	2.1	2.5	2.6	2.4	2.1	2.6
乙	D	7	2.1	2.3	3.0	2.8	2.5	2.6	2.2	2.7

续表

集团	公司	养殖场	观测值							
乙		8	2.8	2.4	2.7	2.3	2.3	2.5	2.4	2.2
	E	9	2.3	2.0	2.6	2.6	2.3	2.3	2.1	2.0
		10	2.5	2.0	2.5	2.8	2.4	2.1	2.7	2.6
	F	11	2.2	2.3	2.9	2.7	2.6	2.6	2.5	2.3
		12	2.4	2.1	2.9	2.6	2.3	2.6	2.7	2.2
丙	G	13	2.3	2.2	3.0	2.1	2.7	2.1	2.2	2.4
		14	2.4	2.1	2.5	2.8	2.3	2.6	2.8	2.7
	H	15	2.4	2.6	2.5	2.3	2.1	2.6	2.6	2.1
		16	2.3	2.2	3	2.1	2.7	2.1	2.2	2.4
	I	17	2.5	2.5	2.2	2.3	2.4	2.0	2.0	2.3
		18	2.1	2.2	2.1	2.6	2.2	2.1	2.9	2.6

采用三级系统分组方差分析法对三个养殖集团的 2 月龄肉鸡体重进行统计分析。

（1）计算各项平方和、自由度。总变异剖分为集团间变异、集团内公司间变异、公司内养殖场间变异、养殖场内观测值间变异（误差）四个部分。SS_T 剖分为 SS_A、$SS_{B(A)}$、$SS_{C(B)}$ 和 SS_e，df_T 剖分为 df_A、$df_{B(A)}$、$df_{C(B)}$ 和 df_e。这里采用 Excel 计算各项平方和、自由度。由于 Excel 没有系统分组资料的方差分析法，所以需要将资料变换形式进行三次单因素分析分别计算 SS_T、SS_A 和 SS_e 及 df_T、df_A 和 df_e，通过减法计算 $SS_{B(A)}$、$SS_{C(B)}$ 和 $df_{B(A)}$、$df_{C(B)}$。

①计算 SS_T、SS_A 和 df_T、df_A。将表 9.20 的所有 144 个观测值整理为以一个集团为一组，三个集团共三个组的单因素方差分析资料模式，每组 48 个观测值，进行 Excel 单因素方差分析，Excel 单因素方差分析输出结果见表 9.21。

表 9.21　三个集团 2 月龄肉鸡体重的 Excel 单因素方差分析输出结果表

差异源	SS	df	MS
组间	0.1004	2	0.0502
组内	9.6990	141	0.0688
总计	9.7994	143	

表 9.21 的第二行组间平方和为 SS_A，组间自由度为 df_A。第四行总计平方和为 SS_T，总计自由度为 df_T。第三行组内平方和包括 $SS_{B(A)}$、$SS_{C(B)}$ 和 SS_e，组内自由度包括 $df_{B(A)}$、$df_{C(B)}$ 和 df_e。即：

$SS_T = 9.7994，df_T = 143；SS_A = 0.1004，df_A = 2。$

$SS_{B(A)} + SS_{C(B)} + SS_e = 9.6990，df_{B(A)} + df_{C(B)} + df_e = 141。$

②计算 SS_e 和 df_e。将表9.20的所有144个观测值整理为以一个养殖场为一组,18个养殖场共18个组的单因素方差分析资料模式,每组8个观测值,进行 Excel 单因素方差分析,Excel 单因素方差分析输出结果见表9.22。

表9.22　十八个养殖场资料的 Excel 单因素方差分析输出结果表

差异源	SS	df	MS
组间	2.3281	17	0.1369
组内	7.4713	126	0.0593
总计	9.7994	143	

表9.22的第三行组内平方和为 SS_e,组内自由度为 df_e。第四行总计平方和为 SS_T,总计自由度为 df_T,它们与表9.21中的 SS_T 和 df_T 相等。第二行组间平方和包括 SS_A、$SS_{B(A)}$ 和 $SS_{C(B)}$,组间自由度包括 df_A、$df_{B(A)}$ 和 $df_{C(B)}$。即:

$SS_T = 9.7994$,$df_T = 143$;$SS_e = 7.4713$,$df_e = 126$。

$SS_A + SS_{B(A)} + SS_{C(B)} = 2.3281$,$df_A + df_{B(A)} + df_{C(B)} = 17$。

③将表9.20的所有144个观测值整理为以一个公司为一组,9个公司共9个组的单因素方差分析资料模式,每组16个观测值,进行 Excel 单因素方差分析,Excel 单因素方差分析输出结果见表9.23。

表9.23　九个公司资料的 Excel 单因素方差分析输出结果表

差异源	SS	df	MS
组间	1.6688	8	0.20859
组内	8.1306	135	0.06023
总计	9.7994	143	

表9.23的第二行组间平方和包括 SS_A 和 $SS_{B(A)}$,组间自由度包括 df_A 和 $df_{B(A)}$。第三行组内平方和为 $SS_{C(B)}$ 和 SS_e,组内自由度为 $df_{C(B)}$ 和 df_e。第四行总计平方和为 SS_T,总计自由度为 df_T,它们与表9.21和表9.22中的 SS_T 和 df_T 相等。即:

$SS_A + SS_{B(A)} = 1.6688$;$df_A + df_{B(A)} = 8$。

$SS_{C(B)} + SS_e = 8.1306$;$df_{C(B)} + df_e = 135$。

④ 计算 $SS_{B(A)}$、$SS_{C(B)}$ 和 $df_{B(A)}$、$df_{C(B)}$。可以通过表9.21、表9.22和表9.23的数据计算。

$SS_{B(A)} = 1.6688 - 0.1004 = 1.5684$

$SS_{C(B)} = 8.1306 - 7.4713 = 0.6593$

$df_{B(A)} = 8 - 2 = 6$;$df_{C(B)} = 135 - 126 = 9$

(2)计算各项均方和 F 值,进行 F 检验。将上述计算数据列于表9.24的方差分析表中,并在表中计算各项均方和 F 值。

表 9.24　表 9.20 资料的方差分析表

变异来源	SS	df	MS	F
集团间	0.1004	2	0.0502	0.192[NS]
集团内公司间	1.5684	6	0.2614	3.568[NS]
公司内养殖场间	0.6593	9	0.0733	1.236[NS]
误　差	7.4713	126	0.0593	
总　计	9.7994	143		

统计结论：由 $df_1 = 2$、$df_2 = 6$ 查临界 F 值表，得 $F_{0.05(2,6)} = 5.14$。$F_A < F_{0.05}$，$P > 0.05$，差异不显著。由 $df_1 = 6$、$df_2 = 9$ 查临界 F 值表，得 $F_{0.05(6,9)} = 3.37$，$F_{0.01(6,9)} = 5.80$。$F_{0.05} < F_{B(A)} < F_{0.01}$，$0.01 < P < 0.05$，差异显著。由 $df_1 = 9$、$df_2 = 126$ 查临界 F 值表，得 $F_{0.05(9,126)} = 1.95$。$F_A < F_{0.05}$，$P > 0.05$，差异不显著。

专业解释：甲、乙、丙三个集团的 2 月龄肉鸡体重分别为 2.41 ± 0.2598 kg、2.45 ± 0.2585 kg、2.3833 ± 0.2684 kg，差异不显著。集团内部各公司的 2 月龄肉鸡体重间差异显著，还可以对集团内部各公司的 2 月龄肉鸡体重进一步分析，具体方法步骤请参阅生物统计教材相关内容。公司内部各养殖场的 2 月龄肉鸡体重间差异不显著。

【本章小结】

调查设计是对调查研究工作全过程的计划。本章所涉及的调查设计内容包括抽样调查方法和抽样调查结果的统计分析。常用的抽样调查方法主要有完全随机抽样法、顺序抽样法、分层抽样法、整群抽样法和多级抽样法五种。对于单个总体抽样调查，获得的数量性状资料一般需要计算平均数、标准差和变异系数，获得的次数资料一般需要计算百分率和百分率标准误。对于两个或两个以上总体抽样调查，获得的数量性状资料一般需要采用方差分析进行统计分析，获得的次数资料一般需要采用独立性 χ^2 检验进行统计分析。对于两个总体抽样调查，获得的数量性状资料还可采用非配对 t 检验进行统计分析。

【思考与练习题】

（1）调查设计包括哪些内容？

（2）什么是普查？什么是抽样调查？

（3）什么是简单随机抽样？简单随机抽样适用的条件是什么？请一个简单随机抽样的设计。

（4）区别分层抽样和整群抽样。请分别作一个分层抽样和整群抽样的设计。

（5）整群抽样和多级抽样有何区别与联系？请作一个多级抽样的设计。

（6）对单个总体、两个总体和多个总体进行简单随机抽样、顺序抽样、分层抽样、整群抽样和多级抽样获得的资料进行统计分析，有哪些方法？如果对多个总体抽样资料进行方差分析，那么，各类资料的变异来源有哪些？平方和、自由度的分解式为何？

第 ✚ 章　样本含量的确定

【本章导读】进行抽样调查和试验研究,都需要确定样本含量。本章介绍参数估计和假设检验的样本含量的确定方法。

第一节　样本含量确定概述

样本含量(Sample Size)是指进行抽样调查或进行试验研究时,每个统计样本所包含的调查或受试单位数,即重复数。进行样本含量的确定,就是确定一个统计样本的调查单位数或受试单位数,即确定重复数。对于试验研究,同一处理的不同重复意味着同一处理实施在不同的试验单位上。若试验以一个个体为试验单位,则重复数是指同一处理内的受试个体数;若以一个群体为一个试验单位,则重复数是指同一处理内的受试群体数,这时如果每处理只实施在一个群体上,不管这群动物的数量有多少,实际上每个处理只有一个试验单位,即没有重复。样本含量是由样本推断总体的研究中的一个重要特征数。科学研究和生产实际中,样本含量的确定主要考虑尽量少花费而获得足够的用于统计分析的数据。样本含量的大小与资料类别,资料的变异程度,以及调查或试验要求的准确度等有关。通常情况下,数量性状资料要求的样本容量可小一些,而质量性状资料要求的样本含量要大一些。资料的变异程度大,样本含量要求大,调查或试验要求的准确度高,样本含量要求大。如抽样调查的目的是估计总体平均数,那么,调查获得的样本平均数与总体平均数越接近越好,显然,样本含量就要大,并且越大越好。但若样本太大,就会花费过多的人力、物力和时间。那么,如何确定一个合适的样本含量进行调查呢? 目前还没有一个精确的估计方法。一般要求以不小于总体含量的5%进行抽样调查。斯丹(C. Stein)认为,调查样本含量与调查要求的准确性高低及调查指标的变异程度有关。样本含量的确定包括参数估计时样本含量确定和假设检验时样本含量的确定两类。

第二节　参数估计的样本含量确定

一、估计总体率的样本含量确定

对于质量性状调查指标,抽样调查时,通常是将质量性状指标分类,统计每类次数后计算率,通过样本率估计总体率,对服从二项分布的率抽样调查的样本含量确定步骤为:

(1)提出允许误差 d:用 $\hat{p}$ 表示样本率,用 p 表示总体率,那么根据调查要求的准确性,提出调查能够接受的允许误差 d，$d = \hat{p} - p$。如果要求允许误差 d 小，那么，样本含量 n 就要大。统计研究发现，样本含量 n 与允许误差 d 的平方值成反比。

（2）确定总体率 p 根据以往经验得到 p，或者进行小型预调查估计 p，或者直接选用 $p = 0.5$。

（3）确定置信度 $1 - \alpha$ 一般为 95%，有时也取 99%。

（4）选择 u_α 值 根据不同置信度，选择不同的 u_α 值。当置信度取 95% 时，则 $u_\alpha = u_{0.05} = 1.96$，当置信度为 99% 时，则 $u_\alpha = u_{0.01} = 2.58$。

（5）用式（10.1）计算样本含量 n。

$$n = \frac{u_\alpha^2 p(1-p)}{d^2} \tag{10.1}$$

式（10.1）是根据总体率的置信区间变换推导得来的。

对于足够大的 n，服从二项分布的率接近正态分布，其平均数和方差不变，率的平均数为 p，率的方差为 $p(1-p)/n$，率的标准误为 $\sqrt{p(1-p)/n}$。当置信度取 $1 - \alpha$ 时，$\hat{p} - u_\alpha \sqrt{p(1-p)/n} \leqslant p \leqslant \hat{p} + u_\alpha \sqrt{p(1-p)/n}$ 为总体率 p 的 $(1-\alpha)$% 置信区间。当置信度取 $1 - \alpha$ 时，样本率 $\hat{p}$ 与总体率 p 的差值 d 不应超过 $u_\alpha \sqrt{p(1-p)/n}$，即 $d = u_\alpha \sqrt{p(1-p)/n}$，经过变换可得到估计总体率的样本含量的确定公式为式（10.1）。

前面已经提到，变异大，要求的样本含量大，在 p 未知的情况下，取 $p = 0.5$，这时，二项分布的最大方差为 $0.25/n$，采用最大方差来确定 n。当置信度取 95% 时，$u_{0.05} = 1.96$ 近似取 2，那么，$\hat{p} - 2\sqrt{0.25/n} \leqslant p \leqslant \hat{p} + 2\sqrt{0.25/n}$ 为总体率 p 的 95% 置信区间。当置信度取 95% 时，样本率 $\hat{p}$ 与总体 p 的差值 d 不应超过 $2\sqrt{0.25/n}$，即 $d = 2\sqrt{0.25/n}$，经过变换可得到估计总体率的样本含量的确定公式为式（10.2）。

$$n = \frac{1}{d^2} \tag{10.2}$$

【例 10.1】 某县奶牛养殖场 2012 年调查发现，奶牛隐性乳房炎的感染率为 20%，2013 年调整了饲养管理措施，欲了解奶牛隐性乳房炎的感染率是否有下降，若规定允许误差为 4%，取置信度 $1 - \alpha = 0.95$，问至少需要调查多少头奶牛？

解：将 $p = 0.2$，$d = 4\%$，$1 - \alpha = 0.95$，$u_{0.05} = 1.96$，代入式（10.1），得：

$n = 1.96^2 \times 0.2 \times (1 - 0.2)/0.04^2 \approx 384.16 \approx 385$（头）

答：至少需要调查 385 头奶牛，才能以 95% 的置信度使调查所得的奶牛隐性乳房炎的感染率与实际的感染率相差不超过 4%。

【例 10.2】 调查大足黑山羊产双羔的比例，希望在 95% 置信度下进行调查，要求调查估计的双羔率误差不超过 3%，则应抽取多少头黑山羊组成样本进行调查？

解：由于大足黑山羊产双羔的比例未知，取最大变异度时的率为 0.5，当置信度为 95% 时，$u_{0.05} = 1.96 \approx 2$，所以，采用式（10.2）可以得到：

$n = \dfrac{1}{d^2} = \dfrac{1}{0.03^2} \approx 1111$（头）

答:以 95% 置信度使得调查估计的双羔率误差不超过 5%,则应抽取 1111 头黑山羊组成样本进行调查。

二、估计总体平均数的样本含量确定

平均数抽样调查的样本含量确定步骤为:

(1)提出允许误差 d。首先根据调查要求的准确性,提出调查能够接受的允许误差 d。由于调查目的是估计总体平均数,那么,调查获得的样本平均数与总体平均数越接近越好,即 $d = \bar{x} - \mu$ 越小越好。如果要求允许误差 d 小,那么,样本含量 n 就要大。统计研究发现,样本含量 n 与允许误差 d 的平方值成反比。

(2)确定调查指标的标准差 S。用标准差 S 表示调查指标的变异程度。根据以往经验得到 S,或者进行小型预调查估计 S。显然,如果调查指标不存在变异,则通过调查一个单位就可以获得准确结果,反之,如果调查指标变异大,则要求样本含量 n 大。统计研究发现,样本含量 n 与调查指标的标准差 S 的平方值成正比。

(3)确定置信度 $1 - \alpha$。一般为 95%,有时也取 99%。

(4)选择 u_α 值。根据不同置信度,选择不同的 u_α 值。当置信度取 95% 时,则 $u_\alpha = u_{0.05} = 1.96$,当置信度为 99% 时,则 $u_\alpha = u_{0.01} = 2.58$。

(5)用式(10.3)计算样本含量 n 的第一个初步取值 n_1。

$$n_1 = \frac{u_\alpha^2 S^2}{d^2} \tag{10.3}$$

如果计算出的 $n_1 > 30$,则这个初步取值 n_1 即为估计的样本含量 n。如果这个初步取值 $n_1 < 30$,则继续下面的步骤。

(6)由 $df = n - 1$ 查 t 临界表得到 t_α。$t_{0.05}$ 或 $t_{0.01}$,然后用式(10.4)计算样本含量 n 的第二个初步取值 n_2。

$$n = \frac{t_\alpha^2 S^2}{d^2} \tag{10.4}$$

(7)继续步骤6,直至计算出的 $n_i = n_{i-1}$,即直至前后两次计算出的 n 趋于稳定的数值为止。

式(10.3)是根据正态分布估计总体平均数的置信区间推导得来,式(10.4)是根据 t 分布估计总体平均数的置信区间推导得来。

当 $n \geqslant 30$ 时,可用正态分布估计总体平均数的置信区间。当置信度取 $1 - \alpha$ 时,$\bar{x} - u_\alpha S/\sqrt{n} \leqslant \mu \leqslant \bar{x} + u_\alpha S/\sqrt{n}$ 为总体平均数 μ 的 $(1 - \alpha)\%$ 置信区间。当置信度取 $1 - \alpha$ 时,样本平均数 $\bar{x}$ 与总体平均数 u 的差值 d 不应超过 $u_\alpha S/\sqrt{n}$,即 $d \leqslant u_\alpha S/\sqrt{n}$,经过变换可得到估计总体平均数的样本含量的确定公式为式(10.3)。

当 $n < 30$ 时,用 t 分布估计总体平均数的置信区间。当置信度取 $1 - \alpha$ 时,$\bar{x} - t_\alpha S/\sqrt{n} \leqslant \mu \leqslant \bar{x} + t_\alpha S/\sqrt{n}$ 为总体平均数 μ 的 $(1 - \alpha)\%$ 置信区间。当置信度取 $1 - \alpha$ 时,样本平均数 $\bar{x}$ 与总体平均数 u 的差值 d 不应超过 $t_\alpha S/\sqrt{n}$,即 $d \leqslant t_\alpha S/\sqrt{n}$,经过变换可得到估计总体平均数的样本含量的确定公式为式(10.4)。

> **【例10.3】**　进行南阳黄母牛体高调查,已测得南阳黄母牛的体高的标准差 $S=4.07$ cm,今欲以95%的置信度使调查所得的样本平均数与总体平均数的允许误差不超过0.5 cm,问需要抽取多少头黄牛组成样本才合适?

解:$S=4.07$,$d=0.5$,$1-\alpha=0.95$,先取 $t_{0.05}=1.96$,代入式(10.3),得:

$n=1.962^2\times4.072/0.52\approx255$（头）

这里,$n>30$,无需采用式(10.4)再计算 n。

答:对南阳黄母牛体高进行调查,至少需要调查255头,才能以95%的置信度使调查所得样本平均数与总平均数相差不超过0.5 cm。

> **【例10.4】**　肉牛养殖场有一批肉牛达上市月龄,期望通过抽样进行屠宰试验,以估计产肉量,根据以往经验了解到肉牛产肉量的标准差为10 kg,今欲以95%的置信度使调查所得的样本平均数与总体平均数的允许误差不超过5 kg,问需要抽取多少头肉牛组成样本进行屠宰试验?

解:将 $S=10$,$d=5$,$1-\alpha=0.95$,$u_{0.05}=1.96$,代入式(10.3),得:

$n_1=1.96^2\times10^2/5^2\approx15.37\approx15$（头）

由 $df=n-1=14$ 查 t 临界表得到:$t_{0.05}=2.14$,用式(10.4)计算样本含量 n_2。

$n_2=2.145^2\times10^2/5^2\approx18.40\approx18$（头）

由 $df=n-1=17$ 查 t 临界表得到:$t_{0.05}=2.110$,用式(10.4)计算样本含量 n_3。

$n_3=2.110^2\times10^2/5^2\approx17.81\approx18$（头）

由于 $n_3=n_2=18$,即计算的样本含量 n 稳定为18,所以,无需继续用式(10.4)计算 n。

答:需要抽取18头肉牛组成样本进行屠宰试验,才能以95%的置信度使调查所得的样本平均数与总体平均数的允许误差不超过5 kg。

第三节　平均数比较的样本含量确定

一、两个平均数比较的样本含量确定

（一）配对设计的样本含量确定

配对设计的样本含量确定,即是确定进行配对试验所需的试验单位的对子数。

(1)确定显著水平 α,否定零假设 H_0 的概率。一般 $\alpha=0.05$ 和 $\alpha=0.01$。

(2)提出预期达到差异显著的平均数差值 $\bar{d}$,即要求预期达到差异显著的平均数差值。当差值为 $\bar{d}$ 时,通过配对 t 检验,在显著水平为 α 时,能够得到差异显著的结论。

(3)确定观测值差数标准差 S_d,根据以往的试验或经验得到 S_d。或者进行小型预试验得到。

(4)选择 u_α 值,根据显著水平 α 选择 u_α 值。当显著水平 $\alpha=0.05$ 时,则 $u_\alpha=u_{0.05}=1.96$,当显著水平 $\alpha=0.01$ 时,则 $u_\alpha=u_{0.01}=2.58$。

（5）用式（10.5）计算样本含量 n 的第一个初步取值 n_1。

$$n_1 = \frac{u_\alpha^2 S_d^2}{d^2} \qquad (10.5)$$

如果计算出的 $n_1 > 30$，则这个初步取值 n_1 即为估计的样本含量 n。如果这个初步取值 $n_1 < 30$，则继续下面的步骤。

（6）由 $df = n-1$ 查 t 临界表得到 t_α 值。$t_{0.05}$ 或 $t_{0.01}$，然后用式（10.6）计算样本含量 n 的第二个初步取值 n_2。

$$n = \frac{t_\alpha^2 S_d^2}{d^2} \qquad (10.6)$$

（7）继续步骤6，直至计算出的 $n_i = n_{i-1}$，即直到 n 稳定为止。

式（10.6）由配对 t 检验公式导出，而式（10.5）则是当 df 未知时，用 u_α 值近似代替 t_α 值。

【例10.5】 进行仔猪的两种饲养方式的对比试验，采用配对设计，两种饲养方式的每个重复拟从同窝仔猪中选择，根据以往经验，观测值差数的标准差 $S_d = 2.1$ kg。希望在平均增重差值达到 1.2 kg 时，以 $\alpha = 0.05$ 进行配对 t 检验能够检测出差异显著性，问需要多少对试验仔猪才能满足要求？

解：将 $u_{0.05} = 1.96$，$S_d = 2.1$，$\bar{d} = 1.2$ 代入式（10.5），得：

$$n_1 = 1.96^2 \times 2.1^2 / 1.2^2 \approx 12（对）$$

因为 $n < 30$，所以需由式（10.6）再次计算 n。

根据 $df = 12-1 = 11$ 时，$t_{0.05} = 2.201$ 代入式（10.6），得：

$$n_2 = 2.201^2 \times 2.1^2 / 1.2^2 \approx 15（对）$$

根据 $df = 15-1 = 14$ 时，$t_{0.05} = 2.145$ 代入式（10.6），得：

$$n_3 = 2.145^2 \times 2.1^2 / 1.2^2 \approx 14（对）$$

根据 $df = 14-1 = 13$ 时，$t_{0.05} = 2.160$ 代入式（10.6），得：

$$n_4 = 2.160^2 \times 2.1^2 / 1.2^2 \approx 14（对）$$

这时的 n 已稳定为14，无需继续计算。

答：采用配对设计进行仔猪的两种饲养方式的对比试验，至少需要 14 对试验仔猪才能满足试验要求。

（二）非配对设计的样本含量确定

非配对设计的样本含量确定，即是确定两个处理完全随机设计时，每个处理所需的试验单位数。

（1）确定显著水平 α，否定零假设 H_0 的概率。一般 $\alpha = 0.05$ 和 $\alpha = 0.01$。

（2）提出预期达到差异显著的平均数差值 $\bar{x}_1 - \bar{x}_2$，即要求预期达到差异显著的平均数差值。当差值为 $\bar{x}_1 - \bar{x}_2$ 时，通过非配对 t 检验，在显著水平为 α 时，能够得到差异显著的结论。

（3）确定标准差 S，根据以往的试验或经验得到 S。或者进行小型预试验得到。

（4）选择 u_α 值，根据显著水平 α 选择 u_α 值。当显著水平 $\alpha = 0.05$ 时，则 $u_\alpha = u_{0.05} = 1.96$，当显著水平 $\alpha = 0.01$ 时，则 $u_\alpha = u_{0.01} = 2.58$。

（5）用式（10.7）计算样本含量 n 的第一个初步取值 n_1。

$$n_1 = \frac{2u_\alpha^2 S^2}{(\bar{x}_1 - \bar{x}_2)^2} \qquad (10.7)$$

如果计算出的 $n_1 > 30$，则这个初步取值 n_1 即为估计的样本含量 n。如果这个初步取值 $n_1 < 30$，则继续下面的步骤。

（6）由 $df = 2(n-1)$ 查 t 临界表得到 t_α 值。$t_{0.05}$ 或 $t_{0.01}$，然后用式（10.8）计算样本含量 n 的第二个初步取值 n_2。

$$n = \frac{2t_\alpha^2 S^2}{(\bar{x}_1 - \bar{x}_2)^2} \qquad (10.8)$$

（7）继续步骤6，直至计算出的 $n_i = n_{i-1}$，即直到 n 稳定为止。

式（10.8）由非配对 t 检验公式导出，而式（10.7）则是当 df 未知时，用 u_α 值近似代替 t_α 值。

> 【例10.6】　进行两个品系肉鸡的增重比较试验，根据以往经验，两个品系肉鸡增重数据的标准差 $S = 0.15$ kg，希望在两个品系肉鸡的平均增重差值达到 0.12 kg 时，以 $\alpha = 0.05$ 进行非配对 t 检验能够检测出差异显著性。如果每个试验单位20只肉鸡，问每个品系需要多少肉鸡进行试验才能够满足要求。

解：将 $u_{0.05} = 1.96$，$S = 0.15$，$\bar{x}_1 - \bar{x}_2 = 0.12$ 代入式（10.7），得：

$n = 2 \times 1.96^2 \times 0.15^2 / 0.12^2 \approx 12$

因为 $n < 30$，所以需由式（10.6）再次计算 n。

根据 $df = 2 \times (12 - 1) = 22$ 时，$t_{0.05} = 2.074$ 代入式（10.8），得：

$$n_1 = 2 \times 2.074^2 \times 0.15^2 / 0.12^2 \approx 14$$

根据 $df = 2 \times (14 - 1) = 26$ 时，$t_{0.05} = 2.056$ 代入式（10.8），得：

$$n_2 = 2 \times 2.056^2 \times 0.15^2 / 0.12^2 \approx 13$$

根据 $df = 2 \times (13 - 1) = 24$ 时，$t_{0.05} = 2.064$ 代入式（10.6），得：

$$n_3 = 2 \times 2.056^2 \times 0.15^2 / 0.12^2 \approx 14$$

这时的 n 已稳定为14，无需继续计算。

由于每个试验单位20只肉鸡，则每个品系需要 $14 \times 20 = 280$ 只肉鸡进行试验。

答：每个品系至少需要280只肉鸡进行试验才能满足试验要求。

二、多个平均数比较的样本含量确定

进行多个处理平均数比较，各处理重复数一般按照误差自由度来确定，原则是 $10 \leq df_e \leq 20$。误差自由度小于10，试验的精确性和检验的灵敏度会受到影响，而误差自由度大于20以后，自由度的增加使得试验的精确性和检验灵敏度的提高幅度很小，没有必要。

不管是单因素试验，还是多因素试验，假设有 k 个处理，每个处理 n 次重复，kn 个试验单位可以进行完全随机设计分组，也可以进行随机单位组设计分组，还可以进行拉丁方设计分组。

1. 完全随机设计

误差自由度 $df_e = k(n-1)$，要求 $10 \leqslant k(n-1) \leqslant 20$，则经过变换得到式(10.9)计算重复数 n。

$$\frac{10}{k} + 1 \leqslant n \leqslant \frac{20}{k} + 1 \tag{10.9}$$

【例 10.7】　肉鹅饲料配方试验，进行两种蛋白水平、三种能量水平和两种纤维水平的 $2 \times 3 \times 2$ 析因设计，每个试验单位 10 只肉鹅，问至少需要多少只肉鹅进行此试验？

解：将 $k = 2 \times 3 \times 2 = 12$ 代入式(10.9)可得：

$$\frac{10}{12} + 1 \leqslant n \leqslant \frac{20}{12} + 1$$
$$2 \leqslant n \leqslant 3$$

显然，可以选择 $n = 2$，也可以选择 $n = 3$ 进行试验。至少需要肉鹅数量应为重复数 $n = 2$ 时的数量，由于每个试验单位(即每次重复)10 只肉鹅，那么：

$$10kn = 10 \times 12 \times 2 = 240$$

答：至少需要 240 只肉鹅进行此试验。

2. 随机单位组设计

误差自由度 $df_e = (k-1)(n-1)$，要求 $10 \leqslant (k-1)(n-1) \leqslant 20$，则经过变换得到式(10.10)计算重复数 n。

$$\frac{10}{k-1} + 1 \leqslant n \leqslant \frac{20}{k-1} + 1 \tag{10.10}$$

【例 10.8】　肉牛饲料资源开发试验，选择三种饲料资源，青贮饲喂和新鲜饲喂两种方式，即进行 3×2 的析因试验，每个试验单位 1 头肉牛，拟采用随机单位组设计，问至少需要多少头肉牛进行此试验？

解：将 $k = 3 \times 2 = 6$ 代入式(10.10)可得：

$$\frac{10}{6-1} + 1 \leqslant n \leqslant \frac{20}{6-1} + 1$$
$$3 \leqslant n \leqslant 5$$

显然，可以选择 $n = 3$，也可以选择 $n = 4$ 或 $n = 5$ 进行试验。至少需要肉牛数量应为重复数 $n = 3$ 时的数量，由于每个试验单位(即每次重复)1 头肉牛，那么：

$$kn = 6 \times 3 = 18$$

答：至少需要 18 头肉牛进行此试验。

3. 拉丁方设计

重复数 n 与处理数 k 相等。误差自由度 $df_e = (k-1)(k-2)$，要求 $10 \leqslant (k-1)(k-2) \leqslant 20$，则解得处理数 k(重复数 n)为：$5 \leqslant k \leqslant 6$。所以，为了满足试验的精确性和假设检验的灵敏度，拉丁方试验要求处理数为 5 或 6 比较合适，即进行 5×5 拉丁方或 6×6 拉丁方试验。当处理数为 3 或 4 时，如果需要进行拉丁方试验，为了满足试验的精确性和假设检验的灵敏度,则需要进行重复试验,将 3×3 拉丁方试验至少重复 6 次,4×4 拉丁方试验至少重复 2 次。

第四节　率比较的样本含量确定

一、两个率比较的样本含量确定

与质量性状的调查指标一样,对于质量性状的试验指标,通常也是将质量性状指标分类,统计每类次数后计算率,然后进行率的假设检验。两个率比较的样本含量确定,即是确定用来计算率的每个样本的试验单位数。如果两个率的假设检验用 u 检验,那么两个率比较的样本含量确定步骤为:

(1)确定显著水平 α,否定零假设 H_0 的概率。一般 $\alpha = 0.05$ 和 $\alpha = 0.01$。

(2)提出预期达到差异显著的率差值 δ,即要求预期达到差异显著的率差值。当差值为 δ 时,通过率 u 检验,在显著水平为 α 时,能够得到差异显著的结论。

(3)确定合并率 $\bar{p}$,根据以往的试验或经验得到 $\bar{p}$。或者进行小型预试验得到。

(4)选择 u_α 值,根据显著水平 α 选择 u_α 值。当显著水平 $\alpha = 0.05$ 时,则 $u_\alpha = u_{0.05} = 1.96$,当显著水平 $\alpha = 0.01$ 时,则 $u_\alpha = u_{0.01} = 2.58$。

(5)用式(10.11)计算样本含量 n。

$$n = 2u_\alpha^2 \bar{p}(1 - \bar{p})/\delta^2 \tag{10.11}$$

式(10.11)由两个样本率差异显著性 u 检验公式推得。

【例10.9】　进行新旧两种疫苗的对比试验,每种疫苗各用 10 只动物进行小型预试验,结果发现,新疫苗有效动物数为 8 只,旧疫苗有效动物数为 7 只。如果希望在两种疫苗的有效率差值为 10% 时,以 $\alpha = 0.05$ 进行 u 检验能够检测出差异显著性。问每种疫苗需要多少只动物进行试验才能够满足要求。

解:$\bar{p} = \dfrac{8 + 7}{10 + 10} = 0.75$

将 $u_{0.05} = 1.96$,$\bar{p} = 0.75$,$\delta = 0.1$ 代入式(10.11),得:

$$n = 2 \times 1.96^2 \times 0.75 \times (1 - 0.75)/0.1^2 \approx 144(只)$$

答:每种疫苗需要 144 只动物进行试验才能够满足要求。

对于搜集到的两个率的资料,如果采用 χ^2 检验进行统计分析,那么其样本含量至少应该满足 χ^2 检验的条件,即使得所有实际次数对应的理论次数都必须大于 5。具体的样本含量,可根据实际情况确定,如果试验条件允许,样本含量可以大一些。

对于搜集到的两个率的资料,如果采用确切概率法进行统计分析,那么,其样本含量可以小很多。具体的样本含量,同样可根据实际情况确定,如果试验条件允许,样本含量可以相对大一点。

二、多个率比较的样本含量确定

对于多处理的样本率比较,由于不能够进行 u 检验,所以,不能够采用 u 检验推导出样本含量的计算公式。对于多处理的样本率比较,如果所有实际次数对应的理论次数均大于5,则采用 χ^2 检验进行统计分析。也就是说,如果需要采用 χ^2 检验进行统计分析,那么其样本含量至少应该使得所有实际次数对应的理论次数都必须大于5。

对于搜集到的多个率的资料,如果采用确切概率法进行统计分析,那么,其样本含量可以小很多。

【本章小结】

样本含量 n 的确定就是确定调查或试验研究时样本中的调查单位数或试验单位数。n 与调查和试验要求的精确性、检验的灵敏度及置信度或者显著水平有关。对于估计总体参数的抽样调查,容许误差越小,n 越大;置信度越高,n 越大;调查总体的变异程度越大,n 越大。对于两个处理的比较试验,试验指标的差值越小,n 越大;试验指标的变异程度越大,n 越大;检验的临界值越大,n 越大。对于多个处理的比较试验,处理数越小,n 越大。总体率估计和总体平均数估计的样本含量的计算公式是在一定置信度保证下,根据置信区间理论推导出来的;两个率比较和两个平均数比较的样本含量的计算公式是在一定的显著水平下,由假设检验理论推导出来的;多个样本平均数比较的样本含量的计算公式是根据试验的精确性和检验的灵敏度要求的误差自由度推导出来的。

【思考与练习题】

(1)什么是样本含量?

(2)样本含量的估计包括哪两个类别?

(3)进行参数估计时的样本含量估计与进行假设检验时样本含量的估计有什么不同?

(4)进行农户养殖种鹅的调查,调查指标包括种鹅产蛋量和疾病感染情况。根据以往经验,种鹅产蛋量的标准差为4枚,疾病感染率为20%。若以95%的置信度使得调查的产蛋量允许误差不超过5枚、疾病感染率不超过3%,问至少需要调查多少只种母鹅?

(5)进行两个处理的比较。

①两个处理的标准差 $S = 25$ kg,希望在两个处理的平均数差值达到10 kg时,以 $\alpha = 0.05$ 进行非配对 t 检验能够检测出差异显著性。若每个试验单位10只动物,问每个处理需要多少只动物进行试验才能够满足要求?

②如果两个处理观测值差值的标准差 $S_d = 25$ kg,希望在两个处理的平均数差值达到10 kg时,以 $\alpha = 0.05$ 进行配对 t 检验能够检测出差异显著性。若每个试验单位10只动物,问需要多少对动物进行试验才能够满足要求?

(6)进行7种山羊精料补充料的对比试验。

①采用完全随机设计,一头山羊为一个试验单位,问至少需要多少头山羊进行此试验?

②采用随机单位组设计,一头山羊为一个试验单位,问至少需要多少头山羊进行此试验?

第十一章　实训指导

【本章导读】数据的统计分析工作繁琐,通过计算机软件进行统计分析可以极大地减少工作量,提高运算的精确性和统计分析工作的效率。本章介绍 Excel 软件在完全随机试验资料、随机单位组试验资料、拉丁方试验资料、交叉试验资料、正交试验资料和均匀试验资料统计分析中的应用。

第一节　运用 Excel 软件分析完全随机试验资料和交叉试验资料

一、运用 Excel 软件分析两个处理的完全随机试验资料

(一) Excel 双样本等方差假设 t 检验

Excel 的双样本等方差假设 t 检验法对完全随机试验的两个处理样本平均数进行统计分析,可计算出 t 值,并能够直接给出 t 值对应的概率值 P,可将给出的概率 P 与小概率标准 0.05 和 0.01 比较,做统计结论。

【例 11.1】　进行两种肉鸭饲料对比的完全随机试验,经过 1 个月的试验得到增重数据见表 11.1,请运用 Excel 对表 11.1 数据进行双样本等方差假设 t 检验。

表 11.1　两种饲料完全随机试验肉鸭增重数据(单位:kg)

饲料	观测值						
A	1.21	1.31	1.15	1.26	1.09	1.27	1.18
B	1.10	1.06	1.09	1.07	1.17	1.16	1.08

---

1. 操作步骤

(1)数据输入 Excel,见图 11.1。

(2)选择【数据——数据分析——t 检验:双样本等方差假设】,进入 t 检验对话框,见图 11.1。在"变量 1 的区域(1)"选择"A3:H3",在"变量 2 的区域(2)"选择"A4:H4",在"标志"前的方框中打钩;"输出区域"选择"A6"。

(3)点击【确定】,输出结果见图 11.2。

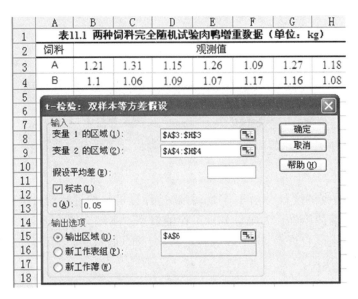

	A	B	C	D	E	F	G	H
1	表11.1　两种饲料完全随机试验肉鸭增重数据（单位：kg）							
2	饲料	观测值						
3	A	1.21	1.31	1.15	1.26	1.09	1.27	1.18
4	B	1.1	1.06	1.09	1.07	1.17	1.16	1.08

（对话框）
t-检验：双样本等方差假设
输入
变量 1 的区域(1)：$A$3:$H$3
变量 2 的区域(2)：$A$4:$H$4
假设平均差(E)：
☑ 标志(L)
α(A)：0.05
输出选项
⦿ 输出区域(O)：$A$6
○ 新工作表组(P)：
○ 新工作簿(W)
确定　取消　帮助(H)

图 11.1　Excel 进行非配对 t 检验数据和 t 检验对话框

	A	B	C
6	t-检验：双样本等方差假设		
7			
8		A	B
9	平均	1.21	1.104286
10	方差	0.005833	0.001895
11	观测值	7	7
12	合并方差	0.003864	
13	假设平均差	0	
14	df	12	
15	t Stat	3.181508	
16	P(T<=t) 单尾	0.00395	
17	t 单尾临界	1.782288	
18	P(T<=t) 双尾	0.007899	
19	t 双尾临界	2.178813	

图 11.2　Excel 双样本等方差假设 t 检验结果

2. 输出结果的应用

（1）基本统计数。两种鸭饲料增重的平均数分别为 1.21 kg 和 1.10 kg；方差分别为 0.005833 和 0.001895，可以将方差开方得到标准差分别为 0.07638 kg 和 0.04353 kg；样本含量均为 7；合并方差为 0.003864，即资料的误差方差。

（2）t 检验所需数据。$t = 3.182$，单尾检验的概率 $P = 0.00395$，双尾检验的概率 $P = 0.00790$。一般进行双侧检验。

（3）统计结论。$P = 0.00790 < 0.01$，差异极显著。

（4）专业解释。两种鸭饲料的平均增重间差异极显著。

（二）Excel 单因素方差分析

1. 操作步骤

（1）数据输入 Excel，见图 11.1。

（2）选择【数据——数据分析——单因素方差分析】，进入单因素方差分析对话框，见

图 11.3。在"输入区域"选择"A3;H4",在"分组方式"选择"行",在"标志位于第一列"前的方框中打钩;α 为 F 检验的显著水平,默认为 0.05,可以输入 0.01。"输出区域"选择"A6"。

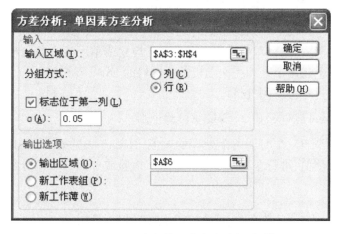

图 11.3 Excel 进行单因素方差分析对话框

(3)点击【确定】,输出结果见图 11.4。

	A	B	C	D	E	F	G
6	方差分析:单因素方差分析						
7							
8	SUMMARY						
9	组	观测数	求和	平均	方差		
10	A	7	8.47	1.21	0.005833		
11	B	7	7.73	1.104286	0.001895		
12							
13							
14	方差分析						
15	差异源	SS	df	MS	F	P-value	F crit
16	组间	0.0391	1	0.039114	10.122	0.0079	4.7472
17	组内	0.0464	12	0.003864			
18							
19	总计	0.0855	13				

图 11.4 Excel 单因素方差分析结果

2. 输出结果的应用

(1)基本统计数。从图 11.4 的"SUMMARY"表中可得,两种鸭饲料增重的平均数分别为 1.21 kg 和 1.10 kg;方差分别为 0.005833 和 0.001895;样本含量均为 7。

(2)F 检验所需数据。从图 11.4 的"方差分析"表中可得,饲料间(组间)平方和 $SS_t = 0.0391$、自由度 $df_t = 1$,误差(组内)平方和 $SS_e = 0.0464$、$df_e = 12$;饲料间均方 $MS_t = 0.0391$,误差均方 $MS_e = 0.003864$,$F = 10.122$,F 检验的概率 $P = 0.0079$。

(3)统计结论。$P = 0.00790 < 0.01$,差异极显著。

(4)专业解释。两种鸭饲料的平均增重间差异极显著。

如果是多个处理的比较,则在 F 检验差异显著和极显著时,需要进行多重比较。

二、运用 Excel 软件分析交叉试验资料

（一）运用 Excel 软件分析 2×2 交叉试验资料

首先计算出两个组两个时期两个处理的差值,计算方法见第六章相关内容,然后将两个组的差值当成观测值,进行双样本等方差假设 t 检验或单因素方差分析。分析方法步骤和结果的应用参见上述两个处理完全随机试验资料的 Excel 双样本等方差假设 t 检验和单因素方差分析。这里不再举例分析。

（二）运用 Excel 软件分析 2×3 交叉试验资料

首先计算出两个组三个时期两个处理的差值,计算方法见第六章相关内容,然后将两个组的差值当成观测值,进行双样本等方差假设 t 检验或单因素方差分析。具体方法步骤和结果应用同上。

三、运用 Excel 软件分析多个处理的完全随机试验资料

（一）运用 Excel 软件分析单因素多个处理的完全随机试验资料

Excel 单因素方差分析法进行多个处理的完全随机试验资料的统计分析。操作步骤和输出结果的应用,参见上述 Excel 单因素方差分析法进行两个处理的完全随机试验资料的统计分析。

（二）运用 Excel 软件分析两因素析因设计完全随机试验资料

Excel 可重复双因素方差分析法进行两因素析因设计完全随机试验资料的统计分析。

【例 11.2】 采用 Excel 对本教材第二章【例 2.2】的表 2.4 的资料,三个能量 (A) 水平和两个蛋白质 (B) 水平对肉鹅生长性能影响的比较试验结果进行双因素有重复方差分析。

1. 操作步骤

（1）数据输入 Excel,见图 11.5。注意,数据需要按照图 11.5 的模式输入,否则不能够进行有效分析。

（2）选择【数据——数据分析——可重复双因素方差分析】,进入可重复双因素方差分析对话框,见图 11.6。在"输入区域"选择"A2:C14",在"每一样本的行数"输入 4,α 默认为 0.05,可以输入 0.01。"输出区域"选择"A16"。

（3）点击【确定】,输出结果见图 11.7。

2. 输出结果的应用

（1）基本统计数。图 11.7 的"SUMMARY"表列出了 A 因素、B 因素各水平平均数和方

	A	B	C
1	不同能量和蛋白质肉鹅增重（单位：kg）		
2	因素水平	B1	B2
3			2.49	2.48
4	A1	2.58	2.21
5		2.53	2.46
6		2.5	2.5
7		2.24	2.72
8	A2	2.36	2.66
9		2.31	2.75
10		2.37	2.74
11		2.51	2.74
12	A3	2.41	2.83
13		2.47	2.85
14		2.62	2.66

图 11.5　Excel 进行可重复双因素方差分析数据

差以及各水平组合的平均数和方差。

（2）F 检验所需数据。图 11.7 的"方差分析"表列出了 A 因素（样本）、B 因素（列）、AB 交互（交互）及误差（内部）的平方和、自由度及均方。并给出了 F 检验的 F 值和概率 P 值。A 因素（能量）间 $F_A = 8.704$，$P_A = 0.0023$；B 因素（蛋白质）间 $F_B = 29.945$，$P_B = 3.4 \times 10^{-5}$；AB 交互效应 $F_{A \times B} = 20.670$，$P_{A \times B} = 2.2 \times 10^{-5}$。

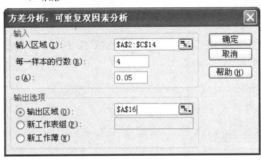

图 11.6　Excel 进行可重复双因素方差分析对话框

	A	B	C	D	E	F	G
16	方差分析：可重复双因素分析						
17							
18	SUMMARY	B1	B2	总计			
19		A1					
20	观测数	4	4	8			
21	求和	10.1	9.65	19.75			
22	平均	2.525	2.4125	2.46875			
23	方差	0.001633	0.018492	0.012241			
24							
25		A2					
26	观测数	4	4	8			
27	求和	9.28	10.87	20.15			
28	平均	2.32	2.7175	2.51875			
29	方差	0.003533	0.001625	0.047355			
30							
31		A3					
32	观测数	4	4	8			
33	求和	10.01	11.08	21.09			
34	平均	2.5025	2.77	2.63625			
35	方差	0.007825	0.007667	0.027084			
36							
37		总计					
38	观测数	12	12				
39	求和	29.39	31.6				
40	平均	2.449167	2.633333				
41	方差	0.012736	0.034679				
42							
43							
44	方差分析						
45	差异源	SS	df	MS	F	P-value	F crit
46	样本	0.1183	2	0.05915	8.703863	0.00227	3.554557
47	列	0.203504	1	0.203504	29.94543	3.4E-05	4.413873
48	交互	0.280933	2	0.140467	20.66953	2.2E-05	3.554557
49	内部	0.122325	18	0.006796			
50							
51	总计	0.725063	23				

图 11.7　Excel 可重复双因素方差分析结果

（3）统计结论。$P_A = 0.0023 < 0.01$，差异极显著；$P_B = 3.4 \times 10^{-5} < 0.01$，差异极显著；$P_{A \times B} = 2.2 \times 10^{-5} < 0.01$，差异极显著。

（4）专业解释。三个能量水平的增重间、两个蛋白质水平的增重间、能量与蛋白质各水平组合的增重间均存在极显著差异。由于蛋白质（B 因素）为 2 水平，所以不用进行 B 因素的多重比较。需要进行三个能量的平均增重之间、能量与蛋白质各水平组合的平均增重之间的多重比较。A 因素和 AB 水平组合平均增重的多重比较参见【例 2.2】。

（三）运用 Excel 软件分析三因素析因设计完全随机试验资料

虽然 Excel 软件中没有直接分析三因素试验资料的方法，但可以将三因素析因设计完全随机试验资料变换为 1 个单因素资料和 3 个双因素析因设计试验资料，通过一次单因素方差分析和三次 Excel 可重复双因素方差分析计算各项平方和及自由度，然后再计算均方和 F 值，进行 F 检验，如果差异显著需进行多重比较。

【例11.3】　对本教材第二章【例2.4】的表 2.14 的资料，四个肉兔杂交组合 $(A_1、A_2、A_3、A_4)$，高、低两个营养水平 $(B_1、B_2)$，两种不同纤维源饲料原料 $(C_1、C_2)$ 的比较试验结果，请采用 Excel 计算各项平方和、自由度。

采用 Excel 分析三因素析因设计完全随机试验资料，一共需要进行一次 Excel 单因素方差分析和三次 Excel 可重复双因素方差分析。

1. 将各处理的观测值进行 Excel 单因素方差分析

（1）操作步骤。

①数据输入。将所有 16 个水平组合的观测值以水平组合为组，每组 3 个观测值输入 Excel，见图 11.8。

	A	B	C	D
1	四个肉兔杂交组合的增重数据			
2	水平组合	观测值		
3	$A_1B_1C_1$	1.36	1.42	1.45
4	$A_1B_1C_2$	1.52	1.46	1.58
5	$A_1B_2C_1$	1.58	1.55	1.61
6	$A_1B_2C_2$	1.82	1.79	1.82
7	$A_2B_1C_1$	1.68	1.71	1.58
8	$A_2B_1C_2$	1.72	1.68	1.86
9	$A_2B_2C_1$	1.98	2.02	2.07
10	$A_2B_2C_2$	1.84	1.86	1.94
11	$A_3B_1C_1$	1.27	1.25	1.28
12	$A_3B_1C_2$	1.54	1.47	1.61
13	$A_3B_2C_1$	1.68	1.72	1.71
14	$A_3B_2C_2$	1.9	1.91	1.83
15	$A_4B_1C_1$	1.57	1.51	1.4
16	$A_4B_1C_2$	1.71	1.67	1.86
17	$A_4B_2C_1$	2.12	1.98	1.93
18	$A_4B_2C_2$	1.77	1.92	1.89

图 11.8　三因素析因设计试验水平组合资料

②选择【数据——数据分析——单因素方差分析】，进入单因素方差分析对话框。在"输入区域"选择"A3:D18"，在"分组方式"选择"行"，在"标志位于第一列"前的方框中打钩。"输出区域"选择"A20"。

③点击【确定】，输出结果见图 11.9。

（2）输出结果的应用。

①基本统计数。图 11.9 的"SUMMARY"表列出了三个因素 16 个水平组合的平均数和方差。

	A	B	C	D	E	F	G
20	方差分析：单因素方差分析						
21							
22	SUMMARY						
23	组	观测数	求和	平均	方差		
24	A1B1C1	3	4.23	1.41	0.0021		
25	A1B1C2	3	4.56	1.52	0.0036		
26	A1B2C1	3	4.74	1.58	0.0009		
27	A1B2C2	3	5.43	1.81	0.0003		
28	A2B1C1	3	4.97	1.656667	0.004633		
29	A2B1C2	3	5.26	1.753333	0.008933		
30	A2B2C1	3	6.07	2.023333	0.002033		
31	A2B2C2	3	5.64	1.88	0.0028		
32	A3B1C1	3	3.8	1.266667	0.000233		
33	A3B1C2	3	4.62	1.54	0.0049		
34	A3B2C1	3	5.11	1.703333	0.000433		
35	A3B2C2	3	5.64	1.88	0.0019		
36	A4B1C1	3	4.48	1.493333	0.007433		
37	A4B1C2	3	5.24	1.746667	0.010033		
38	A4B2C1	3	6.03	2.01	0.0097		
39	A4B2C2	3	5.58	1.86	0.0063		
40							
41							
42	方差分析						
43	差异源	SS	df	MS	F	P-value	F crit
44	组间	2.0903	15	0.139353	33.66361	2.38E-15	1.99199
45	组内	0.132467	32	0.00414			
46							
47	总计	2.222767	47				

图 11.9 Excel 单因素方差分析结果

②F 检验所需数据。图 11.9 的"方差分析"表的"总计"和"组内"平方和、自由度分别为这个三因素析因设计完全随机试验资料的总计和误差平方和、自由度。即：

$$SS_T = 2.2228, df_T = 47; SS_e = 0.1325, df_e = 32。$$

图 11.9 的"方差分析"表的组间平方和、自由度即为这个三因素试验资料的处理间平方和 SS_t、处理间自由度 df_t。即：

$$SS_t = SS_A + SS_B + SS_C + SS_{A \times B} + SS_{A \times C} + SS_{B \times C} + SS_{A \times B \times C} = 2.0903$$

$$df_t = df_A + df_B + df_C + df_{A \times B} + df_{A \times C} + df_{B \times C} + df_{A \times B \times C} = 15$$

这里的各项平方和还需要通过三次可重复双因素方差分析进行运算。

2. 三次 Excel 可重复双因素方差分析

分别将 A 因素与 B 因素、A 因素与 C 因素、B 因素与 C 因素三个两因素各水平观测值进行方差分析。这里以 B 因素与 C 因素的两因素各水平观测值为例,进行 Excel 可重复双因素方差分析。

(1)操作步骤。

①数据输入 Excel,见图 11.10。

②选择【数据——数据分析——可重复双因素方差分析】,进入可重复双因素方差分析对话框。在"输入区域"选择"A2:C26",在"每一样本的行数"输入"12"。"输出区域"选择"A28"。

	A	B	C
1	B与C二因素水平数据表		
2	因素水平	C_1	C_2
3	B_1	1.36	1.52
4		1.42	1.46
5		1.45	1.58
6		1.68	1.72
7		1.71	1.68
8		1.58	1.86
9		1.27	1.54
10		1.25	1.47
11		1.28	1.61
12		1.57	1.71
13		1.51	1.67
14		1.4	1.86
15	B_2	1.58	1.82
16		1.55	1.79
17		1.61	1.82
18		1.98	1.84
19		2.02	1.86
20		2.07	1.94
21		1.68	1.9
22		1.72	1.91
23		1.71	1.83
24		2.12	1.77
25		1.98	1.92
26		1.93	1.89

图 11.10　Excel 进行可重复双因素方差分析 B 因素与 C 因素资料

③点击【确定】,输出结果见图 11.11。

(2)输出结果的应用.

①图 11.11 的"SUMMARY"表列出了 B 因素与 C 因素各水平以及 BC 水平组合的平均数和方差。

②F 检验所需数据。图 11.11 的"方差分析"表列出了 B 因素(样本)、C 因素(列)、BC 交互(交互)的平方和、自由度。即:

$SS_B = 1.0443$, $df_B = 1$; $SS_C = 0.1344$, $df_C = 1$; $SS_{B \times C} = 0.0721$; $df_{B \times C} = 1$。

图 11.11 的"方差分析"表的内部平方和、自由度包括 A 因素、AB 互作、AC 互作、ABC 互作以及误差共五个部分的平方和、自由度。即:

$$SS_A + SS_{A \times B} + SS_{A \times C} + SS_{A \times B \times C} + SS_e = 0.9720$$

$$df_A + df_{A \times B} + df_{A \times C} + df_{A \times B \times C} + df_e = 44$$

图 11.11 的"方差分析"表的"总计"平方和、自由度为这个三因素析因设计完全随机试验资料的总计平方和、自由度。比较图 11.11 与图 11.9 可以发现,两次分析的总计平方和、自由度相等。

将 A 因素与 B 因素各水平观测值进行可重复双因素方差分析,"方差分析"表的结果见图 11.12。

	A	B	C	D	E	F	G
28	方差分析：可重复双因素分析						
29							
30	SUMMARY	C1	C2	总计			
31	B1						
32	观测数	12	12	24			
33	求和	17.48	19.68	37.16			
34	平均	1.456667	1.64	1.548333			
35	方差	0.024333	0.01825	0.029136			
36							
37	B2						
38	观测数	12	12	24			
39	求和	21.95	22.29	44.24			
40	平均	1.829167	1.8575	1.843333			
41	方差	0.042827	0.00295	0.022101			
42							
43	总计						
44	观测数	24	24				
45	求和	39.43	41.97				
46	平均	1.642917	1.74875				
47	方差	0.068317	0.02248				
48							
49							
50	方差分析						
51	差异源	SS	df	MS	F	P-value	F crit
52	样本	1.0443	1	1.0443	47.27365	1.74E-08	4.061706
53	列	0.134408	1	0.134408	6.084432	0.017603	4.061706
54	交互	0.072075	1	0.072075	3.26271	0.077715	4.061706
55	内部	0.971983	44	0.022091			
56							
57	总计	2.222767	47				

图 11.11　Excel 进行 B 与 C 二因素资料的可重复双因素方差分析结果

从 A 与 B 二因素资料的可重复双因素方差分析结果可得 A 因素与 B 因素各水平以及 AB 水平组合的平均数和方差(图 11.12 未列出)；从图 11.12 可得 A 因素(样本)、AB 交互(交互)的平方和、自由度。即：

$$SS_A = 0.5678, \quad df_A = 3; \quad SS_{A \times B} = 0.04702, \quad df_{A \times B} = 3。$$

图 11.12 的"方差分析"表的内部平方和、自由度包括 C 因素、AC 互作、BC 互作、ABC 互作以及误差共五个部分的平方和、自由度。即：

$$SS_C + SS_{A \times C} + SS_{B \times C} + SS_{A \times B \times C} + SS_e = 0.5637$$

$$df_C + df_{A \times C} + df_{B \times C} + df_{A \times B \times C} + df_e = 40$$

图 11.12 的"方差分析"表的"总计"平方和、自由度与图 11.9 和图 11.11 的总计平方和、自由度相等。图 11.12 的 B 因素(列)的平方和、自由度与图 11.11 的 B 因素(样本)的平方和、自由度相等。

将 A 因素与 C 因素各水平观测值进行可重复双因素方差分析，"方差分析"表的结果见图 11.13。从 A 与 C 二因素资料的可重复双因素方差分析结果可得 A 因素与 C 因素各水平以及 AC 水平组合的平均数和方差(图 11.13 未列出)；从图 11.13 可得 AC 交互(交互)的平方和、自由度。即：

$$SS_{A \times C} = 0.1138, \quad df_{A \times C} = 3。$$

	A	B	C	D	E	F	G
62	方差分析						
63	差异源	SS	df	MS	F	P-value	F crit
64	样本	0.56775	3	0.18925	13.42913	3.31E-06	2.838745
65	列	1.0443	1	1.0443	74.10325	1.21E-10	4.084746
66	交互	0.047017	3	0.015672	1.112097	0.35554	2.838745
67	内部	0.5637	40	0.014093			
68							
69	总计	2.222767	47				

图11.12　Excel 进行 A 与 B 二因素资料的可重复双因素方差分析结果（部分）

图 11.13 的"方差分析"表的内部平方和、自由度包括 B 因素、AB 互作、BC 互作、ABC 互作以及误差共五个部分的平方和、自由度。即：

$$SS_B + SS_{A \times B} + SS_{B \times C} + SS_{A \times B \times C} + SS_e = 1.4068$$

$$df_B + df_{A \times B} + df_{B \times C} + df_{A \times B \times C} + df_e = 40$$

图 11.13 的"方差分析"表的"总计"平方和、自由度与图 11.9、图 11.11 和图 11.12 的总计平方和、自由度相等。图 11.13 的 A 因素（样本）的平方和、自由度与图 11.12 的 A 因素（样本）的平方和、自由度相等。图 11.13 的 C 因素（列）的平方和、自由度与图 11.11 的 C 因素（列）的平方和、自由度相等。

	A	B	C	D	E	F	G
62	方差分析						
63	差异源	SS	df	MS	F	P-value	F crit
64	样本	0.56775	3	0.18925	5.381007	0.003306	2.838745
65	列	0.134408	1	0.134408	3.821676	0.057607	4.084746
66	交互	0.113808	3	0.037936	1.07865	0.369077	2.838745
67	内部	1.4068	40	0.03517			
68							
69	总计	2.222767	47				

图11.13　Excel 进行 A 与 C 二因素资料的可重复双因素方差分析结果（部分）

3. 计算 $SS_{A \times B \times C}$ 和 $df_{A \times B \times C}$

$$SS_{A \times B \times C} = SS_t - SS_A - SS_B - SS_C - SS_{A \times B} - SS_{A \times C} - SS_{B \times C}$$
$$= 2.0903 - 0.5678 - 1.0443 - 0.1344 - 0.0470 - 0.1138 - 0.0721 = 0.1109$$

$$df_{A \times B \times C} = df_t - df_A - df_B - df_C - df_{A \times B} - df_{A \times C} - df_{B \times C} = 15 - 3 - 1 - 1 - 3 - 3 - 1 = 3$$

或者：

$$SS_{A \times B \times C} = 0.9720 - SS_A - SS_{A \times B} - SS_{A \times C} - SS_e$$
$$= 0.9720 - 0.5678 - 0.0470 - 0.1138 - 0.1325 = 0.1109$$

$$df_{A \times B \times C} = 44 - df_A - df_{A \times B} - df_{A \times C} - df_e = 44 - 3 - 3 - 3 - 32 = 3$$

或者：

$$SS_{A \times B \times C} = 0.5637 - SS_C - SS_{A \times C} - SS_{B \times C} - SS_e$$
$$= 0.5637 - 0.1344 - 0.1138 - 0.0721 - 0.1325 = 0.1109$$

$$df_{A \times B \times C} = 44 - df_C - df_{A \times C} - df_{B \times C} - df_e = 40 - 1 - 3 - 1 - 32 = 3$$

或者：

$$SS_{A \times B \times C} = 1.4068 - SS_B - SS_{A \times B} - SS_{B \times C} - SS_e$$
$$= 1.4068 - 1.0443 - 0.0470 - 0.0721 - 0.1325 = 0.1109$$

$$df_{A \times B \times C} = 44 - df_B - df_{A \times B} - df_{B \times C} - df_e = 40 - 1 - 3 - 1 - 32 = 3$$

将上述运算整理即可得到方差分析表,见表2.25。

对于三个以上因素的析因设计完全随机试验资料,其各项平方和及自由度的运算可以采用 Excel 进行类似的运算,只是运算次数会大大增加。

（四）运用 Excel 函数进行独立性 χ^2 检验

对于两个处理的次数资料,当自由度 $df \geq 2$ 时,可以采用 Excel 的"CHITEST"函数直接计算独立性 χ^2 检验的概率值 P,将 P 与 0.05 和 0.01 比较,做出统计推断。$P > 0.05$,差异不显著;$0.01 < P \leq 0.05$,差异显著;$P \leq 0.01$,差异极显著。对于多个处理的次数资料,其自由度 $df \geq 2$,直接采用 Excel 的"CHITEST"函数计算独立性 χ^2 检验的概率值 P 统计推断。

【例 11.4】 采用 Excel 的"CHITEST"函数对【例 3.5】表 3.27 资料进行独立性 χ^2 检验。

---

1. 操作步骤

（1）数据输入 Excel,将实际次数录入 Excel 的单元格 B3:D8。见图 11.14。

（2）计算理论次数。按式(3.9)计算每个实际观测次数 A_{ij} 对应的理论次数 E_{ij}。理论次数 E_{ij} 计算结果(单元格 B13:D18)见图 11.14。

（3）独立性 χ^2 检验。在单元格 E21 输入" = CHITEST(B3:D8,B13:D18)",得概率 P = 0.021。见图 11.14。

2. 结果应用

（1）统计结论。$P = 0.021$。$0.01 < P < 0.05$,差异显著,说明腹泻次数与处理有关,即 6 个处理组的腹泻次数差异显著。

（2）专业解释。腹泻次数与处理有关,即 6 个处理组的腹泻次数差异显著。

E21		f_x	=CHITEST(B3:D8,B13:D18)	
	A	B	C	D	E
1	不同处理肉鸡腹泻实际次数（单位：只）				
2	水平组合	无腹泻	腹泻1-3次	腹泻3次以上	合计
3	A1B1	32	5	3	40
4	A1B2	35	3	2	40
5	A2B1	27	9	4	40
6	A2B2	26	8	6	40
7	A3B1	20	10	10	40
8	A3B2	22	12	6	40
9	合计	162	47	31	240
10					
11	不同处理肉鸡腹泻理论次数（单位：只）				
12	水平组合	无腹泻	腹泻1-3次	腹泻3次以上	合计
13	A1B1	27	7.8333333	5.16666667	40
14	A1B2	27	7.8333333	5.16666667	40
15	A2B1	27	7.8333333	5.16666667	40
16	A2B2	27	7.8333333	5.16666667	40
17	A3B1	27	7.8333333	5.16666667	40
18	A3B2	27	7.8333333	5.16666667	40
19	合计	162	47	31	240
20					
21	自由度df	10		概率	0.021252

图 11.14 次数资料 $df \geq 2$ 的独立性 χ^2 检验

第二节　运用 Excel 软件分析随机单位组试验资料

一、运用 Excel 软件分析配对试验资料

配对试验就是两个处理的随机单位组试验，运用 Excel 平均值的成对二样本分析 t 检验进行配对试验资料的统计分析。

【例11.5】　用超声活体检测仪测定了 8 头荣昌猪的肌内脂肪，屠宰后取肉样采用标准方法测定了肌内脂肪，数据资料见表11.2。问：两种方法测定的肌内脂肪差异是否显著？

表11.2　两种方法测定8头荣昌猪的肌内脂肪（单位：%）

处理	1	2	3	4	5	6	7	8
超声法	3.32	3.45	2.61	2.51	2.68	2.98	2.78	2.96
标准法	3.40	3.67	2.72	2.96	3.09	3.05	3.16	3.18

这是两种方法测定同一试验单位获得的数据资料，属于配对试验资料，采用 Excel 平均值的成对二样本分析 t 检验进行统计分析。

1. 操作步骤

（1）数据输入 Excel，见图 11.15。

图 11.15　Excel 进行配对 t 检验数据和 t 检验对话框

（2）选择【数据——数据分析—— t 检验：平均值的成对二样本分析】，进入 t 检验对话框，见图 11.15。在"变量 1 的区域（1）"选择"A3：I3"，在"变量 2 的区域（2）"选择"A4：I4"，在"标志"前的方框中打钩；"输出区域"选择"A6"。

（3）点击【确定】，输出结果见图 11.16。

2. 输出结果的应用

（1）基本统计数。超声法和标准法测定肌内脂肪的平均数分别为 2.91125% 和 3.15375%；方差分别为 0.112413 和 0.081198，可以将方差开方得到标准差分别为 0.3353% 和 0.2850%；样本含量均为 8。

（2）t 检验所需数据。$t = -4.471$，单尾检验的概率 $P = 0.00145$，双尾检验的概率 $P = 0.00290$。一般进行双侧（双尾）检验。

（3）统计结论。$P = 0.00290 < 0.01$，差异极显著。

（4）专业解释。超声法和标准法测定肌内脂肪的平均数间差异极显著，表现在超声法测得的肌内脂肪含量极显著低于标准法，说明用超声法测定猪的肌内脂肪需要改进。

	A	B	C
6	t-检验：成对双样本均值分析		
7			
8		超声法	标准法
9	平均	2.91125	3.15375
10	方差	0.112413	0.081198
11	观测值	8	8
12	泊松相关系数	0.890082	
13	假设平均差	0	
14	df	7	
15	t Stat	-4.47088	
16	P(T<=t) 单尾	0.001449	
17	t 单尾临界	1.894579	
18	P(T<=t) 双尾	0.002898	
19	t 双尾临界	2.364624	

图 11.16　Excel 平均值成对二样本 t 检验结果

二、运用 Excel 软件分析多个处理的随机单位组试验资料

（一）运用 Excel 软件分析单因素多个处理的随机单位组试验资料

采用 Excel 无重复双因素方差分析法分析单因素多个处理的随机单位组试验资料。

【例11.6】　研究木瓜蛋白酶对断奶仔猪生长性能的影响，以基础日粮为对照组，在基础日粮中添加 0.05% 和 0.10% 的木瓜蛋白酶为试验一组和试验二组。分别从 6 窝断奶仔猪中选择体重、体况均匀的断奶仔猪进行试验，每窝仔猪各选择出 6 头，组成一个单位组，将每窝选出的 6 头仔猪随机分为 3 小组，每小组 2 头随机饲喂三种不同的日粮。经过 1 个月的试验，得到日增重数据见表 11.3。试进行统计分析。

表 11.3　饲喂木瓜蛋白酶仔猪断奶的日增重（单位：kg）

组别	单位组					
	I	II	III	IV	V	VI
对照组	0.38	0.46	0.41	0.39	0.44	0.47
试验一组	0.49	0.54	0.50	0.50	0.51	0.55
试验二组	0.50	0.56	0.48	0.49	0.53	0.59

1. 操作步骤

（1）数据输入 Excel，见图 11.17。

（2）选择【数据——数据分析——方差分析：无重复双因素分析】，进入无重复双因素方差分析对话框，见图 11.17。在"输入区域"选择"A3：G6"，在"标志"前的方框中打钩；α 为 F 检验的显著水平，默认为 0.05。"输出区域"选择"A8"。

图 11.17　Excel 进行无重复双因素方差分析数据和对话框

（3）点击【确定】，输出结果见图 11.18。

8	方差分析: 无重复双因素分析						
9							
10	SUMMARY	观测数	求和	平均	方差		
11	对照组	6	2.55	0.425	0.00139		
12	试验一组	6	3.09	0.515	0.00059		
13	试验二组	6	3.15	0.525	0.00187		
14							
15	I	3	1.37	0.456667	0.004433		
16	II	3	1.56	0.52	0.0028		
17	III	3	1.39	0.463333	0.002233		
18	IV	3	1.38	0.46	0.0037		
19	V	3	1.48	0.493333	0.002233		
20	VI	3	1.61	0.536667	0.003733		
21							
22							
23	方差分析						
24	差异源	SS	df	MS	F	P-value	F crit
25	行	0.0364	2	0.0182	97.5	2.76E-07	4.102821
26	列	0.017383	5	0.003477	18.625	8.86E-05	3.325835
27	误差	0.001867	10	0.000187			
28							
29	总计	0.05565	17				

图 11.18　Excel 无重复双因素方差分析结果

2. 输出结果的应用

（1）基本统计数。从图 11.18 的"SUMMARY"表中可得到三个处理组、六个单位组日增重的平均数和方差。

（2）F 检验所需数据。从图 11.18 的"方差分析"表中可得，处理间（行）平方和 $SS_A = 0.0364$、自由度 $df_A = 2$、均方 $MS_A = 0.0182$；单位组间（列）平方和 $SS_B = 0.017383$、自由度 $df_B = 5$、均方 $MS_B = 0.003477$；误差平方和 $SS_e = 0.0001867$、自由度 $df_e = 10$、均方 $MS_e = 0.000187$；F 检验的 $F_A = 97.5$，$P_A = 2.76 \times 10^{-7}$；$F_B = 18.625$，$P_B = 8.86 \times 10^{-5}$。

（3）统计结论。$P_A = 2.76 \times 10^{-7} < 0.01$，差异极显著。$P_B = 8.86 \times 10^{-5} < 0.01$，差异极显著。由于单位组是为了减小误差而进行的局部控制，所以，即使单位组间差异显著或极显著，也无需进行单位组间平均数的多重比较。各处理组间差异极显著，需要进行多重比较，这里简略。

（4）专业解释。在基础日粮中添加木瓜蛋白酶对断奶仔猪平均日增重有极显著的影响，断奶仔猪的基础日粮添加木瓜蛋白酶能极显著提高平均日增重。

（二）运用 Excel 软件分析两因素析因设计随机单位组试验资料

虽然 Excel 软件中没有直接分析两因素析因设计随机单位组试验资料的方法，但可以将试验资料变换为 1 个无重复双因素资料和 1 个双因素析因设计试验资料，采用 Excel 进行两次运算。通过一次 Excel 无重复双因素方差分析和一次 Excel 可重复双因素方差分析计算各项平方和及自由度，然后再计算均方和 F 值，进行 F 检验，如果差异显著或极显著需进行多重比较。

> **【例 11.7】** 采用 Excel 软件计算【例 4.6】中表 4.14 资料的平方和、自由度。
> 采用 Excel 进行一次无重复双因素方差分析和一次可重复双因素方差分析计算各项平方和、自由度。

1. 将水平组合（处理）和单位组的资料进行无重复双因素方差分析

（1）操作步骤。同【例 11.6】。数据输入和分析对话框见图 11.19，输出结果见图 11.20。

	A	B	C	D	E	F
1		麦类和菜籽粕饲喂奶公牛的屠宰率				
2	处理	单位组				
3		Ⅰ	Ⅱ	Ⅲ	Ⅳ	Ⅴ
4	A_1B_1	0.545	0.526	0.538	0.521	0.498
5	A_1B_2	0.495	0.507	0.505	0.512	0.5
6	A_2B_1	0.526	0.55	0.54	0.536	0.505
7	A_2B_2	0.502	0.495	0.505	0.514	0.514
8	A_3B_1	0.51	0.519	0.514	0.517	0.524
9	A_3B_2	0.502	0.498	0.498	0.51	0.521

方差分析：无重复双因素分析

输入
输入区域(I)：　$A$3:$F$9
☑ 标志(L)
α(A)：0.05

确定
取消
帮助(H)

输出选项
⊙ 输出区域(O)：$A$11
○ 新工作表组(P)：
○ 新工作簿(W)：

图 11.19 处理和单位组资料的无重复双因素方差分析数据和对话框

（2）结果应用。从图 11.20 的"SUMMARY"表中可得水平组合、单位组的平均数和方差。从图 11.20 的"方差分析"表中可得，单位组间（列）平方和 $SS_C = 0.000235$、自由度 $df_C = 4$，均方 $MS_C = 5.86 \times 10^{-5}$；误差平方和 $SS_e = 0.003178$、自由度 $df_e = 20$、均方 $MS_e = 0.000159$。处理间（行）平方和包括 A 因素的平方和 SS_A、B 因素的平方和 SS_B 及 AB 交互的平方和 $SS_{A \times B}$；处理间（行）自由度包括 A 因素的自由度 df_A、B 因素的自由度 df_B 及 AB 交互的自由度 $df_{A \times B}$。

$$SS_t = SS_A + SS_B + SS_{A \times B} = 0.003378$$
$$df_t = df_A + df_B + df_{A \times B} = 5$$

2. 将 A 因素和 B 因素各水平资料进行可重复双因素方差分析

（1）操作步骤。同【例 11.2】。数据输入和分析对话框见图 11.21，输出结果见图 11.22。

	A	B	C	D	E	F	G
11	方差分析：无重复双因素分析						
12							
13	SUMMARY	观测数	求和	平均	方差		
14	A1B1	5	2.628	0.5256	0.000328		
15	A1B2	5	2.519	0.5038	4.27E-05		
16	A2B1	5	2.657	0.5314	0.000292		
17	A2B2	5	2.53	0.506	6.65E-05		
18	A3B1	5	2.584	0.5168	2.77E-05		
19	A3B2	5	2.529	0.5058	9.62E-05		
20							
21	I	6	3.08	0.513333	0.000353		
22	II	6	3.095	0.515833	0.000422		
23	III	6	3.1	0.516667	0.000325		
24	IV	6	3.11	0.518333	8.99E-05		
25	V	6	3.062	0.510333	0.00012		
26							
27							
28	方差分析						
29	差异源	SS	df	MS	F	P-value	F crit
30	行	0.003378	5	0.000676	4.251248	0.008522	2.71089
31	列	0.000235	4	5.86E-05	0.368964	0.827877	2.866081
32	误差	0.003178	20	0.000159			
33							
34	总计	0.006791	29				

图 11.20　处理和单位组资料的无重复双因素方差分析结果

（2）结果应用。从图 11.22 的"SUMMARY"表中可得 A 因素、B 因素和 AB 水平组合的平均数和方差。从图 11.22 的"方差分析"表中可得，A 因素间（样本）平方和 $SS_A = 0.000274$、自由度 $df_A = 2$、均方 $MS_A = 0.000137$；B 因素间（列）平方和 $SS_B = 0.002823$、自由度 $df_B = 1$、均方 $MS_B = 0.002823$；AB 交互（交互）平方和 $SS_{A \times B} = 0.000281$、$df_{A \times B} = 2$、$MS_{A \times B} = 0.00014$。图中"内部"的平方和包括单位组间平方和 SS_C 及误差平方和 SS_e，自由度包括单位组间自由度 df_C 及误差自由度 df_e。

可以将上述运算结果以方差分析表表示（见表 4.18），计算出 F 值，进行 F 检验。F 检验见【例 4.6】。

（三）运用 Excel 软件分析三因素析因设计随机单位组试验资料

虽然 Excel 软件中没有直接分析三因素析因设计随机单位组试验资料的方法，但可以将试验资料变换为 1 个无重复双因素资料和 3 个双因素析因设计试验资料，采用 Excel 进行四次运算。通过一次 Excel 无重复双因素方差分析和三次 Excel 可重复双因素方差分析计算各项平方和及自由度，然后再计算均方和 F 值，进行 F 检验，如果差异显著需进行多重比较。三因素各水平组合与单位组资料的无重复双因素方差分析，与二因素各水平组合与单位组资料的无重复双因素方差分析相同，可参考【例 11.7】的图 11.19 和图 11.20 进行。三次 Excel 可重复双因素方差分析与三因素析因设计完全随机试验资料的三次 Excel 可重复双因素方差分析相同，具体方法步骤参见【11.3】的相关内容。

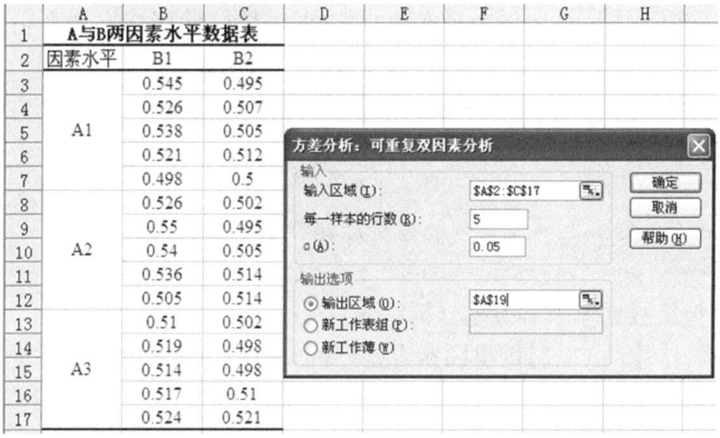

A与B两因素水平数据表		
因素水平	B1	B2
A1	0.545	0.495
	0.526	0.507
	0.538	0.505
	0.521	0.512
	0.498	0.5
A2	0.526	0.502
	0.55	0.495
	0.54	0.505
	0.536	0.514
	0.505	0.514
A3	0.51	0.502
	0.519	0.498
	0.514	0.498
	0.517	0.51
	0.524	0.521

图 11.21　*A* 因素和 *B* 因素各水平资料可重复双因素方差分析数据和对话框

方差分析：可重复双因素分析						
SUMMARY	B1	B2	总计			
A1						
观测数	5	5	10			
求和	2.628	2.519	5.147			
平均	0.5256	0.5038	0.5147			
方差	0.000328	4.27E-05	0.000297			
A2						
观测数	5	5	10			
求和	2.657	2.53	5.187			
平均	0.5314	0.506	0.5187			
方差	0.000292	6.65E-05	0.000338			
A3						
观测数	5	5	10			
求和	2.584	2.529	5.113			
平均	0.5168	0.5058	0.5113			
方差	2.77E-05	9.62E-05	8.87E-05			
总计						
观测数	15	15				
求和	7.869	7.578				
平均	0.5246	0.5052				
方差	0.000224	5.97E-05				
方差分析						
差异源	SS	df	MS	F	P-value	F crit
样本	0.000274	2	0.000137	0.964838	0.395339	3.402826
列	0.002823	1	0.002823	19.85021	0.000166	4.259677
交互	0.000281	2	0.00014	0.987342	0.387197	3.402826
内部	0.003413	24	0.000142			
总计	0.006791	29				

图 11.22　*A* 因素和 *B* 因素各水平资料可重复双因素方差分析结果

第三节　运用 Excel 软件分析拉丁方试验资料

一、运用 Excel 软件分析单因素单个拉丁方试验资料

虽然 Excel 软件中没有直接分析拉丁方试验资料的方法，但可以将试验资料变换为两个无重复双因素资料，其中，一个无重复双因素资料为横行单位组与直列单位组资料，另一个无重复双因素资料为横行单位组或直列单位组与处理组资料。采用 Excel 进行两次 Excel无重复双因素方差分析计算各项平方和及自由度。也可以采用 Excel 进行三次单因素方差分析计算各项平方和及自由度。分别计算横行单位组、直列单位组和处理组的平方

和、自由度。然后用减法计算出误差平方和、自由度。最后计算均方和 F 值，进行 F 检验，当处理组的 F 检验差异显著或极显著时，需要进行多重比较。

【例 11.7】 运用 Excel 软件计算【例 5.2】拉丁方试验资料的各项平方和及自由度。

采用 Excel 进行三次单因素方差分析计算各项平方和及自由度。

（1）横行单位组数据单因素方差分析。

①操作步骤。同【例 11.1】的单因素方差分析。数据输入和分析对话框见图 11.23，输出结果见图 11.24。

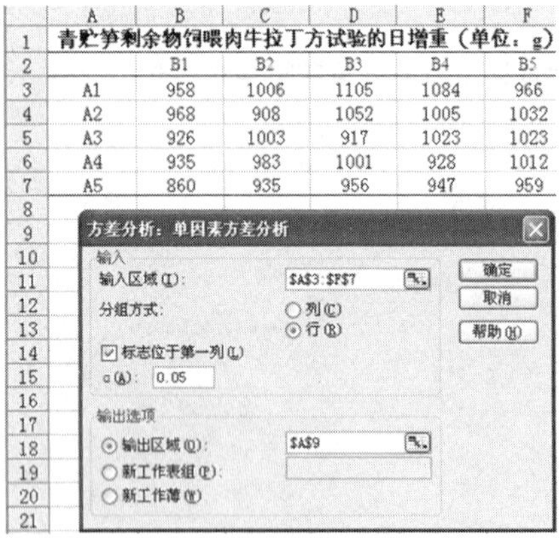

青贮笋剩余物饲喂肉牛拉丁方试验的日增重（单位：g）

	B1	B2	B3	B4	B5
A1	958	1006	1105	1084	966
A2	968	908	1052	1005	1032
A3	926	1003	917	1023	1023
A4	935	983	1001	928	1012
A5	860	935	956	947	959

图 11.23　拉丁方试验资料的横行单位组单因素方差分析数据与对话框

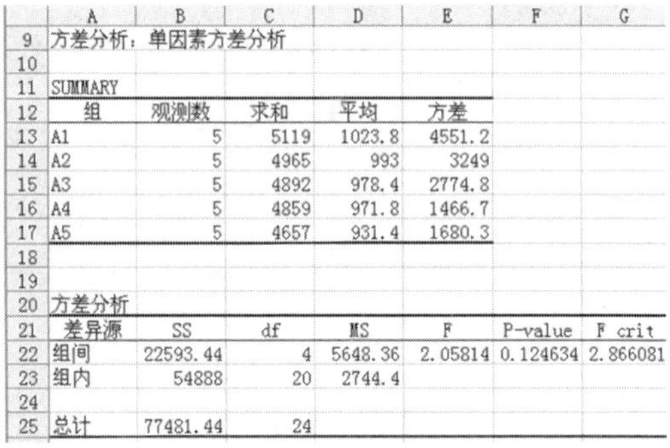

方差分析：单因素方差分析

SUMMARY

组	观测数	求和	平均	方差
A1	5	5119	1023.8	4551.2
A2	5	4965	993	3249
A3	5	4892	978.4	2774.8
A4	5	4859	971.8	1466.7
A5	5	4657	931.4	1680.3

方差分析

差异源	SS	df	MS	F	P-value	F crit
组间	22593.44	4	5648.36	2.05814	0.124634	2.866081
组内	54888	20	2744.4			
总计	77481.44	24				

图 11.24　拉丁方试验资料的横行单位组单因素方差分析结果

②结果应用。从图 11.24 的“SUMMARY”表中可得横行单位组的平均数和方差。从图 11.24 的“方差分析”表中可得，横行单位组间（组间）平方和 $SS_A=22593.44$、自由度 $df_A=4$、均方 $MS_A=5648.36$；总平方和 $SS_T=77481.44$、自由度 $df_A=24$；“组内”平方和包括直列单位组间平方和 SS_B、处理间平方和 SS_C 及误差平方和 SS_e，即 $SS_B+SS_C+SS_e=54888$，“组内”自由度包括直列单位组间自由度 df_B、处理间自由度 df_C 及误差自由度 df_e，即 $df_B+df_C+df_e=20$。

（2）直列单位组数据单因素方差分析。

①操作步骤。同【例 11.1】的单因素方差分析。数据输入见图 11.23，分析对话框见图 11.25，输出结果见图 11.26。

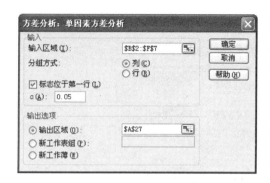

A	B	C	D	E	F	G
27 方差分析:因因素方差分析						
28						
29 SUMMARY						
30 组	观测数	求和	平均	方差		
31 B1	5	4647	929.4	1791.8		
32 B2	5	4835	967	1894.5		
33 B3	5	5031	1006.2	5590.7		
34 B4	5	4987	997.4	3892.3		
35 B5	5	4992	998.4	1130.3		
36						
37						
38 方差分析						
39 差异源	SS	df	MS	F	P-value	F crit
40 组间	20283.04	4	5070.76	1.773043	0.173902	2.866081
41 组内	57198.4	20	2859.92			
42						
43 总计	77481.44	24				

图 11.25　拉丁方试验资料的直列单位组单
因素方差分析对话框

图 11.26　拉丁方试验资料的直列单位组单
因素方差分析结果

②结果应用。从图 11.26 的"SUMMARY"表中可得直列单位组的平均数和方差。从图 11.24 的"方差分析"表中可得,直列单位组间(组间)平方和 $SS_B = 20283.04$、自由度 $df_A = 4$、均方 $MS_A = 5070.76$;总平方和 $SS_T = 77481.44$、自由度 $df_A = 24$,与图 11.24 相等;"组内"平方和包括横行单位组间平方和 SS_A、处理间平方和 SS_C 及误差平方和 SS_e,即 $SS_A + SS_C + SS_e = 57198.4$,"组内"自由度包括横行单位组间自由度 df_A、处理间自由度 df_C 及误差自由度 df_e,即 $df_A + df_C + df_e = 20$。

(3)处理组数据单因素方差分析。

①操作步骤。同【例 11.1】的单因素方差分析。数据输入和分析对话框见图 11.27,输出结果见图 11.28。

A	B	C	D	E	F
45 C1~C5表示青贮笋刺余物添加量0%、4%、8%、12%、16%					
46	B1	B2	B3	B4	B5
47 C1	968	1003	1105	947	1012
48 C2	935	1006	1052	1023	959
49 C3	926	935	1001	1084	1032
50 C4	958	983	956	1005	1023
51 C5	860	908	917	928	966

A	B	C	D	E	F	G
53 方差分析:单因素方差分析						
54						
55 SUMMARY						
56 组	观测数	求和	平均	方差		
57 C1	5	5035	1007	3691.5		
58 C2	5	4975	995	2262.5		
59 C3	5	4978	995.6	4421.3		
60 C4	5	4925	985	854.5		
61 C5	5	4579	915.8	1461.2		
62						
63						
64 方差分析						
65 差异源	SS	df	MS	F	P-value	F crit
66 组间	26717.44	4	6679.36	2.631534	0.064829	2.866081
67 组内	50764	20	2538.2			
68						
69 总计	77481.44	24				

图 11.27　拉丁方试验资料的处理单因素
方差分析数据和对话框

图 11.28　拉丁方试验资料的处理单因素
方差分析结果

②结果应用。从图 11.28 的"SUMMARY"表中可得处理组的平均数和方差。从图 11.28 的"方差分析"表中可得,处理间(组间)平方和 $SS_B = 26717.44$、自由度 $df_A = 4$、均方 $MS_A = 6679.36$;总平方和 $SS_T = 77481.44$、自由度 $df_A = 24$,与图 11.24 和图 11.26 的相等;"组内"平方和包括横行单位组间平方和 SS_A、直列单位组间平方和 SS_C 及误差平方和 SS_e,即 $SS_A + SS_B + SS_e = 50764$,"组内"自由度包括横行单位组间自由度 df_A、直列单位组间自由度 df_B 及误差自由度 df_e,即 $df_A + df_B + df_e = 20$。

（4）计算误差平方和、自由度

$$SS_e = SS_T - SS_A - SS_B - SS_C$$
$$= 77481.44 - 22593.44 - 20283.04 - 26717.44 = 7887.52$$

$$df_e = df_T - df_A - df_B - df_C = 24 - 4 - 4 - 4 = 12$$

或者：

$$SS_e = 54888 - SS_B - SS_C = 54888 - 20283.04 - 26717.44 = 7887.52$$

$$df_e = 20 - df_B - df_C = 20 - 4 - 4 = 12$$

或者：

$$SS_e = 57198.4 - SS_A - SS_C = 57198.4 - 22593.44 - 26717.44 = 7887.52$$

$$df_e = 20 - df_A - df_C = 20 - 4 - 4 = 12$$

或者：

$$SS_e = 50764 - SS_A - SS_B = 50764 - 22593.44 - 20283.04 = 7887.52$$

$$df_e = 20 - df_A - df_B = 20 - 4 - 4 = 12$$

二、运用 Excel 软件分析单因素多个拉丁方试验资料

以两个拉丁方为例介绍 Excel 软件分析多个拉丁方试验资料。虽然 Excel 软件中没有直接分析两个拉丁方试验资料的方法，但可以将试验资料变换为 2 个无重复双因素资料和 1 个可重复双因素资料，采用两次 Excel 无重复双因素方差分析和一次 Excel 可重复双因素方差分析计算各项平方和及自由度。其中一个无重复双因素资料为第一个拉丁方的横行单位组与直列单位组的资料，另一个无重复双因素资料为第二个拉丁方的横行单位组与直列单位组的资料；其可重复双因素资料为处理因素和拉丁方因素的资料。

> **【例 11.8】** 采用 Excel 计算【例 5.4】表 5.21 和表 5.22 资料的各项平方和、自由度。
>
> 采用两次 Excel 无重复双因素方差分析和一次 Excel 可重复双因素方差分析计算各项平方和及自由度。

（1）表 5.21 资料横行单位组和直列单位组的 Excel 无重复双因素方差分析。

①操作步骤。同【例 11.6】。数据输入和分析对话框见图 11.29，输出结果见图 11.30。

②结果应用。从图 11.30 的"SUMMARY"表中可得第一个拉丁方试验资料的横行单位组、直列单位组的平均数和方差。从图 11.30 的"方差分析"表中可得，第一个拉丁方试验资料的横行单位组间（行）平方和 $SS_{A1} = 0.020719$，自由度 $df_{A1} = 3$；直列单位组间（列）平方和 $SS_{B1} = 0.000819$，自由度 $df_{B1} = 3$。

图 11.29 表 5.21 资料横行单位组和
直列单位组的无重复双因素
方差分析数据和对话框

	A	B	C	D	E	F	G
9	方差分析：无重复双因素分析						
10							
11	SUMMARY	观测数	求和	平均	方差		
12	A1	4	2.05	0.5125	0.012425		
13	A2	4	2.41	0.6025	0.010158		
14	A3	4	2.33	0.5825	0.019758		
15	A4	4	2.14	0.535	0.012833		
16							
17	一	4	2.21	0.5525	0.017358		
18	二	4	2.23	0.5575	0.014158		
19	三	4	2.21	0.5525	0.012625		
20	四	4	2.28	0.57	0.017667		
21							
22							
23	方差分析						
24	差异源	SS	df	MS	F	P-value	F crit
25	行	0.020719	3	0.006906	0.377376	0.771658	3.862548
26	列	0.000819	3	0.000273	0.014913	0.997328	3.862548
27	误差	0.164706	9	0.018301			
28							
29	总计	0.186244	15				

图 11.30 表 5.21 资料横行单位组和
直列单位组无重复双因素
方差分析结果

（2）表 5.22 资料横行单位组和直列单位组的 Excel 无重复双因素方差分析。

① 操作步骤：同【例 11.6】。数据输入和分析对话框见图 11.31，输出结果见图 11.32。

图 11.31 表 5.22 资料横行单位组
和直列单位组的无重复双因素
方差分析数据和对话框

	A	B	C	D	E	F	G
40	方差分析：无重复双因素分析						
41							
42	SUMMARY	观测数	求和	平均	方差		
43	A1	4	2.02	0.505	0.0033		
44	A2	4	2.13	0.5325	0.002492		
45	A3	4	1.57	0.3925	0.005825		
46	A4	4	1.9	0.475	0.003633		
47							
48	一	4	1.92	0.48	0.001333		
49	二	4	1.87	0.4675	0.015825		
50	三	4	1.9	0.475	0.0073		
51	四	4	1.93	0.4825	0.005292		
52							
53							
54	方差分析						
55	差异源	SS	df	MS	F	P-value	F crit
56	行	0.044025	3	0.014675	2.920398	0.092703	3.862548
57	列	0.000525	3	0.000175	0.034826	0.990687	3.862548
58	误差	0.045225	9	0.005025			
59							
60	总计	0.089775	15				

图 11.32 表 5.22 资料横行单位组
和直列单位组的无重复双因素
方差分析结果

② 结果应用。从图 11.32 的"SUMMARY"表中可得第二个拉丁方试验资料的横行单位组、直列单位组的平均数和方差。从图 11.32 的"方差分析"表中可得，第二个拉丁方试验资料的横行单位组间（行）平方和 $SS_{A2} = 0.044025$，自由度 $df_{A2} = 3$；直列单位组间（列）平方和 $SS_{B2} = 0.000525$，自由度 $df_{B2} = 3$。

（3）计算拉丁方内横行单位组间和拉丁方内直列单位组平方和、自由度。将两个拉丁方的横行平方和、自由度和直列平方和、自由度分别相加得到 SS_A、df_A、SS_B 和 df_B。

$$SS_A = 0.020719 + 0.044025 = 0.064744$$

$$SS_B = 0.000819 + 0.000525 = 0.001344$$

$$df_A = 3 + 3 = 6, df_B = 3 + 3 = 6$$

（4）处理因素和拉丁方因素资料的可重复双因素方差分析。

①操作步骤。同【例11.2】。数据输入和分析对话框见图11.33，输出结果见图11.34。

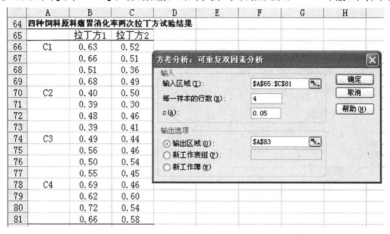

图11.33　处理因素和拉丁方因素资料的可重复双因素方差分析数据和对话框

	A	B	C	D	E	F	G
83	方差分析:可重复双因素分析						
84	SUMMARY	拉丁方1	拉丁方2	总计			
85	C1						
86	观测数	4	4	8			
87	求和	2.48	1.88	4.36			
88	平均	0.62	0.47	0.545			
89	方差	0.0058	0.005533	0.011286			
90	C2						
91	观测数	4	4	8			
92	求和	1.66	1.67	3.33			
93	平均	0.415	0.4175	0.41625			
94	方差	0.0019	0.007492	0.004027			
95	C3						
96	观测数	4	4	8			
97	求和	2.1	1.89	3.99			
98	平均	0.525	0.4725	0.49875			
99	方差	0.001233	0.002092	0.002212			
100	C4						
101	观测数	4	4	8			
102	求和	2.69	2.18	4.87			
103	平均	0.6725	0.545	0.60875			
104	方差	0.001825	0.003833	0.00707			
105	总计						
106	观测数	16	16				
107	求和	8.93	7.62				
108	平均	0.558125	0.47625				
109	方差	0.012416	0.005985				
110							
111	方差分析						
112	差异源	SS	df	MS	F	P-value	F crit
113	样本	0.157484	3	0.052495	14.13604	1.63E-05	3.008787
114	列	0.053628	1	0.053628	14.44123	0.000872	4.259677
115	交互	0.029409	3	0.009803	2.639832	0.072516	3.008787
116	内部	0.089125	24	0.003714			
118	总计	0.329647	31				

图11.34　处理因素和拉丁方因素资料的可重复双因素方差分析结果

②结果应用。从图11.34的"SUMMARY"表中可得四个处理和两个拉丁方的平均数和方差。从图11.34的"方差分析"表中可得，处理间（样本）平方和 $SS_C = 0.157484$，自由度 $df_C = 3$；拉丁方间（列）平方和 $SS_U = 0.053628$，自由度 $df_U = 1$；处理 C 和拉丁方 U 的交互平方和 $SS_{C \times U} = 0.029409$，自由度 $df_{C \times U} = 3$；内部平方和 0.089125 包括 SS_A、SS_B、SS_e，自由度 24 包括 df_A、df_B、df_e；总计平方和 $SS_T = 0.329647$，自由度 $df_C = 31$。

（5）计算误差平方和 SS_e 及自由度 df_e。

$SS_e = SS_T - SS_A - SS_B - SS_C - SS_U - SS_{C \times U}$

$\quad = 0.329647 - 0.064744 - 0.001344 - 0.157484 - 0.053628 - 0.029409 = 0.023038$

$df_e = df_T - df_A - df_B - df_C - df_U - df_{C \times U} = 31 - 6 - 6 - 3 - 1 - 3 = 12$

或者：

$SS_e = 0.089125 - SS_A - SS_B = 0.089125 - 0.064744 - 0.001344 = 0.023037$

$df_e = 24 - df_A - df_B = 24 - 6 - 6 = 12$

这里的两个误差平方和 SS_e 值的微小差异是由于计算误差引起的。

将上述计算结果以方差分析表表示，见表5.26。计算出各项变异的均方和 F 值，进行 F 检验。处理间 F 检验差异极显著，需进行多重比较，见【例5.4】。

第四节　运用 Excel 软件分析正交试验资料

一、运用 Excel 软件分析单个观测值的正交试验资料

运用 Excel 软件分析单个观测值的正交试验资料，其实是采用 Excel 单因素方差分析计算各项平方和及自由度。有几个因素，就需要做几次 Excel 单因素方差分析计算各因素的平方和、自由度，然后通过减法计算误差平方和及自由度。或者，正交表有几列，就运行几次 Excel 单因素方差分析计算出各列的平方和、自由度，各因素所在列的平方和、自由度即为该因素的平方和、自由度，将所有空列的平方和及自由度分别相加计算可得误差平方和及自由度。

> 【例11.9】　运用 Excel 软件计算【例7.3】表7.11 的单个观测值正交试验资料的各项平方和及自由度。
>
> 表7.11 的单个观测值正交试验资料的总变异包括 A 因素变异、B 因素变异、C 因素变异及误差变异四部分，所以需要计算平方和 SS_A、SS_B、SS_C、SS_e，自由度 df_A、df_B、df_C、df_e。

1. Excel 单因素方差分析计算 A 因素的平方和 SS_A 及自由度 df_A

（1）操作步骤。

①按单因素资料模式整理 A 因素各水平的观测值，并输入 Excel，见图11.35。

②选择【数据——数据分析——单因素方差分析】，进入单因素方差分析对话框，见图11.35。在"输入区域"选择"A3：D5"，在"分组方式"选择"行"，在"标志位于第一列"前的方框中打钩；α 为 F 检验的显著水平，默认为 0.05。"输出区域"选择"A7"。

③点击【确定】，输出结果见图11.36。

图 11.35　A 因素各水平观测值及单
因素方差分析对话框

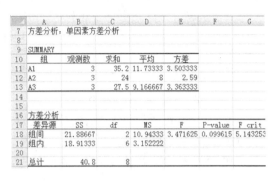

图 11.36　A 因素各水平观测值单因素
方差分析结果

（2）输出结果的应用。

①基本统计数。从图 11.36 的"SUMMARY"表中可得，A 因素三个水平的平均数和方差。

②F 检验所需数据。从图 11.36 的"方差分析"表中可得，A 因素间（组间）平方和 $SS_A = 21.8867$，自由度 $df_A = 2$。图 11.36 的"方差分析"表中的组内平方和包括 SS_B、SS_C 和 SS_e，组内自由度包括 df_B、df_C 和 df_e。总计平方和 $SS_T = 40.8$，自由度 $df_T = 8$。

2. Excel 单因素方差分析计算 B 因素的平方和 SS_B 及自由度 df_B

（1）操作步骤。

①按单因素资料模式整理 B 因素各水平的观测值，并输入 Excel，见图 11.37。

②选择【数据——数据分析——单因素方差分析】，进入单因素方差分析对话框，见图 11.37。在"输入区域"选择"A26:D28"，在"分组方式"选择"行"，在"标志位于第一列"前的方框中打钩；α 为 F 检验的显著水平，默认为 0.05。"输出区域"选择"A30"。

③点击【确定】，输出结果见图 11.38。

图 11.37　B 因素各水平观测值及单
因素方差分析对话框

A	B	C	D	E	F	G
30 方差分析：单因素方差分析						
32 SUMMARY						
33 组	观测数	求和	平均	方差		
34 B1	3	31.6	10.53333	4.003333		
35 B2	3	32.2	10.73333	4.263333		
36 B3	3	22.9	7.633333	3.103333		
39 方差分析						
40 差异源	SS	df	MS	F	P-value	F crit
41 组间	18.06	2	9.03	2.382586	0.173137	5.143253
42 组内	22.74	6	3.79			
44 总计	40.8	8				

图 11.38　B 因素各水平观测值单
因素方差分析结果

（2）输出结果的应用。

①基本统计数。从图 11.38 的"SUMMARY"表中可得，B 因素三个水平的平均数和方差。

②F 检验所需数据。从图 11.38 的"方差分析"表中可得,B 因素间(组间)平方和 $SS_B = 18.06$、自由度 $df_B = 2$。图 11.38 的"方差分析"表中的组内平方和包括 SS_A、SS_C 和 SS_e,组内自由度包括 df_A、df_C 和 df_e。总计平方和及自由度与图 11.36 的相同。

3. Excel 单因素方差分析计算 C 因素的平方和 SS_C 及自由度 df_C

(1)操作步骤。

①按单因素资料模式整理 C 因素各水平的观测值,并输入 Excel,见图 11.39。

②选择【数据——数据分析——单因素方差分析】,进入单因素方差分析对话框,见图 11.39。在"输入区域"选择"A49:D51",在"分组方式"选择"行",在"标志位于第一列"前的方框中打钩;α 为 F 检验的显著水平,默认为 0.05。"输出区域"选择"A53"。

③点击【确定】,输出结果见图 11.40。

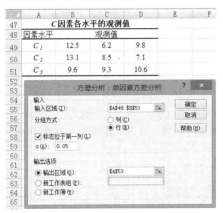

图 11.39　C 因素各水平观测值及单
因素方差分析对话框

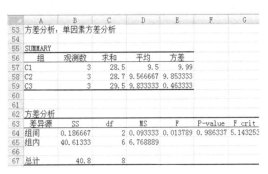

图 11.40　C 因素各水平观测值单
因素方差分析结果

(2)输出结果的应用。

①基本统计数。从图 11.40 的"SUMMARY"表中可得,C 因素三个水平的平均数和方差。

②F 检验所需数据。从图 11.40 的"方差分析"表中可得,C 因素间(组间)平方和 $SS_C = 0.1867$,自由度 $df_C = 2$。图 11.40 的"方差分析"表中的组内平方和包括 SS_A、SS_B 和 SS_e,组内自由度包括 df_A、df_B 和 df_e。总计平方和及自由度与图 11.36 和图 11.38 都相同。

4. Excel 单因素方差分析计算空列的平方和 SS_e 及自由度 df_e

(1)操作步骤。

①按单因素资料模式整理空列各水平的观测值,并输入 Excel,见图 11.41。

②选择【数据——数据分析——单因素方差分析】,进入单因素方差分析对话框,见图 11.41。在"输入区域"选择"A72:D74",在"分组方式"选择"行",在"标志位于第一列"前的方框中打钩;α 为 F 检验的显著水平,默认为 0.05。"输出区域"选择"A76"。

③点击【确定】,输出结果见图 11.42。

(2)输出结果的应用。

①基本统计数。从图 11.42 的"SUMMARY"表中可得,空列三个水平的平均数和方差。

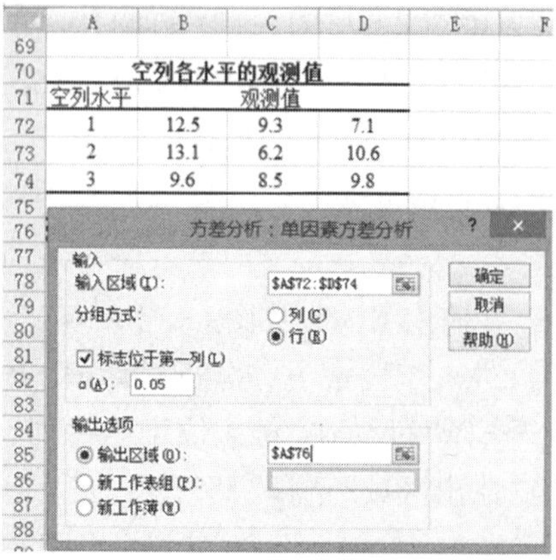

图 11.41　空列各水平观测值及单因素方差分析对话框

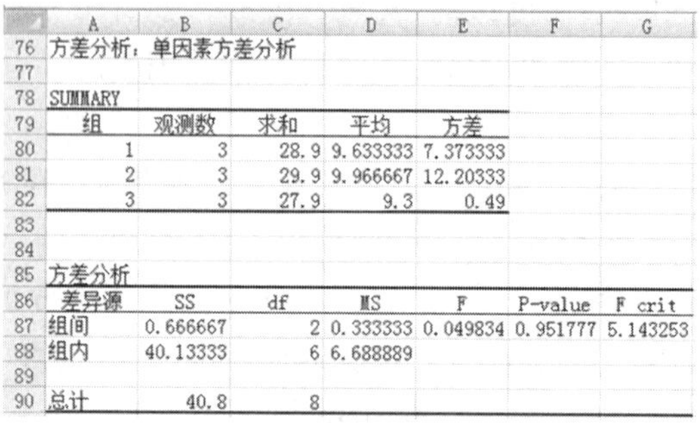

方差分析：单因素方差分析

SUMMARY

组	观测数	求和	平均	方差
1	3	28.9	9.633333	7.373333
2	3	29.9	9.966667	12.20333
3	3	27.9	9.3	0.49

方差分析

差异源	SS	df	MS	F	P-value	F crit
组间	0.666667	2	0.333333	0.049834	0.951777	5.143253
组内	40.13333	6	6.688889			
总计	40.8	8				

图 11.42　空列各水平观测值单因素方差分析结果

②F 检验所需数据。从图 11.42 的“方差分析”表中可得，空列（组间）平方和 $SS_e=0.6667$，自由度 $df_e=2$。图 11.42 的“方差分析”表中的组内平方和包括 SS_A、SS_B 和 SS_C，组内自由度包括 df_A、df_B 和 df_C。总计平方和及自由度与图 11.36、图 11.38 和图 11.42 都相同。

误差的平方和 SS_e 及自由度 df_e 还可以通过减法计算：

$$SS_e = SS_T - SS_A - SS_B - SS_C = 40.8 - 21.8867 - 18.06 - 0.1867 = 0.6666$$

$$df_e = df_T - df_A - df_B - df_C = 8 - 2 - 2 - 2 = 2$$

通过上述运算，即可列出无重复观测值枯草芽孢杆菌培养条件筛选正交试验结果的方差分析表（表 7.20），进行 F 检验，若 F 检验差异显著或极显著的因素，需进行多重比较。

二、运用 Excel 软件分析有重复观测值的正交试验资料

（一）有重复观测值正交设计完全随机试验结果的分析

运用 Excel 软件分析有重复观测值正交设计完全随机试验结果，与 Excel 软件分析单个观测值正交试验结果类似，仍然是采用 Excel 单因素方差分析计算各项平方和及自由度。正交表有几列，就运行几次 Excel 单因素方差分析计算出各列的平方和、自由度，各因素所在列的平方和、自由度即为该因素的平方和、自由度，空列的平方和及自由度为模型误差平方和及自由度。试验误差平方和、自由度可以由总平方和、总自由度分别减去所有列的平方和、自由度得到，也可以由各处理的重复观测值进行 Excel 单因素方差分析计算得到。

【例 11.10】　运用 Excel 软件计算【例 7.4】表 7.24 的有重复观测值正交试验资料的各项平方和及自由度。

表 7.24 的有重复观测值正交试验资料，重复观测值为相同的误差环境下，同批次进行的培养试验得到，相当于完全随机分组的试验资料，可以通过重复观测值估计试验误差。由于采用有 4 列的正交表安排三因素试验，有空列可以用来估计误差，这个误差属于模型误差，所以，总变异由 A 因素变异、B 因素变异、C 因素变异、模型误差变异及试验误差变异五部分组成，需要计算平方和 SS_A、SS_B、SS_C、SS_{e1}、SS_e，自由度 df_A、df_B、df_C、df_{e1}、df_e。

1. 各因素和各空列的平方和、自由度的计算

方法步骤与 Excel 软件分析单个观测值正交试验结果相同,需要按单因素资料模式整理各因素和各空列的观测值,输入 Excel,进行 Excel 单因素方差分析。这里以 Excel 单因素方差分析计算 A 因素的平方和 SS_A 及自由度 df_A 为例进行介绍。

(1)操作步骤。

①按单因素资料模式整理 A 因素各水平的观测值,输入 Excel,见图 11.43。

②选择【数据——数据分析——单因素方差分析】,进入单因素方差分析对话框,见图 11.45。在"输入区域"选择"A3:G5",在"分组方式"选择"行",在"标志位于第一列"前的方框中打钩;α 为 F 检验的显著水平,默认为 0.05。"输出区域"选择"A7"。

③点击【确定】,输出结果见图 11.44。

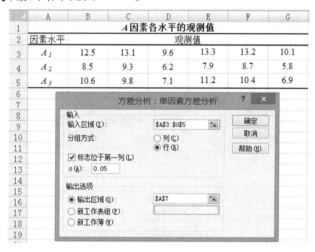

图 11.43　A 因素各水平观测值及单因素方差分析对话框

	A	B	C	D	E	F	G
7	方差分析:单因素方差分析						
8							
9	SUMMARY						
10	组	观测数	求和	平均	方差		
11	A1	6	71.8	11.96667	2.790667		
12	A2	6	46.4	7.733333	2.018667		
13	A3	6	56	9.333333	3.470667		
14							
15							
16	方差分析						
17	差异源	SS	df	MS	F	P-value	F crit
18	组间	54.83111	2	27.41556	9.933172	0.001789	3.68232
19	组内	41.4	15	2.76			
20							
21	总计	96.23111	17				

图 11.44　A 因素各水平观测值单因素方差分析结果

(2)输出结果的应用。

①基本统计数。从图 11.44 的"SUMMARY"表中可得,A 因素三个水平的平均数和方差。

②F 检验所需数据。从图 11.44 的"方差分析"表中可得,A 因素间(组间)平方和 $SS_A = 54.8311$,自由度 $df_A = 2$。图 11.44 的"方差分析"表中的组内平方和包括 SS_B、SS_C、SS_{e1} 和 SS_e,组内自由度包括 df_B、df_C、df_{e1} 和 df_e。总计平方和 $SS_T = 96.2311$,自由度 $df_T = 17$。

参照上述方法步骤可以计算出其余各因素和空列的平方和 SS_B、SS_C、SS_{e1} 及自由度 df_B、df_C、df_{e1}。

$$SS_B = 38.2544; SS_C = 0.6544; SS_{e1} = 1.2211$$
$$df_B = df_C = df_{e1} = 3 - 1 = 2$$

2. 计算误差平方和 SS_e 及自由度 df_e

可以用减法从上述平方和、自由度计算得到，也可以采用 Excel 单因素方差分析计算得到。

方法一：用减法从上述平方和、自由度计算 SS_e 和 df_e。

$$SS_e = SS_T - SS_A - SS_B - SS_{e1}$$
$$= 96.2311 - 54.8311 - 38.2544 - 0.6544 - 1.2211 = 1.2701$$
$$df_e = df_T - df_A - df_B - df_C - df_{e1} = 17 - 2 - 2 - 2 - 2 = 9$$

方法二：采用 Excel 单因素方差分析计算 SS_e 和 df_e。

（1）操作步骤。

①按单因素资料模式整理各处理的重复观测值，输入 Excel，见图 11.45。

	A	B	C
1	各处理观测值		
2	处理	观测值	
3	处理1	12.5	13.3
4	处理2	13.1	13.2
5	处理3	9.6	10.1
6	处理4	8.5	7.9
7	处理5	9.3	8.7
8	处理6	6.2	5.8
9	处理7	10.6	11.2
10	处理8	9.8	10.4
11	处理9	7.1	6.9
12			
13			

方差分析：单因素方差分析
输入
输入区域(I)：　　$A\$3:C\$11$
分组方式：　○列(C)　●行(R)
☑标志位于第一列(L)
α(A)：　0.05
输出选项
●输出区域(O)：　$A\$13$
○新工作表组(P)：
○新工作簿(W)

图 11.45　各处理观测值及单因素方差分析对话框

②选择【数据——数据分析——单因素方差分析】，进入单因素方差分析对话框，见图 11.45。在"输入区域"选择"A3：C11"，在"分组方式"选择"行"，在"标志位于第一列"前的方框中打钩；α 为 F 检验的显著水平，默认为 0.05。"输出区域"选择"A13"。

③点击【确定】，输出结果见图 11.46。

	A	B	C	D	E	F	G
13	方差分析：单因素方差分析						
14							
15	SUMMARY						
16	组	观测数	求和	平均	方差		
17	处理1	2	25.8	12.9	0.32		
18	处理2	2	26.3	13.15	0.005		
19	处理3	2	19.7	9.85	0.125		
20	处理4	2	16.4	8.2	0.18		
21	处理5	2	18	9	0.18		
22	处理6	2	12	6	0.08		
23	处理7	2	21.8	10.9	0.18		
24	处理8	2	20.2	10.1	0.18		
25	处理9	2	14	7	0.02		
26							
27							
28	方差分析						
29	差异源	SS	df	MS	F	P-value	F crit
30	组间	94.96111	8	11.87014	84.11909	1.51E-07	3.229583
31	组内	1.27	9	0.141111			
32							
33	总计	96.23111	17				

图 11.46　各处理观测值的单因素方差分析结果

（2）输出结果的应用。

①基本统计数。从图11.46的"SUMMARY"表中可得,各处理的平均数和方差。

②F检验所需数据。从图11.46的"方差分析"表中可得,误差（组内）平方和$SS_e = 1.27$、自由度$df_e = 9$,与上述用减法计算的$SS_e = 1.2701$存在微小差异,这是由于计算误差引起,因为上述减法运算中的各项平方和通过四舍五入得到。

图11.46的"方差分析"表中的组间平方和包括SS_A、SS_B、SS_C和SS_{e1},组内自由度包括df_A、df_B、df_C和df_{e1}。总计平方和$SS_T = 96.2311$、自由度$df_T = 17$,与图11.44的相等。

通过上述运算,即可以列出有重复观测值枯草芽孢杆菌培养条件筛选正交设计完全随机试验结果的方差分析表（表7.30）,进行F检验,若F检验差异显著或极显著的因素,需进行多重比较。

（二）有重复观测值正交设计随机单位试验结果的分析

与运用Excel软件分析有重复观测值正交设计完全随机试验结果一样,运用Excel软件分析有重复观测值正交设计随机单位组试验结果,也与Excel软件分析单个观测值正交试验结果类似,仍然需要采用Excel单因素方差分析计算各列的平方和及自由度,各因素所在列的平方和、自由度即为该因素的平方和、自由度,空列的平方和及自由度为模型误差平方和及自由度。将各处理和各单位组的重复观测值进行Excel无重复双因素方差分析计算得到单位组变异和误差变异的平方和及自由度。

【例11.11】 运用Excel软件计算【例7.5】表7.35的有重复观测值正交设计随机单位组试验资料的各项平方和及自由度。

表7.34为三因素4水平的有重复观测值正交设计随机单位组试验资料,由于采用有5列的正交表安排三因素试验,有两个空列可以用来估计模型误差,所以,总变异由A因素变异、B因素变异、C因素变异、模型误差1变异、模型误差2变异、单位组变异及试验误差变异七部分组成,需要计算平方和SS_A、SS_B、SS_C、SS_D、SS_{e1}、SS_{e2}、SS_e,自由度df_A、df_B、df_C、df_D、df_{e1}、df_{e2}、df_e。

1. 各因素和各空列的平方和、自由度的计算

方法步骤与Excel软件分析单个观测值正交试验结果相同,需要按单因素资料模式整理各因素和各空列的观测值,输入Excel,进行Excel单因素方差分析。这里以Excel单因素方差分析计算A因素的平方和SS_A及自由度df_A为例进行介绍。

（1）操作步骤。

①按单因素资料模式整理A因素各水平的观测值,输入Excel,见图11.47。

②选择【数据——数据分析——单因素方差分析】,进入单因素方差分析对话框,见图11.47。在"输入区域"选择"A3:I6",在"分组方式"选择"行",在"标志位于第一列"前的方框中打钩;α为F检验的显著水平,默认为0.05。"输出区域"选择"A8"。

③点击【确定】,输出结果见图11.48。

（2）输出结果的应用。

①基本统计数。从图11.48的"SUMMARY"表中可得,A因素四个水平的平均数和方差。

	A	B	C	D	E	F	G	H	I
1				A因素各水平观测值					
2	因素水平				观测值				
3	A₁	1.12	1.21	1.23	1.25	1.23	1.28	1.36	1.32
4	A₂	1.32	1.42	1.36	1.29	1.41	1.49	1.43	1.39
5	A₃	1.32	1.36	1.4	1.39	1.37	1.42	1.51	1.52
6	A₄	1.13	1.25	1.18	1.25	1.24	1.36	1.3	1.28

方差分析：单因素方差分析

输入
　输入区域(I)：$A$3:$I$6
　分组方式：○列(C) ●行(R)
　☑标志位于第一列(L)
　α(A)：0.05

输出选项
　●输出区域(O)：$A$8
　○新工作组(P)：
　○新工作簿(W)：

确定　取消　帮助(H)

图 11.47　A 因素各水平观测值及单因素方差分析对话框

	A	B	C	D	E	F	G
8	方差分析：单因素方差分析						
9							
10	SUMMARY						
11	组	观测数	求和	平均	方差		
12	A1	8	10	1.25	0.005314		
13	A2	8	11.11	1.38875	0.004098		
14	A3	8	11.29	1.41125	0.004984		
15	A4	8	9.99	1.24875	0.004984		
16							
17							
18	方差分析						
19	差异源	SS	df	MS	F	P-value	F crit
20	组间	0.183534	3	0.061178	12.62683	2.11E-05	2.946685
21	组内	0.135663	28	0.004845			
22							
23	总计	0.319197	31				

图 11.48　A 因素各水平观测值单因素方差分析结果

②F 检验所需数据。从图 11.48 的"方差分析"表中可得，A 因素间（组间）平方和 $SS_A = 0.183534$、自由度 $df_A = 3$。图 11.48 的"方差分析"表中的组内平方和包括 SS_B、SS_C、SS_D、SS_{e1}、SS_{e2}、SS_e，组内自由度包括 df_B、df_C、df_D、df_{e1}、df_{e2}、df_e。总计平方和 $SS_T = 0.319197$、自由度 $df_T = 31$。

参照上述方法步骤可以计算出其余各因素和空列的平方和 SS_B、SS_C、SS_{e1}、SS_{e2} 及自由度 df_B、df_C、df_{e1}、df_{e2}。

$$SS_B = 0.035584; SS_C = 0.002384; SS_{e1} = 0.003684; SS_{e2} = 0.023359。$$

$$df_B = df_C = df_{e1} = df_{e2} = 3。$$

2. 计算单位组变异和误差变异的平方和 SS_D、SS_e 及自由度 df_D、df_e

需要按无重复观测值双因素资料模式整理处理组和单位组的观测值，输入 Excel，进行 Excel 无重复双因素方差分析。

（1）操作步骤。

①按无重复双因素资料模式整理各处理组和单位组的观测值，输入 Excel，见图 11.49。

②选择【数据——数据分析——方差分析：无重复双因素分析】，进入无重复双因素方差分析对话框，见图 11.49。在"输入区域"选择"A2:C18"，在"标志"前的方框中打钩；α为 F 检验的显著水平，默认为 0.05。"输出区域"选择"A20"。

③点击【确定】，输出结果见图 11.50。

	A	B	C	D	E	F	G	H	I
1	**处理和单位组的观测值**								
2	组别	单位组1	单位组2						
3	处理1	1.12	1.23						
4	处理2	1.21	1.28						
5	处理3	1.23	1.36						
6	处理4	1.25	1.32						
7	处理5	1.32	1.41						
8	处理6	1.42	1.49						
9	处理7	1.36	1.43						
10	处理8	1.29	1.39						
11	处理9	1.32	1.37						
12	处理10	1.36	1.42						
13	处理11	1.4	1.51						
14	处理12	1.39	1.52						
15	处理13	1.13	1.24						
16	处理14	1.25	1.36						
17	处理15	1.18	1.3						
18	处理16	1.25	1.28						

（对话框）方差分析：无重复双因素分析
输入
输入区域(I)：$A$2:$C$18
☑标志(L)
α(A)：0.05
输出选项
◉输出区域(O)：$A$20
○新工作表组(P)：
○新工作簿(W)：
确定 取消 帮助(H)

图 11.49　处理组与单位组观测值及无重复双因素方差分析对话框

	A	B	C	D	E	F	G
44	方差分析						
45	差异源	SS	df	MS	F	P-value	F crit
46	行	0.248547	15	0.01657	36.83881	4.17E-09	2.403447
47	列	0.063903	1	0.063903	142.0727	4.74E-09	4.543077
48	误差	0.006747	15	0.00045			
49							
50	总计	0.319197	31				

图11.50　处理组与单位组观测值无重复双因素方差分析结果（部分）

（2）输出结果的应用。

①基本统计数。从处理组与单位组观测值无重复双因素方差分析结果的"SUMMARY"表中可得，各处理组和各单位组的平均数和方差。

②F检验所需数据。从图 11.50 的"方差分析"表中可得，单位组（列）平方和 $SS_D = 0.063903$、自由度 $df_D = 1$。误差（组内）平方和 $SS_e = 0.006747$、自由度 $df_e = 15$。图 11.50 的"方差分析"表中的行平方和包括 SS_A、SS_B、SS_C、SS_{e1} 和 SS_{e2}，行自由度包括 df_A、df_B、df_C、df_{e1} 和 df_{e2}。总计平方和 $SS_T = 0.319197$、自由度 $df_T = 31$，与图 11.48 的相等。

通过上述运算，即可以列出有重复观测值肉鸡氨基酸添加正交设计随机单位组试验结果的方差分析表（表 7.42），进行 F 检验，若 F 检验差异显著或极显著的因素，需进行多重比较。

三、运用 Excel 软件分析有交互效应的正交试验资料

运用 Excel 软件分析对考察交互效应的正交试验结果进行统计分析，需要将交互效应作为一个因素对待，从安排交互效应的列的各水平计算交互效应的平方和及自由度。如果进行无重复试验，则需要通过空列估计误差。如果进行有重复正交设计的完全随机试验或随机单位组试验，则可以根据重复观测值估计误差，而通过空列计算模型误差。下面以有交互效应正交设计随机单位组试验资料为例介绍 Excel 软件分析有交互效应的正交试验资料的方法步骤。

【例 11.12】　运用 Excel 软件计算【例 7.7】表 7.46 试验资料的各项平方和及自由度。

表 7.46 资料需要计算平方和 SS_A、SS_B、SS_C、SS_D、$SS_{A×B}$、$SS_{A×C}$、$SS_{A×D}$、SS_R 和 SS_e，自由度 df_A、df_B、df_C、df_D、$df_{A×B}$、$df_{A×C}$、$df_{A×D}$、df_R 和 df_e。

1. 各因素的平方和、自由度的计算

方法步骤与 Excel 软件分析单个观测值正交试验结果相同，需要按单因素资料模式整理各因素的观测值，输入 Excel，进行 Excel 单因素方差分析。这里以 Excel 单因素方差分析计算 A 因素的平方和 SS_A 及自由度 df_A 为例介绍各因素平方和、自由度的计算。

（1）操作步骤。

①按单因素资料模式整理 A 因素各水平的观测值，并输入 Excel，见图 11.51。

②选择【数据——数据分析——单因素方差分析】，进入单因素方差分析对话框，见图 11.51。在"输入区域"选择"A2:I3"，在"分组方式"选择"行"，在"标志位于第一列"前的方框中打钩；$α$ 为 F 检验的显著水平，默认为 0.05。"输出区域"选择"A5"。

③点击【确定】，输出结果见图 11.52。

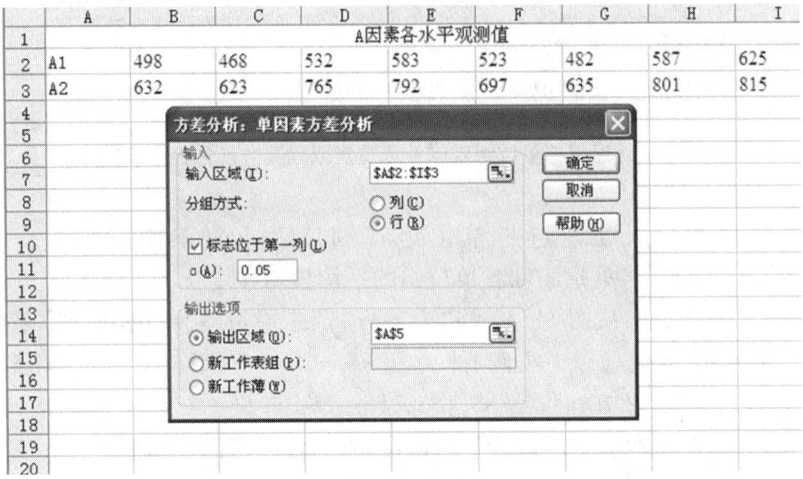

图 11.51　A 因素各水平观测值及单因素方差分析对话框

图 11.52　A 因素各水平观测值单因素方差分析结果

(2)输出结果的应用。

①基本统计数。从图 11.52 的“SUMMARY”表中可得,A 因素两个水平的平均数和方差。

②F 检验所需数据。从图 11.52 的“方差分析”表中可得,A 因素间(组间)平方和 $SS_A=133590.25$、自由度 $df_A=1$。图 11.52 的“方差分析”表中的组内平方和包括 SS_B、SS_C、SS_D、$SS_{A\times B}$、$SS_{A\times C}$、$SS_{A\times D}$、SS_R 和 SS_e,组内自由度包括 df_B、df_C、df_D、$df_{A\times B}$、$df_{A\times C}$、$df_{A\times D}$、df_R 和 df_e。总计平方和 $SS_T=203179.75$、自由度 $df_T=15$。

参照上述方法步骤可以计算出其余各因素的平方和 SS_B、SS_C、SS_D 及自由度 df_B、df_C、df_D。

$SS_B=55460.25$;$SS_C=9.0$;$SS_D=4624.0$;$df_B=df_C=df_D=1$。

2. 各交互效应的平方和、自由度的计算

方法步骤与 Excel 软件计算各因素的平方和、自由度相同,同样需要按单因素资料模式整理各交互效应的观测值,输入 Excel,进行 Excel 单因素方差分析。这里以 Excel 单因素方差分析计算 $A\times B$ 交互效应的平方和 $SS_{A\times B}$ 及自由度 $df_{A\times B}$ 为例介绍交互效应平方和、自由度的计算。

①按单因素资料模式整理 $A\times B$ 交互效应各水平的观测值,并输入 Excel,见图 11.53。

②选择【数据——数据分析——单因素方差分析】,进入单因素方差分析对话框,见图 11.53。在“输入区域”选择“A2:I3”,在“分组方式”选择“行”,在“标志位于第一列”前的方框中打钩;α 为 F 检验的显著水平,默认为 0.05。“输出区域”选择“A5”。

③点击【确定】,输出结果见图 11.54。

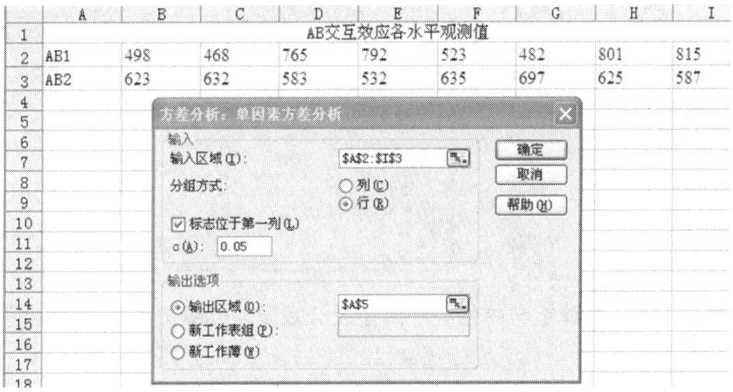

图 11.53 $A\times B$ 交互效应各水平观测值及单因素方差分析对话框

	A	B	C	D	E	F	G
5	方差分析：单因素方差分析						
6							
7	SUMMARY						
8	组	观测数	求和	平均	方差		
9	AB1	8	5144	643	26229.14		
10	AB2	8	4914	614.25	2324.214		
11							
12							
13	方差分析						
14	差异源	SS	df	MS	F	P-value	F crit
15	组间	3306.25	1	3306.25	0.231584	0.637786	4.6001
16	组内	199873.5	14	14276.68			
17							
18	总计	203179.75	15				

图 11.54 $A\times B$ 交互效应各水平观测值单因素方差分析结果

（2）输出结果的应用

①基本统计数。从图 11.54 的"SUMMARY"表中可得，$A \times B$ 交互效应两个水平的平均数和方差。

②F 检验所需数据。从图 11.54 的"方差分析"表中可得，$A \times B$ 交互效应（组间）平方和 $SS_{A \times B} = 3306.25$、自由度 $df_{A \times B} = 1$。图 11.54 的"方差分析"表中的组内平方和包括 SS_A、SS_B、SS_C、SS_D、$SS_{A \times C}$、$SS_{A \times D}$、SS_R 和 SS_e，组内自由度包括 df_A、df_B、df_C、df_D、$df_{A \times C}$、$df_{A \times D}$、df_R 和 df_e。总计平方和 $SS_T = 203179.75$、自由度 $df_T = 15$，与图 11.52 的相等。

参照上述方法步骤可以计算出其余两个交互效应的平方和 $SS_{A \times C}$、$SS_{A \times D}$ 及自由度 $df_{A \times C}$、$df_{A \times D}$。

$$SS_{A \times C} = 144.0; SS_{A \times D} = 144.0; df_{A \times C} = df_{A \times D} = 1.$$

3. 计算单位组变异和误差变异的平方和 SS_R、SS_e 及自由度 df_R、df_e

需要按无重复观测值双因素资料模式整理处理组和单位组的观测值，输入 Excel，进行 Excel 无重复双因素方差分析。

（1）操作步骤。

①按无重复双因素资料模式整理各处理组和单位组的观测值，输入 Excel，见图 11.55。

②选择【数据——数据分析——方差分析：无重复双因素分析】，进入无重复双因素方差分析对话框，见图 11.55。在"输入区域"选择"A3：C11"，在"标志"前的方框中打钩；α 为 F 检验的显著水平，默认为 0.05。"输出区域"选择"A13"。

③点击【确定】，输出结果见图 11.56。

图 11.55　处理组与单位组观测值及无重复双因素方差分析对话框

图 11.56　处理组与单位组观测值无重复双因素方差分析结果（部分）

	A	B	C	D	E	F	G
29	方差分析						
30	差异源	SS	df	MS	F	P-value	F crit
31	行	197277.75	7	28182.54	154.3644	3.93E-07	3.787044
32	列	4624	1	4624	25.32707	0.001509	5.591448
33	误差	1278	7	182.5714			
34							
35	总计	203179.75	15				

（2）输出结果的应用。

①基本统计数。从处理组与单位组观测值无重复双因素方差分析结果的"SUMMARY"表中可得，各处理组和各单位组的平均数和方差。

②F 检验所需数据。从图 11.56 的"方差分析"表中可得，单位组（列）平方和 $SS_R = 4624$、自由度 $df_R = 1$。误差（组内）平方和 $SS_e = 1278$、自由度 $df_e = 7$。图 11.56 的"方差分析"表中的行平方和包括 SS_A、SS_B、SS_C、SS_D、$SS_{A \times B}$、$SS_{A \times C}$ 和 $SS_{A \times D}$，自由度包括 df_A、df_B、df_C、df_D、

$df_{A\times B}$、$df_{A\times C}$和$df_{A\times D}$。总计平方和$SS_T = 203179.75$、自由度$df_T = 15$，与图11.52、图11.54的相等。

通过上述运算，即可以列出有交互效应牧草种植正交设计随机单位组试验结果的方差分析表(表7.47)，进行F检验。本例各因素只有两个水平，差异显著与极显著的因素也不用进行多重比较。如果各因素有三个及三个以上的水平，则F检验差异显著或极显著的因素，需进行多重比较。

第五节 运用 Excel 软件分析均匀试验资料

对于均匀试验资料，一般需要进行线性回归分析，非线性回归分析和多项式回归分析。

一、均匀试验资料的线性回归分析

对于线性回归分析，将各因素分别为自变量x，有几个因素就有几个自变量，以试验结果为因变量y，进行 Excel 回归分析，剔除不显著的因素，建立多元线性回归方程。

二、均匀试验资料的非线性和多项式回归分析

对于非线性回归分析，需要将全部或部分因素(自变量x)或和试验结果(因变量y)进行数据转换，数据转换的方法见一般的生物统计学教材，用转换后的数据进行 Excel 回归分析，剔除不显著的因素，建立转换后数据的多元线性回归方程，再将方程还原为因变量y依自变量x的非线性回归方程。

对于多项式回归分析，需要计算全部或部分因素(自变量x)的二次方或高次方，再将自变量x及其二次方或高次方作为自变量，以试验结果为因变量y，进行 Excel 回归分析，剔除不显著的因素，建立多项式回归方程。

这里以线性回归分析均匀试验资料为例，介绍 Excel 软件进行均匀试验资料分析。

【例11.13】 运用 Excel 分析【例8.2】的均匀试验资料。

(1)操作步骤。

①数据输入 Excel，见图11.57。

②选择【数据——数据分析——回归】，进入回归分析对话框，见图11.57。在"Y值输入区域(Y)"选择"C2:C11"，在"X值输入区域(X)"选择"A2:B11"，在"标志"前的方框中打钩；"输出区域"选择"A13"。

③点击【确定】，输出结果见图11.58。

(2)输出结果的应用。

①回归统计结果。从图11.58可得，生产啤酒过程中，吸氨量与底水、吸氨时间的复相关系数为0.9997，复相关指数为0.9994，调整相关指数为0.9992，回归方程估计标准误为0.002959，观测值有9对。

图 11.57　Excel 回归分析数据及分析对话框

	A	B	C	D	E	F	G
13	SUMMARY OUTPUT						
14							
15	回归统计						
16	Multiple	0.999715595					
17	R Square	0.999431271					
18	Adjusted	0.999241695					
19	标准误差	0.029587512					
20	观测值	9					
21							
22	方差分析						
23		df	SS	MS	F	Significance F	
24	回归分析	2	9.23030303	4.615152	5271.923	1.83957E-10	
25	残差	6	0.00525253	0.000875			
26	总计	8	9.23555556				
27							
28		Coefficients	标准误差	t Stat	P-value	下限 95.0%	上限 95.0%
29	Intercept	96.57070707	1.05842414	91.24008	1.17E-10	93.98083651	99.16058
30	底水X1	-0.6969697	0.00767795	-90.7755	1.2E-10	-0.715756961	-0.67818
31	吸氨时间	0.021818182	0.0003839	56.83336	1.99E-09	0.020878819	0.022758

图 11.58　Excel 回归分析结果

②方差分析结果。从图 11.58 的"方差分析"表中可得，回归方程 F 检验的 F 值为 5271.9，$P = 1.84 \times 10^{-10}$，$P < 0.01$，差异极显著。说明回归方程极显著，即吸氨量与底水、吸氨时间之间存在极显著的线性回归关系。

③回归参数。回归截距（Intercept）$a = 96.5707$，回归系数 $b_1 = -0.6970$，$b_2 = 0.0218$。回归截距、回归系数 b_1、b_2 的 t 检验 P 值分别为 1.17×10^{-10}、1.20×10^{-10}、1.99×10^{-9}，均小于 0.01，差异极显著。由此，得到吸氨量与底水、吸氨时间的线性回归方程为 $\hat{y} = 96.5707 - 0.6970x_1 + 0.0218x_2$。这个方程与第八章用计算公式计算出的回归方程的微小差异，是由于计算误差引起的。

【本章小结】

通过 Excel 软件进行调查资料和试验资料的统计分析,不仅可以极大地减少工作量,提高统计分析工作的效率,而且还能提高统计分析的精确性。采用完全随机设计、随机单位组设计、拉丁方设计、交叉设计、正交设计和均匀设计等不同试验设计方法进行试验,其数据的统计分析方法有差异。对于独立性 χ^2 检验资料,Excel 的"CHITEST"函数只能直接计算自由度 $df \geq 2$ 的 χ^2 检验的概率值 P。对于方差分析资料,Excel 软件能够直接分析单因素完全随机设计、单因素随机单位组设计和两因素完全随机设计的试验资料。对于其他试验设计的试验资料,如果需要采用 Excel 软件进行运算以减少运算工作量和提高运算的精确性,则需要将数据资料模式作不同的变换,以达到 Excel 软件对资料的要求。

【思考与练习题】

将前面各章的数据资料采用 Excel 软件进行统计分析。

附　表

附表1　随机数字表(部分)

56	56	75	29	05	86	26	73	31	02	49	34	59	97	21
43	52	59	42	77	55	72	28	83	64	86	25	91	54	69
43	20	43	95	72	07	41	77	46	43	90	39	79	37	90
25	57	85	23	05	38	17	78	19	12	90	55	87	70	84
45	25	52	90	94	72	81	17	82	21	69	84	07	40	17
44	05	17	63	61	11	99	75	35	71	03	16	02	50	51
40	41	69	03	72	70	46	04	93	17	19	26	95	45	79
53	86	28	36	08	73	18	16	78	91	11	58	88	92	99
28	23	48	33	58	90	90	71	01	04	90	78	15	16	87
92	73	19	42	07	28	95	64	67	58	08	71	68	40	21
47	64	55	36	83	29	14	63	23	39	57	58	63	00	28
78	16	08	28	75	84	16	69	29	22	26	30	87	01	67
74	90	75	35	98	45	98	85	73	21	92	68	30	27	67
85	23	20	33	25	47	14	41	79	72	18	30	07	87	17
80	81	19	27	14	32	67	42	58	60	17	34	07	77	55
81	98	48	71	82	69	21	71	19	73	66	22	28	77	32
28	31	08	47	97	92	76	79	07	12	31	74	73	74	26
74	77	16	10	12	78	28	58	05	30	12	99	80	92	64
02	77	42	29	30	17	82	80	75	33	55	95	81	43	06
06	25	57	67	45	45	66	30	86	31	22	82	57	64	16
62	37	68	12	44	95	39	13	03	92	85	21	30	43	64
43	39	28	13	44	58	48	12	00	11	24	56	30	02	31
01	99	45	29	52	10	92	55	23	51	00	19	63	97	73
16	91	56	90	22	71	23	60	68	99	24	79	68	84	35
29	04	23	57	37	67	68	14	51	75	43	18	00	23	30
48	62	67	69	75	08	32	13	96	43	43	21	90	40	66
67	46	18	09	48	63	80	31	76	53	04	64	58	64	11
95	09	56	84	70	25	61	42	35	21	80	40	60	80	41
35	92	74	27	98	68	96	23	14	92	51	29	65	24	49
77	52	35	20	33	38	47	36	04	38	61	58	36	52	73

附表 2　常用正交表

附表 2.1　$L_{12}(2^{11})$

试验号	列号										
	1	2	3	4	5	6	7	8	9	10	11
1	1	1	1	1	1	1	1	1	1	1	1
2	1	1	1	1	1	2	2	2	2	2	2
3	1	1	2	2	2	1	1	1	2	2	2
4	1	2	1	2	2	1	2	2	1	1	2
5	1	2	2	1	2	2	1	2	1	2	1
6	1	2	2	2	1	2	2	1	2	1	1
7	2	1	2	2	1	1	2	2	1	2	1
8	2	1	2	1	2	2	2	1	1	1	2
9	2	1	1	2	2	2	1	2	2	1	1
10	2	2	2	1	1	1	1	2	2	1	2
11	2	2	1	2	1	2	1	1	1	2	2
12	2	2	1	1	2	1	2	1	2	2	1

附表 2.2　$L_{16}(2^{15})$

试验号	列号														
	1	2	3	4	5	6	7	8	9	10	11	12	13	14	15
1	1	1	1	1	1	1	1	1	1	1	1	1	1	1	1
2	1	1	1	1	1	1	1	2	2	2	2	2	2	2	2
3	1	1	1	2	2	2	2	1	1	1	1	2	2	2	2
4	1	1	1	2	2	2	2	2	2	2	2	1	1	1	1
5	1	2	2	1	1	2	2	1	1	2	2	1	1	2	2
6	1	2	2	1	1	2	2	2	2	1	1	2	2	1	1
7	1	2	2	2	2	1	1	1	1	2	2	2	2	1	1
8	1	2	2	2	2	1	1	2	2	1	1	1	1	2	2
9	2	1	2	1	2	1	2	1	2	1	2	1	2	1	2
10	2	1	2	1	2	1	2	2	1	2	1	2	1	2	1
11	2	1	2	2	1	2	1	1	2	1	2	2	1	2	1
12	2	1	2	2	1	2	1	2	1	2	1	1	2	1	2
13	2	2	1	1	2	2	1	1	2	2	1	1	2	2	1
14	2	2	1	1	2	2	1	2	1	1	2	2	1	1	2
15	2	2	1	2	1	1	2	1	2	2	1	2	1	1	2
16	2	2	1	2	1	1	2	2	1	1	2	1	2	2	1

附表 2.3　$L_8(2^7)$

试验号	1	2	3	4	5	6	7
1	1	1	1	1	1	1	1
2	1	1	1	2	2	2	2
3	1	2	2	1	1	2	2
4	1	2	2	2	2	1	1
5	2	1	2	1	2	1	2
6	2	1	2	2	1	2	1
7	2	2	1	1	2	2	1
8	2	2	1	2	1	1	2

附表 2.4　$L_9(3^4)$

试验号	1	2	3	4
1	1	1	1	1
2	1	2	2	2
3	1	3	3	3
4	2	1	2	3
5	2	2	3	1
6	2	3	1	2
7	3	1	3	2
8	3	2	1	3
9	3	3	2	1

附表 2.5　$L_{16}(4^5)$

试验号	列号				
	1	2	3	4	5
1	1	1	1	1	1
2	1	2	2	2	2
3	1	3	3	3	3
4	1	4	4	4	4
5	2	1	2	3	4
6	2	2	1	4	3
7	2	3	4	1	2
8	2	4	3	2	1

续表

试验号	列号				
	1	2	3	4	5
9	3	1	3	4	2
10	3	2	4	3	1
11	3	3	1	2	4
12	3	4	2	1	3
13	4	1	4	2	3
14	4	2	3	1	4
15	4	3	2	4	1
16	4	4	1	3	2

附表 2.6　$L_{18}(2^1 \times 3^7)$

试验号	列号							
	1	2	3	4	5	6	7	8
1	1	1	1	1	1	1	1	1
2	1	1	2	2	2	2	2	2
3	1	1	3	3	3	3	3	3
4	1	2	1	1	2	2	3	3
5	1	2	2	2	3	3	1	1
6	1	2	3	3	1	1	2	2
7	1	3	1	2	1	3	2	3
8	1	3	2	3	2	1	3	1
9	1	3	3	1	3	2	1	2
10	2	1	1	3	3	2	2	1
11	2	1	2	1	1	3	3	2
12	2	1	3	2	2	1	1	3
13	2	2	1	2	3	1	3	2
14	2	2	2	3	1	2	1	3
15	2	2	3	1	2	3	2	1
16	2	3	1	3	2	3	1	2
17	2	3	2	1	3	1	2	3
18	2	3	3	2	1	2	3	1

附表 2.7　$L_{25}(5^6)$

试验号	列号					
	1	2	3	4	5	6
1	1	1	1	1	1	1
2	1	2	2	2	2	2
3	1	3	3	3	3	3
4	1	4	4	4	4	4
5	1	5	5	5	5	5
6	2	1	2	3	4	5
7	2	2	3	4	5	1
8	2	3	4	5	1	2
9	2	4	5	1	2	3
10	2	5	1	2	3	4
11	3	1	3	5	2	4
12	3	2	4	1	3	5
13	3	3	5	2	4	1
14	3	4	1	3	5	2
15	3	5	2	4	1	3
16	4	1	4	2	5	3
17	4	2	5	3	1	4
18	4	3	1	4	2	5
19	4	4	2	5	3	1
20	4	5	3	1	4	2
21	5	1	5	4	3	2
22	5	2	1	5	4	3
23	5	3	2	1	5	4
24	5	4	3	2	1	5
25	5	5	4	3	2	1

附表 2.8　$L_{27}(3^{13})$

试验号	列号												
	1	2	3	4	5	6	7	8	9	10	11	12	13
1	1	1	1	1	1	1	1	1	1	1	1	1	1
2	1	1	1	1	2	2	2	2	2	2	2	2	2
3	1	1	1	1	3	3	3	3	3	3	3	3	3
4	1	2	2	2	1	1	1	2	2	2	3	3	3
5	1	2	2	2	2	2	2	3	3	3	1	1	1
6	1	2	2	2	3	3	3	1	1	1	2	2	2
7	1	3	3	3	1	1	1	3	3	3	2	2	2
8	1	3	3	3	2	2	2	1	1	1	3	3	3
9	1	3	3	3	3	3	3	2	2	2	1	1	1
10	2	1	2	3	1	2	3	1	2	3	1	2	3
11	2	1	2	3	2	3	1	2	3	1	2	3	1
12	2	1	2	3	3	1	2	3	1	2	3	1	2
13	2	2	3	1	1	2	3	2	3	1	3	1	2
14	2	2	3	1	2	3	1	3	1	2	1	2	3
15	2	2	3	1	3	1	2	1	2	3	2	3	1
16	2	3	1	2	1	2	3	3	1	2	2	3	1
17	2	3	1	2	2	3	1	1	2	3	3	1	2
18	2	3	1	2	3	1	2	2	3	1	1	2	3
19	3	1	3	2	1	3	2	1	3	2	1	3	2
20	3	1	3	2	2	1	3	2	1	3	2	1	3
21	3	1	3	2	3	2	1	3	2	1	3	2	1
22	3	2	1	3	1	3	2	2	1	3	3	2	1
23	3	2	1	3	2	1	3	3	2	1	1	3	2
24	3	2	1	3	3	2	1	1	3	2	2	1	3
25	3	3	2	1	1	3	2	3	2	1	2	1	3
26	3	3	2	1	2	1	3	1	3	2	3	2	1
27	3	3	2	1	3	2	1	2	1	3	1	3	2

附表 2.9　$L_{32}(2^{31})$（下接续表）

试验号	列号														
	1	2	3	4	5	6	7	8	9	10	11	12	13	14	15
1	1	1	1	1	1	1	1	1	1	1	1	1	1	1	1
2	1	1	1	1	1	1	1	1	1	1	1	1	1	1	1
3	1	1	1	1	1	1	1	2	2	2	2	2	2	2	2
4	1	1	1	1	1	1	1	2	2	2	2	2	2	2	2
5	1	1	1	2	2	2	2	1	1	1	1	2	2	2	2
6	1	1	1	2	2	2	2	1	1	1	1	2	2	2	2
7	1	1	1	2	2	2	2	2	2	2	2	1	1	1	1
8	1	1	1	2	2	2	2	2	2	2	2	1	1	1	1
9	1	2	2	1	1	2	2	1	1	2	2	1	1	2	2
10	1	2	2	1	1	2	2	1	1	2	2	1	1	2	2
11	1	2	2	1	1	2	2	2	2	1	1	2	2	1	1
12	1	2	2	1	1	2	2	2	2	1	1	2	2	1	1
13	1	2	2	2	2	1	1	1	1	2	2	2	2	1	1
14	1	2	2	2	2	1	1	1	1	2	2	2	2	1	1
15	1	2	2	2	2	1	1	2	2	1	1	1	1	2	2
16	1	2	2	2	2	1	1	2	2	1	1	1	1	2	2
17	2	1	2	1	2	1	2	1	2	1	2	1	2	1	2
18	2	1	2	1	2	1	2	1	2	1	2	1	2	1	2
19	2	1	2	1	2	1	2	2	1	2	1	2	1	2	1
20	2	1	2	1	2	1	2	2	1	2	1	2	1	2	1
21	2	1	2	2	1	2	1	1	2	1	2	2	1	2	1
22	2	1	2	2	1	2	1	1	2	1	2	2	1	2	1
23	2	1	2	2	1	2	1	2	1	2	1	1	2	1	2
24	2	1	2	2	1	2	1	2	1	2	1	1	2	1	2
25	2	2	1	1	2	2	1	1	2	2	1	1	2	2	1
26	2	2	1	1	2	2	1	1	2	2	1	1	2	2	1
27	2	2	1	1	2	2	1	2	1	1	2	2	1	1	2
28	2	2	1	1	2	2	1	2	1	1	2	2	1	1	2
29	2	2	1	2	1	1	2	1	2	2	1	2	1	1	2
30	2	2	1	2	1	1	2	1	2	2	1	2	1	1	2
31	2	2	1	2	1	1	2	2	1	1	2	1	2	2	1
32	2	2	1	2	1	1	2	2	1	1	2	1	2	2	1

附表 2.9　$L_{32}(2^{31})$（续表）

试验号	16	17	18	19	20	21	22	23	24	25	26	27	28	29	30	31
1	1	1	1	1	1	1	1	1	1	1	1	1	1	1	1	1
2	2	2	2	2	2	2	2	2	2	2	2	2	2	2	2	2
3	1	1	1	1	1	1	1	1	2	2	2	2	2	2	2	2
4	2	2	2	2	2	2	2	2	1	1	1	1	1	1	1	1
5	1	1	1	1	2	2	2	2	1	1	1	1	2	2	2	2
6	2	2	2	2	1	1	1	1	2	2	2	2	1	1	1	1
7	1	1	1	1	2	2	2	2	2	2	2	2	1	1	1	1
8	2	2	2	2	1	1	1	1	1	1	1	1	2	2	2	2
9	1	1	2	2	1	1	2	2	1	1	2	2	1	1	2	2
10	2	2	1	1	2	2	1	1	2	2	1	1	2	2	1	1
11	1	1	2	2	1	1	2	2	2	2	1	1	2	2	1	1
12	2	2	1	1	2	2	1	1	1	1	2	2	1	1	2	2
13	1	1	2	2	2	2	1	1	1	1	2	2	2	2	1	1
14	2	2	1	1	1	1	2	2	2	2	1	1	1	1	2	2
15	1	1	2	2	2	2	1	1	2	2	1	1	1	1	2	2
16	2	2	1	1	1	1	2	2	1	1	2	2	2	2	1	1
17	1	2	1	2	1	2	1	2	1	2	1	2	1	2	1	2
18	2	1	2	1	2	1	2	1	2	1	2	1	2	1	2	1
19	1	2	1	2	1	2	1	2	2	1	2	1	2	1	2	1
20	2	1	2	1	2	1	2	1	1	2	1	2	1	2	1	2
21	1	2	1	2	2	1	2	1	1	2	1	2	2	1	2	1
22	2	1	2	1	1	2	1	2	2	1	2	1	1	2	1	2
23	1	2	1	2	2	1	2	1	2	1	2	1	1	2	1	2
24	2	1	2	1	1	2	1	2	1	2	1	2	2	1	2	1
25	1	2	2	1	1	2	2	1	1	2	2	1	1	2	2	1
26	2	1	1	2	2	1	1	2	2	1	1	2	2	1	1	2
27	1	2	2	1	1	2	2	1	2	1	1	2	2	1	1	2
28	2	1	1	2	2	1	1	2	1	2	2	1	1	2	2	1
29	1	2	2	1	2	1	1	2	1	2	2	1	2	1	1	2
30	2	1	1	2	1	2	2	1	2	1	1	2	1	2	2	1
31	1	2	2	1	2	1	1	2	2	1	1	2	1	2	2	1
32	2	1	1	2	1	2	2	1	1	2	2	1	2	1	1	2

附表 2.10　$L_{32}(2^1 \times 4^9)$

试验号	列号									
	1	2	3	4	5	6	7	8	9	10
1	1	1	1	1	1	1	1	1	1	1
2	1	1	2	2	2	2	2	2	2	2
3	1	1	3	3	3	3	3	3	3	3
4	1	1	4	4	4	4	4	4	4	4
5	1	2	1	1	2	2	3	3	4	4
6	1	2	2	2	1	1	4	4	3	3
7	1	2	3	3	4	4	1	1	2	2
8	1	2	4	4	3	3	2	2	1	1
9	1	3	1	2	3	4	1	2	3	4
10	1	3	2	1	4	3	2	1	4	3
11	1	3	3	4	1	2	3	4	1	2
12	1	3	4	3	2	1	4	3	2	1
13	1	4	1	2	4	3	3	4	2	1
14	1	4	2	1	3	4	4	3	1	2
15	1	4	3	4	2	1	1	2	4	3
16	1	4	4	3	1	2	2	1	3	4
17	2	1	1	4	1	4	2	3	2	3
18	2	1	2	3	2	3	1	4	1	4
19	2	1	3	2	3	2	4	1	4	1
20	2	1	4	1	4	1	3	2	3	2
21	2	2	1	4	2	3	4	1	3	2
22	2	2	2	3	1	4	3	2	4	1
23	2	2	3	2	4	1	2	3	1	4
24	2	2	4	1	3	2	1	4	2	3
25	2	3	1	3	3	1	2	4	4	2
26	2	3	2	4	4	2	1	3	3	1
27	2	3	3	1	1	3	4	2	2	4
28	2	3	4	2	2	4	3	1	1	3
29	2	4	1	3	4	2	4	2	1	3
30	2	4	2	4	3	1	3	1	2	4
31	2	4	3	1	2	4	2	4	3	1
32	2	4	4	2	1	3	1	3	4	2

附表 2.11　$L_{36}(2^{11} \times 3^{12})$

试验号	列号																						
	1	2	3	4	5	6	7	8	9	10	11	12	13	14	15	16	17	18	19	20	21	22	23
1	1	1	1	1	1	1	1	1	1	1	1	1	1	1	1	1	1	1	1	1	1	1	1
2	1	1	1	1	1	1	1	1	1	1	1	2	2	2	2	2	2	2	2	2	2	2	2
3	1	1	1	1	1	1	1	1	1	1	1	3	3	3	3	3	3	3	3	3	3	3	3
4	1	1	1	1	1	2	2	2	2	2	2	1	1	1	1	2	2	2	3	3	3	3	3
5	1	1	1	1	1	2	2	2	2	2	2	2	2	2	3	3	3	3	1	1	1	1	1
6	1	1	1	1	1	2	2	2	2	2	2	3	3	3	1	1	1	1	2	2	2	2	2
7	1	1	2	2	2	1	1	1	2	2	2	1	1	2	3	1	2	3	3	1	2	2	3
8	1	1	2	2	2	1	1	1	2	2	2	2	2	3	1	2	3	1	1	2	3	3	1
9	1	1	2	2	2	1	1	1	2	2	2	3	3	1	2	3	1	2	2	3	1	1	2
10	1	2	1	2	2	1	2	2	1	1	2	1	1	3	2	1	3	2	3	2	1	3	2
11	1	2	1	2	2	1	2	2	1	1	2	2	2	1	3	2	1	3	1	3	2	1	3
12	1	2	1	2	2	1	2	2	1	1	2	3	3	2	1	3	2	1	2	1	3	2	1
13	1	2	2	1	2	2	1	2	1	2	1	1	2	3	1	3	2	1	3	3	2	1	2
14	1	2	2	1	2	2	1	2	1	2	1	2	3	1	2	1	3	2	1	1	3	2	3
15	1	2	2	1	2	2	1	2	1	2	1	3	1	2	3	2	1	3	2	2	1	3	1
16	1	2	2	2	1	2	2	1	2	1	1	1	2	3	2	1	1	3	2	3	3	2	1
17	1	2	2	2	1	2	2	1	2	1	1	2	3	1	3	2	2	1	3	1	1	3	2
18	1	2	2	2	1	2	2	1	2	1	1	3	1	2	1	3	3	2	1	2	2	1	3
19	2	1	2	2	1	1	2	2	1	2	1	1	2	3	3	3	1	2	2	1	2	1	3
20	2	1	2	2	1	1	2	2	1	2	1	2	3	1	1	1	2	3	3	2	3	2	1
21	2	1	2	2	1	1	2	2	1	2	1	3	1	2	2	2	3	1	1	3	1	3	2
22	2	1	2	1	2	2	2	1	1	1	2	1	2	2	3	3	1	2	1	1	3	3	2
23	2	1	2	1	2	2	2	1	1	1	2	2	3	3	1	1	2	3	2	2	1	1	3
24	2	1	2	1	2	2	2	1	1	1	2	3	1	1	2	2	3	1	3	3	2	2	1
25	2	1	1	2	2	2	1	2	2	1	1	1	3	2	1	2	3	3	1	3	1	2	2
26	2	1	1	2	2	2	1	2	2	1	1	2	1	3	2	3	1	1	2	1	2	3	3
27	2	1	1	2	2	2	1	2	2	1	1	3	2	1	3	1	2	2	3	2	3	1	1
28	2	2	2	1	1	1	1	2	2	1	2	1	2	1	3	2	2	1	1	3	2	3	3
29	2	2	2	1	1	1	1	2	2	1	2	2	3	2	1	3	3	2	2	1	3	1	1
30	2	2	2	1	1	1	1	2	2	1	2	3	1	3	2	1	1	3	3	2	1	2	2
31	2	2	1	2	1	2	1	1	1	2	2	1	3	3	3	2	3	2	2	1	1	2	1
32	2	2	1	2	1	2	1	1	1	2	2	2	1	1	3	1	3	3	2	3	2	2	2
33	2	2	1	2	1	2	1	1	1	2	2	3	2	2	1	2	1	1	3	1	3	1	3
34	2	2	1	1	2	1	2	1	2	2	1	1	3	2	1	2	3	2	3	1	2	2	3
35	2	2	1	1	2	1	2	1	2	2	1	2	1	3	2	3	1	3	1	2	3	3	1
36	2	2	1	1	2	1	2	1	2	2	1	3	2	3	3	1	2	1	2	3	1	1	2

附表 2.12　$L_{32}(4^9)$

试验号	列号								
	1	2	3	4	5	6	7	8	9
1	1	1	4	4	4	4	2	3	1
2	1	2	3	1	3	2	4	2	4
3	1	3	2	3	1	1	3	4	3
4	1	4	1	2	2	3	1	1	2
5	2	1	3	3	2	4	4	4	2
6	2	2	4	2	1	2	2	1	3
7	2	3	1	4	3	1	1	3	4
8	2	4	2	1	4	3	3	2	1
9	3	1	2	4	1	3	4	1	4
10	3	2	1	1	2	1	2	4	1
11	3	3	4	3	4	2	1	2	2
12	3	4	3	2	3	4	3	3	3
13	4	1	1	3	3	3	2	2	3
14	4	2	2	2	4	1	4	3	2
15	4	3	3	4	2	2	3	1	1
16	4	4	4	1	1	4	1	4	4
17	1	1	4	2	2	1	3	2	4
18	1	2	3	3	1	3	1	3	1
19	1	3	2	1	3	4	2	1	2
20	1	4	1	4	4	2	4	4	3
21	2	1	3	1	4	1	1	1	3
22	2	2	4	4	3	3	3	4	2
23	2	3	1	2	1	4	4	2	1
24	2	4	2	3	2	2	2	3	4
25	3	1	2	2	3	2	1	4	1
26	3	2	1	3	4	4	3	1	4
27	3	3	4	1	2	3	4	3	3
28	3	4	3	4	1	1	2	2	2
29	4	1	1	1	1	2	3	3	2
30	4	2	2	4	2	4	1	2	3
31	4	3	3	2	4	3	2	4	4
32	4	4	4	3	3	1	4	1	1

附表 3   常用均匀设计表

附表 3.1 $U_5(5^3)$ 均匀表

试验号	1	2	3
1	1	2	4
2	2	4	3
3	3	1	2
4	4	3	1
5	5	5	5

附表 3.2 $U_5(5^3)$ 的使用表

因素个数	列号			D
2	1	2		0.3100
3	1	2	3	0.4570

附表 3.3 $U_6(6^4)$ 均匀表

试验号	1	2	3	4
1	1	2	3	6
2	2	4	6	5
3	3	6	2	4
4	4	1	5	3
5	5	3	1	2
6	6	5	4	1

附表 3.4 $U_6(6^4)$ 的使用表

因素个数	列 号				D
2	1	3			0.1875
3	1	2	3		0.2656
4	1	2	3	4	0.2990

附表 3.5 $U_7(7^4)$ 均匀表

试验号	1	2	3	4
1	1	2	3	6
2	2	4	6	5
3	3	6	2	4

续表

试验号	1	2	3	4
4	4	1	5	3
5	5	3	1	2
6	6	5	4	1
7	7	7	7	7

附表 3.6　$U_7(7^4)$ 的使用表

因素个数		列号			D
2	1	3			0.2398
3	1	2	3		0.3721
4	1	2	3	4	0.4760

附表 3.7　$U_7(7^4)$ 均匀表

试验号	1	2	3	4
1	1	3	5	7
2	2	6	2	6
3	3	1	7	5
4	4	4	4	4
5	5	7	1	3
6	6	2	6	2
7	7	5	3	1

附表 3.8　$U_7(7^4)$ 的使用表

因素个数		列号		D
2	1	3		0.1582
3	2	3	4	0.2132

附表 3.9　$U_8(8^5)$ 均匀表

试验号	1	2	3	4	5
1	1	2	4	7	8
2	2	4	8	5	7
3	3	6	3	3	6
4	4	8	7	1	5

续表

试验号	1	2	3	4	5
5	5	1	2	8	4
6	6	3	6	6	3
7	7	5	1	4	2
8	8	7	5	2	1

附表 3.10　$U_8(8^5)$ 的使用表

因素个数		列号			D
2	1	3			0.1445
3	1	3	4		0.2000
4	1	2	3	5	0.2709

附表 3.11　$U_9(9^5)$ 均匀表

试验号	1	2	3	4	5
1	1	2	4	7	8
2	2	4	8	5	7
3	3	6	3	3	6
4	4	8	7	1	5
5	5	1	2	8	4
6	6	3	6	6	3
7	7	5	1	4	2
8	8	7	5	2	1
9	9	9	9	9	9

附表 3.12　$U_9(9^5)$ 的使用表

因素个数		列号			D
2	1	3			0.1944
3	1	3	4		0.3102
4	1	2	3	5	0.4066

附表 3.13　$U_9(9^4)$ 均匀表

试验号	1	2	3	4
1	1	3	7	9
2	2	6	4	8
3	3	9	1	7
4	4	2	8	6
5	5	5	5	5
6	6	8	2	4
7	7	1	9	3
8	8	4	6	2
9	9	7	3	1

附表 3.14　$U_9(9^4)$ 的使用表

因素个数	列号			D
2	1	2		0.1574
3	2	3	4	0.1980

附表 3.15　$U_{10}(10^6)$ 均匀表

试验号	1	2	3	4	5	6
1	1	2	3	5	7	10
2	2	4	6	10	3	9
3	3	6	9	4	10	8
4	4	8	1	9	6	7
5	5	10	4	3	2	6
6	6	1	7	8	9	5
7	7	3	10	2	5	4
8	8	5	2	7	1	3
9	9	7	5	1	8	2
10	10	9	8	6	4	1

附表 3.16　$U_{10}(10^6)$ 的使用表

因素个数			列号				D
2	1	5					0.1632
3	1	4	5				0.2649
4	1	3	4	5			0.3528
5	1	2	3	4	5		0.4286
6	1	2	3	4	5	6	0.4942

附表 3.17　$U_{10}(10^8)$ 均匀表

试验号	1	2	3	4	5	6	7	8
1	1	2	3	4	5	7	9	10
2	2	4	6	8	10	3	7	9
3	3	6	9	1	4	10	5	8
4	4	8	1	5	9	6	3	7
5	5	10	4	9	3	2	1	6
6	6	1	7	2	8	9	10	5
7	7	3	10	6	2	5	8	4
8	8	5	2	10	7	1	6	3
9	9	7	5	3	1	8	4	2
10	10	9	8	7	6	4	2	1

附表 3.18　$U_{10}(10^8)$ 的使用表

因素个数			列号				D
2	1	6					0.1125
3	1	5	6				0.1681
4	1	3	4	5			0.2236
5	1	3	4	5	7		0.2414
6	1	2	3	5	6	8	0.2994

附表 3.19　$U_{11}(11^4)$ 均匀表

试验号	1	2	3	4
1	1	5	7	11
2	2	10	2	10
3	3	3	9	9

续表

试验号	1	2	3	4
4	4	8	4	8
5	5	1	11	7
6	6	6	6	6
7	7	11	1	5
8	8	4	8	4
9	9	9	3	3
10	10	2	10	2
11	11	7	5	1

附表 3.20　$U_{11}(11^4)$ 的使用表

因素个数	列号			D
2	1	2		0.1136
3	2	3	4	0.2307

附表 3.21　$U_{12}(12^{10})$ 均匀表

试验号	1	2	3	4	5	6	7	8	9	10
1	1	2	3	4	5	6	8	9	10	12
2	2	4	6	8	10	12	3	5	7	11
3	3	6	9	12	2	5	11	1	4	10
4	4	8	12	3	7	11	6	10	1	9
5	5	10	2	7	12	4	1	6	11	8
6	6	12	5	11	4	10	9	2	8	7
7	7	1	8	2	9	3	4	11	5	6
8	8	3	11	6	1	9	12	7	2	5
9	9	5	1	10	6	2	7	3	12	4
10	10	7	4	1	11	8	2	12	9	3
11	11	9	7	5	3	1	10	8	6	2
12	12	11	10	9	8	7	5	4	3	1

附表 3.22　$U_{12}(12^{10})$ 的使用表

因素个数	列号						D
2	1	5					0.1163
3	1	6	9				0.1838
4	1	6	7	9			0.2233
5	1	3	4	8	10		0.2272
6	1	2	6	7	8	9	0.2670
7	1	2	6	7	8	9	10	0.2768

附表 3.23　$U_{13}(13^{8})$ 均匀表

试验号	1	2	3	4	5	6	7	8
1	1	2	5	6	8	9	10	12
2	2	4	10	12	3	5	7	11
3	3	6	2	5	11	1	4	10
4	4	8	7	11	6	10	1	9
5	5	10	12	4	1	6	11	8
6	6	12	4	10	9	2	8	7
7	7	1	9	3	4	11	5	6
8	8	3	1	9	12	7	2	5
9	9	5	6	2	7	3	12	4
10	10	7	11	8	2	12	9	3
11	11	9	3	1	10	8	6	2
12	12	11	8	7	5	4	3	1
13	13	13	13	13	13	13	13	13

附表 3.24　$U_{13}(13^{8})$ 的使用表

因素个数	列号						D
2	1	3					0.1405
3	1	4	7				0.2308
4	1	4	5	7			0.3107
5	1	4	5	6	7		0.3814
6	1	2	4	5	6	7	0.4439
7	1	2	4	5	6	7	8	0.4992

附表 3.25　$U_{16}^{*}(16^{12})$ 均匀表

试验号	1	2	3	4	5	6	7	8	9	10	11	12
1	1	2	4	5	6	8	9	10	13	14	15	16
2	2	4	8	10	12	16	1	3	9	11	13	15
3	3	6	12	15	1	7	10	13	5	8	11	14
4	4	8	16	3	7	15	2	6	1	5	9	13
5	5	10	3	8	13	6	11	16	14	2	7	12
6	6	12	7	13	2	15	3	9	10	16	5	11
7	7	14	11	1	8	5	12	2	6	13	3	10
8	8	16	15	6	14	13	4	12	2	10	1	9
9	9	1	2	11	3	4	13	5	15	7	16	8
10	10	3	6	16	9	12	5	15	11	4	14	7
11	11	5	10	6	15	3	14	8	7	1	12	6
12	12	7	14	9	4	11	6	1	3	15	10	5
13	13	9	1	14	10	2	15	11	16	12	8	4
14	14	11	5	2	16	10	7	4	12	9	6	3
15	15	13	9	7	5	1	16	14	8	6	4	2
16	16	15	13	12	11	9	8	7	4	3	2	1

附表 3.26　$U_{16}^{*}(16^{12})$ 表的使用表

因子数			列　　号					D
2	1	8						0.0908
3	1	4	6					0.1262
4	1	4	5	6				0.1705
5	1	4	5	6	9			0.2070
6	1	3	5	8	10	11		0.2518
7	1	2	3	6	9	11	12	0.2769

参考文献

［1］明道绪. 生物统计附试验设计. 北京：中国农业出版社,2008.

［2］吉田实(著),关彦华,王平(译). 畜牧试验设计. 北京：中国农业出版社,1984.

［3］俞渭江,郭卓元编著. 畜牧试验统计. 贵阳：贵州科技出版社,1995.

［4］莫惠栋. 农业试验设计. 上海：上海科学技术出版社,1984.

［5］明道绪主编. 田间试验与统计分析. 北京：科学出版社,2008.

［6］中国科学院数学研究所数理统计组. 正交试验法. 北京：人民教育出版社,1975.

［7］郭春华主编. 常用统计软件在生命科学中的应用. 北京：科学出版社,2011.

［8］上海师范大学数学系概率统计教研组. 回归分析及其试验设计. 上海：上海教育出版社,1978.

［9］徐继初. 生物统计及试验设计. 北京：中国农业出版社,1992.

［10］方开泰. 均匀设计与均匀设计表. 北京：科学出版社,1994.

［11］方萍,何延. 试验设计与统计. 杭州：浙江大学出版社,2003.

［12］袁志发,周静芋. 试验设计与分析. 北京：高等教育出版社,2000.

［13］杨德. 试验设计与分析. 北京：中国农业出版社,2002.

［14］宋素芳,赵聘. 生物统计附试验设计. 郑州：河南科学技术出版社,2007.

［15］何少华,文竹青,娄涛. 试验设计与数据处理. 长沙：国防科技大学出版社,2002.

［16］明道绪,刘永建. 二个处理交叉试验结果分析的 t 检验法［J］. 四川农业大学学报,2001,19(3):218～220.

［17］王彩兰,王晓冬,候伟媛,等. EM 有效微生物饲喂蛋鸡效果的研究［J］. 畜牧兽医杂志,2001, 20(2):3～6.

［18］张玲玲,潘安,赵杰,等. 2 种剂型麻保沙星在健康家犬体内药物动力学比较［J］. 华中农业大学学报,2010,29(1):75～78.

［19］R. A. Fisher. The arrangement of field experiments. Journal of the Ministry of Agriculture of Great Britain［J］. 1926, 33: 503～513.

［20］http://en. wikipedia. org/wiki/Experimental_design

［21］http://www. math. hkbu. edu. hk/UniformDesign

［22］http://www. york. ac. uk/depts/maths/tables/orthogonal. htm